# 畜禽有机肥安全利用技术

马军伟 虞轶俊 林 辉 等 著

科学出版社

北 京

# 内 容 简 介

　　本书系统地介绍了集约化养殖条件下畜禽有机肥安全利用的关键技术，主要内容包括畜禽有机肥质量特征，重金属、抗生素、抗生素抗性基因等典型污染物在农田系统中的迁移转化和环境风险，基于污染物阻控的有机肥生产工艺优化技术，基于农田土壤及农产品质量安全的有机肥合理施用技术和案例，还介绍了当前有机肥生产的主要技术工艺。

　　本书可供土壤学、植物营养学、环境学、生态学等相关专业的高校师生、科技工作者阅读，也可为有机肥生产企业、基层农技人员和农户提供参考。

**图书在版编目（CIP）数据**

畜禽有机肥安全利用技术/马军伟等著. —北京：科学出版社，2022.9
ISBN 978-7-03-073176-0

Ⅰ.①畜… Ⅱ.①马… Ⅲ.①畜禽—废物—有机肥料—废物综合利用
Ⅳ.①S141

中国版本图书馆 CIP 数据核字（2022）第 168330 号

责任编辑：郭允允　李　洁／责任校对：郝甜甜
责任印制：吴兆东／封面设计：无极书装

科学出版社 出版
北京东黄城根北街 16 号
邮政编码：100717
http://www.sciencep.com

**北京捷迅佳彩印刷有限公司** 印刷
科学出版社发行　各地新华书店经销
*

2022 年 9 月第 一 版　　开本：720×1000　1/16
2022 年 9 月第一次印刷　　印张：18 1/2
字数：365 000

**定价：198.00 元**
（如有印装质量问题，我社负责调换）

# 《畜禽有机肥安全利用技术》
## 作者名单

主要作者：马军伟　虞轶俊　林　辉

其他作者：孙万春　俞巧钢　王　峰　成琪璐

　　　　　王　强　叶　静　邹　平　杨　艳

　　　　　马进川　陈照明　刘洋之　汪建妹

　　　　　钱鸣蓉　陈红金　金　月　姜铭北

　　　　　李若晨

# 序

畜禽粪便含有大量有机质及丰富的氮、磷、钾及中微量营养元素，养分齐全，自古以来一直被作为农作物的优质肥源利用。目前我国每年约 1 亿 t 畜禽粪便用于加工有机肥，畜禽粪便资源化循环利用是农业循环经济的一个重要环节。然而，现代养殖过程中，饲料添加剂的大量使用，已使规模集约化养殖的畜禽粪便与传统分散养殖的畜禽粪便在成分、性质等方面都有了较大的改变，甚至导致有机肥质量发生根本性的转变。第一，畜禽养殖粪便及其产品中金属元素残留问题突出。养殖业使用铜、锌等微量元素添加剂非常普遍，这些微量元素添加剂中，每年大约有 10 万 t 未被动物利用而随畜禽粪便排出。第二，畜禽粪便中抗生素、激素等有机污染物检出普遍，其正逐步成为危害农产品安全的新的因素，特别是畜禽粪便中抗生素已成为目前农业环境中抗生素污染的主要来源。第三，有机肥不当施用可加剧土壤次生盐渍化，同时增加氮、磷等养分随水迁移的风险。在规模化、集约化养殖条件下，饲料中的营养吸收率较低，造成了粪便中某些元素（尤其是氮、磷、钠等）含量比传统养殖的畜禽粪便高出很多倍。

因此，传统认为有机肥绿色环保的观念已不符合当前的实际情况，目前有机肥施用方面存在的问题和技术瓶颈主要表现在以下几方面：①缺乏准确的危害因子检测分析技术以及全面且有区域针对性的有机肥质量数据信息，导致管理部门、企业及公众对现有有机肥质量尤其是污染残留问题缺乏全面的认识；②对现有有机肥中残留的污染物及其不合理施用带来的潜在环境风险缺乏系统研究，有机肥施用具有盲目性，缺乏具有针对性的、科学的、合理的有机肥施用技术模式；③传统有机肥无害化处理无法适应现代畜禽粪便无害化要求，亟待根据目前畜禽粪便抗生素、激素、重金属等高残留的现状研发适应现代需要的有机肥无害化生产技术。鉴于以上原因，亟待开展有机肥风险评估和安全施用技术研究，为养殖有机废弃物资源化良性循环利用提供技术支撑，保障土壤、环境、农产品质量安全和人民身体健康，同时可为规模养殖业饲料生产配方更加合理提供可靠的反馈依据，有利于促进生态环境保护与养殖种植业协同发展。

《畜禽有机肥安全利用技术》一书的作者通过十多年系统研究，阐明了有机肥中重金属和抗生素在土壤–作物系统的降解、转化与残留规律及其对土壤微生物生态的影响，提出了基于污染物残留的有机肥安全用量；研发了用于有机肥的高效复合抗生素降解菌剂和重金属钝化剂，建立了以多种抗生素降解菌联合作用、酸度调节、光照调控及添加重金属钝化剂等为核心的畜禽粪便好氧发酵优化工艺，实现了堆肥过程中多类抗生素的同步降解及重金属污染的高效阻控；提出了不同种植体系畜禽有机肥安全利用技术。该书为相关专业科技工作者、有机肥生产企业、农技推广人员提供了一套较为系统、实用的技术方法，对促进我国农业绿色发展和农作物安全生产具有重要意义。

周卫

中国工程院院士

2022 年 5 月 25 日

# 前　言

　　进入农耕社会以来，先民用智慧与实践逐步掌握了用肥养地的知识，并形成了种养相结合的耕种传统，使耕地得以维持较稳定的生产能力。俗话说："庄稼一枝花，全靠粪当家。"在传统农业中，人畜粪便等传统有机肥是农作物主要的养分来源。

　　化肥养分浓度高、易吸收、肥效快，随着化肥工业的兴起，农民得以从繁重的有机肥收集、堆沤等劳动中解放出来，劳动生产效率得到极大提高。化肥的使用显著提高了作物产量。然而，长期过量施化肥和"重无机，轻有机"等不合理施肥也会引发土壤酸化、次生盐渍化、营养元素不均衡、地力水平下降等一系列问题，现已导致我国部分地区的耕地质量退化，粮食安全面临严重挑战。

　　在化肥得到大量应用的同时，农民使用有机肥的积极性也大幅下降。一度，我国畜禽粪便的利用率不到 50%，大量的畜禽废弃物随意排放，对养殖区域附近水体和环境造成极大威胁。实践证明，科学利用畜禽粪便资源是实现种养良性循环发展的必要措施。在此背景下，畜禽废弃物肥料化循环利用已成为实施国家"耕地质量保护与提升行动"和"到 2020 年化肥使用量零增长行动"的重要技术依托。

　　然而，现代集约化养殖方式下，饲料添加剂、抗生素等大量使用，畜禽粪便中残留重金属、抗生素、环境激素、微塑料等多种污染物，以及具有生物安全风险的病原微生物、寄生虫、抗生素抗性基因（又称抗生素耐药基因，简称耐药基因，antibiotic resistance genes，ARGs）等。相应地，畜禽有机肥的质量较过去发生了许多变化。畜禽粪便中残留的重金属、抗生素、ARGs 等在有机肥生产过程中如果不能得到有效控制，将伴随有机肥的施用向农田扩散，并在土壤和作物中累积，直接影响土壤健康，威胁农作物的正常生长和农产品质量安全，且可进一步随径流、渗透等进入水体环境，影响水生生物健康，所带来的环境风险和农产品安全隐患将制约整个有机肥产业的可持续发展。

　　当前，大部分有机肥企业或养殖场的畜禽粪便无害化和肥料化处理工艺还较为粗放，无害化目标单一，多限于脱臭、腐熟、杀虫和灭菌，缺乏针对重金属、抗生素等污染物进行控制的无害化处理工艺。通过有机肥生产工艺改进，控制畜禽粪便中污染物向环境释放，降低有机肥施用风险，将更好地推动有机肥产业的进步与发展，同时也有助于打造资源节约型、环境友好型的现代农业发展新模式，为高端、精品、特色、安全农业发展奠定基础。

　　总的来说，畜禽有机肥使用的科学性、安全性事关农业的绿色、健康、可持续、高质量发展。本书作者团队自 2010 年以来，在公益性行业（农业）科研专项课题"低碳养殖工艺与关键设备研究与示范"（201303091）、国家自然科学基金青年科学基金项目"磺胺类抗生素抗性基因在好氧堆肥进程下的分布扩散规律及影响机制"（41401542）、宁波市科技计划项目"养殖源有机肥的环境风险评估及安全使用关键技术研究与示范"（2013C11024）等各类国家级、省部级、地方级项目的资助下，围绕畜禽有机肥源污染物监控体系、有机肥生产过程的污染物阻控技术、基于环境与农产品安全的有机肥施用技术等开展了理论和技术攻关，集成了畜禽有机肥安全利用技术体系，建立了肥源污染物检测—无害化处理—安全用量确定—有机肥科学施用—土壤与植物有害物质监控技术模式，为促进耕地质量提升、控制农业面源污染、改善农产品品质、实现养殖有机废弃物资源化良性循环利用提供了技术支撑。迄今，我们已发表相关科研论文 30 余篇，获授权发明专利 8 项、软件著作权登记 3 件，制定团体标准 3 项、农业行业标准 1 项。基于污染物控制的有机肥安全生产技术和有机肥安全施用技术得到大面积推广应用，取得较显著的社会经济效益，并于 2019 年获得浙江省科学技术进步奖二等奖。

本书以畜禽有机肥安全利用为主线，对目前畜禽有机肥的生产与利用状况进行概述，梳理总结畜禽有机肥的质量特征和使用风险，重点阐述有机肥中抗生素、重金属等典型污染物随着施肥进入农田后的迁移转化行为和环境效应，明确农田施用不同有机肥的氮磷流失风险，并以堆肥发酵为重点对象，系统探讨基于污染物阻控的有机肥生产技术，分析有机肥生产中重金属、抗生素、ARGs 和部分典型有害生物的去除、活性钝化技术及其影响因素，提出畜禽有机肥农田安全利用技术，并列举应用示范，以期为畜禽有机肥的安全利用提供科学依据，为相关研究人员提供参考。

本书共 5 章，分别包括：畜禽有机肥生产和利用现状；畜禽有机肥质量特征与使用风险；有机肥中典型污染物的迁移转化和环境风险；基于污染物阻控的有机肥生产技术；畜禽有机肥农田安全利用技术研究与示范。本书在撰写过程中，借鉴综述了部分已发表的成果，并得到了浙江省农业科学院符建荣研究员的悉心指导和精心修改，以及《浙江农业学报》编辑部高峻副编审等的帮助，在此，我们一并表示感谢。

该研究方向每年都有大量新成果涌现，加上作者水平、时间、经验有限，书中不足、疏漏之处，敬请广大读者批评指正。

作　者
2022 年 3 月

# 目　　录

# 第 1 章
## 畜禽有机肥生产和利用现状

　　我国有着悠久的农耕历史，在肥料发展，特别是有机肥方面，积累了许多经验。畜禽粪便是有机肥的重要原料。经腐熟处理的畜禽粪便是一种富含腐殖质、高分子有机化合物、微生物活体等有机胶体和各种黏土矿物的无机胶体的混合体，具有巨大的表面能，是速效养分与迟效养分、有机养分与无机养分兼容的养分储备库，含有作物生长所需的多种营养元素，包括氮、磷、钾大量元素，以及硫、钙、镁、锌、钼、铜、铁等中微量元素，能满足作物各个时期的养分需求。此外，有机肥还含有氨基酸、蛋白质、糖、脂肪、胡敏酸等各种有机养分，是重要的有机营养源。因此，在作物生长过程中，有机肥具有不可替代的作用。本章分别从有机肥资源及其利用情况和畜禽有机肥的生产技术两方面展开介绍。

# 1.1　有机肥资源及其利用情况

## 1.1.1　有机肥的定义

　　有机肥，俗称农家肥。在广义上，有机肥主要是一类通过供应有机质来改善土壤理化性质，促进植物生长及土壤生态系统循环的物质总称，既包括各种动物、植物残体或代谢物，如人畜粪便、秸秆、动物残体、屠宰场废弃物等，又包括饼肥（菜籽饼、棉籽饼、豆饼、芝麻饼、蓖麻饼、茶籽饼等）、堆肥（以各类秸秆、落叶、青草、动植物残体、人畜粪便为原料，按比例相互混合或与少量泥土混合，进行好氧发酵腐熟而成的一种肥料）、沤肥（所用原料与堆肥基本相同，只是在淹水条件下进行发酵而成）、厩肥（猪、牛、马、羊、鸡、鸭等畜禽的粪尿与秸秆垫料堆沤制成的肥料）、沼肥（在密封的沼气池中，有机物腐解产生沼气后的副产物，包括沼气液和残渣）、绿肥（利用栽培或野生的绿色植物体作肥料）、泥肥（未经污染的河泥、塘泥、沟泥、港泥、湖泥）等。

　　在狭义上，有机肥专指采用物理、化学、生物等处理技术，将各种动物废弃物（包括动物粪便、动物加工废弃物）和植物残体（饼肥类、作物秸秆、落叶、枯枝、草炭等）经过一定的加工工艺（包括但不限于堆制、高温、厌氧等）处理，消除其中的病原菌、病虫卵害、杂草种子等有害物质后形成的一类肥料，多指商品有机肥。

　　有机肥按其加工原料来源可以分为以下几类：以鸡粪、牛羊马粪、兔粪等为主要原料制成的有机肥，也称畜禽有机肥；以农业废弃物如秸秆、豆粕、棉粕等为主要原料制成的有机肥；以工业废弃物如酒糟、醋糟、木薯渣、糖渣、糠醛渣等为主要原料制成的有机肥；以生活垃圾如餐厨垃圾等为原料制成的有机肥；以城市污泥如河道淤泥、下水道淤泥等为原料制成的有机肥等。

## 1.1.2　有机肥资源的利用情况

我国素有利用有机肥的传统，先民用自己的智慧与实践经验获得了用肥养地的知识，逐步形成了用地与养地相结合的耕种传统，使我国的土壤肥力在几千年的时间里维持相对平衡和稳定。早在两三千年以前，我国的农民就开始应用有机肥，并有"锄草肥田""茂苗"的文字记载。到了汉代，已记载的有机肥种类就有 10 多种，人们开始应用种肥、基肥、追肥等不同的施肥技术。在漫长的封建社会时期，前人还编写了不少有关农事的书籍，如汉代的《礼记》《氾胜之书》、西晋郭义恭的《广志》、唐代韩鄂的《四时纂要》、宋代陈敷的《陈敷农书》、元代王祯的《王祯农书》、明代徐光启的《农政全书》等。图 1-1 为清代画家沈庆兰绘制的《农耕图》，生动地描绘了当时人们进行农事活动的场景。随着时代的发展和农业实践的深化，前人的著作越来越详尽地论述了肥料的种类、作用、积造与施用技术等。战国时期《荀子·富国篇》讲"多粪肥田，是农夫众庶之事也"；北魏时期《齐民要术》讲述"踏粪法"；宋代《陈敷农书》说"若能时加新沃之土壤，以粪治之，则益精熟肥美，其力当常新壮矣"。这种地力常新的理论，在当时是非常难能可贵的。到了明清时期，古人更是明确地提出了播种前要垫底（基肥），播种后要接力（追肥）的概念和施肥的"三宜"原则（时宜、土宜、物宜）。清代诗人龚自珍有云："落红不是无情物，化作春泥更护花"，都体现了我国古人在施肥、制肥中的智慧。用现代科学观点来认识，可以说在悠久的中国农业生产历史中，孕育着如何充分地利用人类生产、生活所产生的废弃物，促其重新回归大自然，加速自然界的物质循环，以达到宏观调控农业生态系统平衡，以及改善人类生态环境质量的先进思想。

图 1-1　清代画家沈庆兰绘制的《农耕图》（节选）

传统有机肥的施用，一方面保持了土壤肥力，做到了地力长盛不衰；另一方面，形成了无废物排放的农业循环经济，维护了生态环境安全。人类在农业生产中，除获取粮食、油料、纤维、肉、蛋、奶等产品外，还伴随产生了大量的秸秆、饼粕及畜禽粪便等副产物。这些农业副产物全部被用作肥料、燃料、饲料和工业原料，形成了一种良好的循环经济模式。

中华人民共和国成立初期，我国农业施肥还主要依赖农家肥和有机肥，化肥用量（纯养分，下同）仅占总养分供应的 0.27%左右。之后的 30 年，受工业发展水平、化肥生产工艺、传统施肥习惯等因素影响，化肥用量进入缓慢爬坡阶段，至 1979 年达 1000 万 t，占总养分供应的 42%左右，以碳酸氢铵、硫酸铵等单质氮肥为主。之后，随着我国氮肥工业的快速发展，化肥用量大幅增加，历时 10 年，我国化肥用量跃上 2000 万 t 的新台阶。1988 年后，我国化肥生产工业进入快速发展阶段，农业生产也进入加速增长阶段，化肥用量增长迅速，1993 年跃上 3000 万 t 台阶，化肥用量位居世界第一，1998 年化肥用量超过 4000 万 t，2007 年化肥用量超过 5000 万 t，至 2015 年增加到 6022.6 万 t。据国际肥料工业协会（IFA）发布的数据，2015 年全球肥料需求为 1.831 亿 t，我国化肥用量占世界总用量的33%左右。

在大力发展与应用无机肥料的过程中，也产生了各种问题。据统计，对于每亩耕地的化肥施用量，全球平均为 8kg，美国为 8.4kg，欧盟为 8.8kg；然而，我国的施肥量分别是全球平均水平、美国、欧盟的 2.6 倍、2.5 倍和 2.4 倍，超过了发达国家根据资源环境承载能力确定的施肥警戒线——15kg，而且我国还未全面建立起以科学施肥为导向的肥料生产经营格局，存在氮肥比例过大，复混肥产品养分配比与作物需求不匹配等问题。此外，我国的化肥利用率仅为 30%左右，在化肥施用过程中广泛存在着肥料浪费、挥发、流失严重等问题。尽管我国从 2004 年开始就组织实施了测土配方施肥项目，大力推广科学施肥技术，提出并实施了"到 2020 年化肥使用量零增长行动"等措施，农民科学施肥的意识有了提升，肥料利用率也有所提高，但目前我国化肥利用率仍较发达国家低 10 个百分点左右。与此同时，我国使用有机肥的传统日益消失。据全国农业技术推广服务中心的数据，1949 年、1957 年、1965 年、1975 年有机肥在肥料总投入量中的比例分别为99.9%、91.0%、80.7%、66.4%，在此期间，我国有机肥施用仍占主要地位；20世纪 80 年代以后，有机肥施用量显著下降，在 1980 年、1985 年、1990 年分别为47.1%、43.7%、37.4%，2000 年降至 30.6%；近年全国有机肥施用量约占肥料施用总量的 25%左右。化肥不合理且过度的使用最终引发土壤理化性质恶化、耕地中各营养元素含量失衡、地力水平下降、作物抵御自然灾害及病虫害能力下降等问题，使得我国粮食生产安全受到严重威胁。

改革开放以来，随着人们生活水平的不断提高，我国畜牧业得到了迅猛发展。自 20 世纪 90 年代中期起，我国开始出现动物蛋白消费增长的趋势。伴随科学技术进步，畜禽数量迅速增加，大量大规模的畜牧场逐步建立起来，畜禽养殖业已经成为我国农业和农村经济的支柱产业之一。据统计，畜牧业总产值占农业总产值的比例从 1952 年的 11.3% 提高到 2012 年的 30.4%，并且仍保持快速发展势头。2018 年，我国猪肉产量较 1979 年增长了 4.4 倍，禽肉、牛肉、羊肉产量也都获得了大幅提升，分别较 1979 年增长了 23.5 倍、27.0 倍、11.5 倍。与此同时，我国的禽蛋和奶业也取得了长足发展，2019 年的禽蛋产量是 1982 年的 10.1 倍，并连续多年居全球首位。进入 21 世纪以来，我国奶业飞速发展，2019 年奶类产量为 1980 年的 22.2 倍。截至 2020 年底，大牲畜（包括牛、马、驴、猪、羊等）年存栏量约 10265 万头，家禽年出栏量增加到 1557008 万只（国家统计局，2021）。畜禽养殖规模的迅速增加，势必会产生更多的畜禽粪便。根据猪的饲养期为 199d（出栏量计为饲养量），牛、羊、马、驴骡、蛋鸡的饲养期大于 365d（年底存栏量计为饲养量），肉鸡、鸭、鹅的饲养期为 210d（禽类出栏量计为饲养量），兔的饲养期为 90d（出栏量计为饲养量）统计数据进行估算，2020 年中国畜禽粪便总量超过 22 亿 t。规模化、集约化养殖业的迅猛发展导致畜禽粪便数量大幅增加，进而导致部分地区出现不同程度的面源污染等环境问题。这些废弃物的无害化、资源化成为社会发展、经济可持续发展和生态环境保护所面临的亟待解决的瓶颈问题。

我国人多地少，截至 2020 年底，我国人口已经达到 14.12 亿人，而主要农作物播种面积仅为 16748.7 万 $hm^2$，并且可耕地面积呈持续缩减趋势。因此，通过合理培肥，改善土壤肥力，提高耕地质量和生产能力，已成为保障我国粮食生产安全、解决温饱、消除贫困、满足人民日益增长的生活需求的关键途径。据统计，目前全国每年约生产 1 亿 t 商品有机肥，其中九成以畜禽粪便为主要原料。合理利用好畜禽粪便有机肥，不仅是我国养殖业可持续发展的必然要求，也是保障种植业高质量发展的重要措施。大量研究表明，增施有机肥是保持土壤生产力和减少化肥施用的一种传统而有效的方法，不但可以达到节约成本和增加养分有效性的双重作用，而且在调控健康土壤微生物区系和防治土传病害方面同样有着突出作用，可提高耕地土壤的可持续生产与生态服务功能。

## 1.1.3　有机肥的功能与优点

畜禽有机肥，又称畜禽粪便有机肥，特指有机肥中以畜禽粪便为主要原料，经过一定的加工工艺处理形成的一类肥料，可供应有机质来改善土壤理化性质，促进植物生长及土壤生态系统循环。目前，80% 左右的商品有机肥以畜禽粪便为主要原料。畜禽粪便是饲料经畜禽消化器官消化后，未被吸收利用而排出体外的物质，主要有纤维素、半纤维素、木质素、蛋白质、氨基酸、有机酸、酶和各种无机盐类。畜禽粪便含有丰富的养分元素（表 1-1），这使得畜禽有机肥有着区别于其他肥料的功能与优点。

表 1-1 新鲜畜禽粪便的养分含量 （单位：%）

| 类别 | 水分 | 有机物 | N | $P_2O_5$ | $K_2O$ |
|------|------|--------|-----|----------|--------|
| 猪粪 | 84 | 13 | 0.56 | 0.41 | 0.43 |
| 牛粪 | 83 | 14.1 | 0.33 | 0.23 | 0.12 |
| 马粪 | 73 | 21 | 0.54 | 0.31 | 0.26 |
| 羊粪 | 63 | 24 | 0.67 | 0.52 | 0.26 |
| 鸡粪 | 50 | 23.8 | 1.77 | 1.64 | 0.87 |
| 鸭粪 | 55.8 | 24.9 | 1.2 | 1.5 | 0.65 |
| 鹅粪 | 74.8 | 23.3 | 0.57 | 0.52 | 0.98 |

## 1. 有机肥的功能

### 1）改良土壤、培肥地力

畜禽有机肥施入土壤后，可显著提高土壤的有机质含量，有效改善土壤理化状况和生物特性，在熟化土壤的同时，增强土壤的保肥供肥能力和缓冲能力，为作物生长创造良好的土壤条件。

### 2）增加产量、提高农产品品质

畜禽有机肥含有丰富的有机物和各种营养元素，在土壤中可持续为农作物提供营养。有机肥腐解后，还可以为土壤微生物活动提供能量和养料，在增强微生物活力的同时，提高微生物群落的多样性，从而加速有机质分解、活性物质产生等，促进作物生长，提高农产品的品质。

### 3）提高肥料利用率

畜禽有机肥的养分种类多，但相对含量低，释放缓慢；化肥的单位养分含量高，成分少，释放快。两者合理配合施用，可发挥相互补充、相互促进的作用。同时，有机质分解产生的有机酸还能促进土壤和化肥中矿质养分的溶解，提高肥料的利用率。

## 2. 有机肥的优点

与化肥相比，畜禽有机肥主要有以下优点：畜禽有机肥的营养元素齐全，而化肥的营养元素相对单一；畜禽有机肥能够改良土壤，提供有机质，而化肥以提供纯养分为主；畜禽有机肥中含有氨基酸、腐殖酸等活性小分子物质、益生微生物活体及其发酵产物等，能改善作物根际微生物群落，提高植物的抗病虫能力；畜禽有机肥能促进化肥的利用，提高化肥利用率。作者团队在多年的田间调研、示范基地和定位试验中发现，畜禽有机肥在提升农产品品质及土壤肥力和质量方面有诸多优势（图 1-2）。

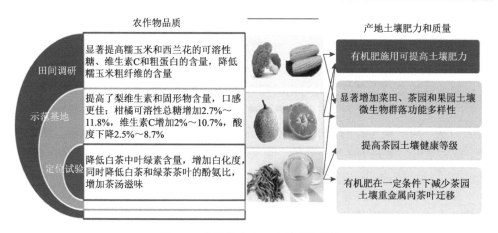

图 1-2　有机肥在农田上施用的优势

## 1.1.4　有机肥的利用方式与施肥原则

### 1. 有机肥利用方式

#### 1）作基肥施用

有机肥养分释放慢，肥效长，适宜作基肥施用，即在播种前翻地时施入土壤，俗称底肥，也有的在播种时施在种子附近，也称种肥。该方法适宜于种植密度较大的作物，具体的施用方法又可分为耕作层全层混施和沟施或穴施 2 种。

（1）耕作层全层混施。在翻地前，将有机肥均匀撒施到土表，随着翻地将肥料全面混入土壤耕层。这种施用方法简单、省力，肥料施用均匀，但也存在一定的缺陷。由于需要在整个田间进行全面撒施，一般施用量都较大。同时，植物根系能吸收利用的只是根系周围的肥料，离根系较远位置的肥料当季利用率较低。

（2）沟施或穴施。养分含量高的商品有机肥一般采取沟施或在定植穴内施用的方法，使肥料相对集中，以充分发挥其肥效。沟施、穴施的关键是把养分施在根系能够伸展的范围内，因此施肥位置的选择极其重要。施肥位置应根据作物生长阶段（如果树的树龄）、根系所能分布的范围、作物种子对肥料的敏感性等因素而定。最理想的施肥方法是，肥料与根系之间保持一定的距离，不要直接接触种子或作物的根系。采用沟施和穴施等集中施用方法，可在一定程度上减少肥料施用量，充分发挥有机肥中所含各种养分的作用，同时能提高配施化肥的养分有效性，但相对来讲施肥用工投入增加。

#### 2）作追肥施用

有机肥不仅是理想的基肥，腐熟好的有机肥因含有大量速效养分也可作追肥施用。追肥是作物生长期间的一种养分补充供给方式，一般适宜进行穴施或沟施。有机肥用作追肥应注意以下事项。

（1）有机肥中的速效养分数量有限，大量缓效养分的释放还需一段过程，所以有机肥作追肥时，同化肥相比，追肥时间应提前几天。

（2）后期追肥的主要目的是满足作物生长过程对养分的需要，保证作物产量，有机肥的速效养分含量低，可与化肥配合施用，以提高肥效。

（3）制定合理的基肥、追肥分配比例。一般情况下，有机肥施用以基肥为主，追肥为辅。对一些生育期较长、对农产品品质有特殊要求（如有机栽培）的农作物，或者茶叶、果树等多年生作物，除基肥外，应考虑一定比例的有机肥作追肥。

3）作育苗肥施用

在现代农业中，许多作物的栽培均采用先在一定的条件下育苗，然后在本田定植的方法。育苗对养分的需要量较小，但养分不足仍无法形成壮苗，不利于移栽后作物的生长。充分腐熟的有机肥养分释放均匀，营养全面，是育苗的理想肥料。一般以10%左右发酵充分的有机肥搭配一定量的草炭、蛭石或珍珠岩，用土混合均匀后，作为育苗基质使用。

4）作营养土

温室、塑料大棚等保护地栽培中，多种植一些经济效益相对较高的蔬菜、花卉和特种作物。为了获得好的经济收入，充分满足作物生长所需的各种条件，或者为了避免长期种植同一种作物而引起连作障碍，通常使用无土栽培或基质栽培。基质栽培一般以泥炭、蛭石、珍珠岩、细土为主要原料，再加入有机肥及化肥配制成营养土。在基质中加入有机肥，可以改善基质的理化性状，协调养分供应，提高化肥利用率，促进作物生长。

## 2. 有机肥施肥原则

土壤、植物和肥料三者之间既互相关联，又相互影响、相互制约。因此，科学施肥要充分考虑三者之间的相互关系，针对土壤、作物合理施肥。一般而言，畜禽有机肥的施肥原则包括以下几点。

1）根据土壤肥力施肥

土壤有别于母质的特性就是其具有肥力，土壤肥力是土壤供给作物不同数量、不同比例养分，适应作物生长的能力。它包括土壤有效养分供应量、土壤通气状况、土壤保水保肥能力、土壤微生物数量等。土壤肥力状况直接决定作物产量。首先，可先根据土壤肥力确定合适的作物目标产量。通常，在该地块前3年作物平均产量的基础上增加10%作为作物目标产量。然后，根据土壤肥力和作物目标产量确定施肥量。对于高肥力地块，土壤供肥能力强，可适当减少底肥在全生育期肥料用量中的比例，增加后期追肥的比例；对于低肥力地块，土壤供应养分量少，应增加底肥的用量，尤其是增加底肥中有机肥的用量，后期合理追肥，其中的有机肥不仅要满足当季作物生长所需，还要用于培肥土壤。

2）根据土壤质地施肥

根据不同质地土壤中有机肥养分释放转化性能和土壤保肥性能的差异，应采用不同的施肥方案。

（1）砂土。砂土肥力较低，土壤保肥保水能力差，养分易流失，但通透性能良好，有机质分解快，养分供应快。因此，在砂土上应增施有机肥，提高土壤有机质含量，促进土壤团粒结构形成，改善土壤的理化性状，增强土壤保肥、保水的性能。但对于养分含量高的优质有机肥，一次施用量不宜太多，否则一来容易烧苗，二来转化的速效养分也容易流失，可分为基肥和追肥多次施用，也可深施大量堆腐秸秆和养分含量低、养分释放慢的粗杂有机肥。

（2）黏土。黏土的保肥、保水性能好，养分不易流失，但土壤坚实、供肥慢、通透性差，有机成分在土壤中分解慢。因此，在黏质土壤上施用有机肥时应尽量早施，在充分腐熟的情况下，施用时可适当接近作物根部。

3）根据有机肥特性施肥

一般来说，畜禽粪便类有机肥的有机质含量中等，氮、磷、钾等养分含量丰富，但由于其原料、加工条件不同，成品肥的有机质和氮、磷、钾养分各异，选购使用该类有机肥时应注意对其质量的判别。附录 1 列出了有机肥生产中可使用的不同物料的有机质和养分含量。猪粪氮素含量通常比牛粪高 1 倍，磷、钾含量也高于牛粪和羊粪，但钙、镁含量低于其他粪肥。猪粪的碳氮比（C/N）约为 14，含有大量的氨化细菌，易于腐熟。施用猪粪有机肥能增加土壤的保水性，有一定的抗旱保墒作用，适用于各种土壤和作物，尤其适于排水良好的土壤。牛是反刍动物，饲料在其胃中反复消化，所以牛的粪质细密。牛饮水多，粪中的水分含量亦较高，通气性差，分解腐熟缓慢，发酵温度低，因此，牛粪有机肥也被称为冷性肥料。牛粪中的养分含量较低，氮磷钾总含量一般小于 5%，平均 C/N 为 18。牛粪中的有机质相对稳定、难分解，其适于改良有机质含量低的轻质土壤。羊粪、兔粪肥质细密干燥，养分较高，属热性肥料，直接使用易引起烧苗，宜先腐熟或制成厩肥后施用。家禽的饲料较畜类更精细，但由于家禽消化道较短，饲料利用率较低，家禽粪便有机肥中的养分含量高，纯鸡粪的总养分可达 7%以上，平均 C/N 为 11。

此外，以纯畜禽粪便经工厂化快速腐熟加工的有机肥，其养分含量高，应少施、集中施用，一般可作为底肥，也可作为追肥。采取自然堆腐加工的有机肥有机质和养分含量均较低，应作为底肥使用，量可以加大。另外，畜禽粪便类有机肥一定要经过无害化处理，否则容易向作物和人、畜传染疾病。

4）根据作物需肥规律施肥

不同作物种类、同一种类作物的不同品种，对养分的需求量及其比例、对养分的需求时期、对肥料的忍耐程度等均不同，因此，在施肥时还应充分考虑每一种作物的需肥规律，制定合理的施肥方案。

### 3. 有机肥施用的注意事项

1）腐熟后施用

大部分有机肥，如新鲜的鸡粪、牛粪等，常带有病菌等有害物质，直接施用对作物不利，应堆积发酵后施用。

2）有机肥和无机肥搭配施用

有机肥养分全，但在作物生长需肥高峰时养分供应不足；无机肥利于作物吸收，但后劲不足。有机肥和无机肥搭配施用，能满足作物在不同生长阶段对养分的需求。

3）以基肥深施为主

有机肥肥效持久，养分释放缓慢，一般作为基肥施用。深耕时施用有机肥，利于土壤和肥料相融，可促进土壤团粒结构的形成和土壤性状的改善。

4）选择合适的施肥位置

旱地作物施肥时，如果直接将有机肥施于行间或作物根部附近，会造成作物生理失水，形成反渗透现象，使根系内的水分和养分外渗。因此，施用有机肥时应与土壤充分混匀，集中施用时应避免与种子或作物根系直接接触。

5）防范污染物累积风险

由于现代养殖方式的转变和饲料添加剂的普遍使用，与传统畜禽粪便相比，集约化养殖畜禽粪便中各类微量元素及兽用抗生素含量增高，连续大量使用时，要考虑重金属、抗生素等有机污染物、无机污染物过量积累的可能性。此外，近年发现，畜禽粪便及其有机肥的施用将增加土壤中抗生素抗性基因丰度和传播扩散的风险。因此，要注意防范畜禽有机肥长期、过量施用下农业生态系统健康和农产品质量安全出现问题。

# 1.2　畜禽有机肥的生产技术

## 1.2.1　畜禽有机肥生产技术的发展

传统堆肥是农民自制有机肥的一种方式，其实质是厌氧堆肥。传统堆肥占地面积大、堆制时间长，但因堆体温度较低，其无害化程度较低，有机物分解缓慢，易产生臭味。目前，我国工厂化有机肥生产的研究已取得较多成果并形成多种工艺，如条垛式堆腐、槽式发酵、圆筒发酵、塔式发酵、水解处理及蚯蚓处理等，相比传统的畜禽粪便堆肥方式有较大改善。畜禽粪便经充分腐熟后，加入功能性微生物菌剂可制成生物有机肥，与适量的化肥配比可制成有机-无机复混肥。生物有机肥是土壤有益微生物菌种与有机肥结合形成的新型、高效、安全的微生物-有机复合肥料,辅以拮抗菌的生物有机肥能有效抑制土传病原菌,减少植物土传病害的发生,提高作物产量与品质。

目前商品化、规模化生产的有机肥产品已成为主流。这些有机肥产品经过充分腐熟,较好地实现了减量化、无害化,无明显臭味。生物有机肥通过接种有益微生物,在培肥土壤方面更有优势。然而,目前整个有机肥产业也存在一定的问题,包括标准不完善、产品质量参差不齐、名优产品不多、市场价格混乱等。但总体上,在国家和各级政府的高度重视下,随着技术的发展,有机肥生产加工技术已朝着机械化、智能化、生态化的方向发展,产品标准逐步完善,产品质量不断提高。

## 1.2.2　主要生产工艺及基本原理

### 1. 畜禽有机肥生产的基本步骤

畜禽有机肥的生产加工,一般包括原料预处理、堆肥发酵、筛分干燥、包装等步骤。部分有机肥产品还需经过复配、造粒等工艺(图 1-3)。其中,堆肥发酵是将畜禽粪便无害化、用于生产有机肥的重要环节,可包含一次发酵(高温发酵)和二次发酵(腐熟)2 个过程。

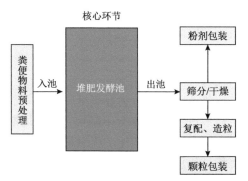

图 1-3　畜禽有机肥生产的基本流程

### 2. 堆肥发酵的基本原理

畜禽粪便堆肥发酵是在一定的温度、水分、pH 等条件下,以微生物的作用为主,对畜禽粪便等有机残体进行无害化、矿质化和腐殖化,使各种复杂的有机态成分分解而转化为可溶性养分和较稳定的腐殖质。同时,堆积时所产生的高温(60~70℃)可杀死原材料中的病菌、虫卵和杂草种子,从而达到无害化的目的。畜禽粪便堆肥发酵是无害化、减量化及性质稳定化的过程,有利于实现资源化利用。一般来说,堆肥发酵的过程大体可分为升温期、高温期、降温期和腐熟期 4

个阶段。

1）升温期

畜禽粪便在堆积初期，微生物通过自身新陈代谢分解和吸收堆体中的糖类、淀粉等易分解有机物，利用有机物分解过程中产生的 $CO_2$、$H_2O$ 和大量热量提高堆体温度，适宜的温度使得微生物活动更加剧烈，继续产生大量热量。堆体温度超过 50℃，即可认为堆肥进入高温期。

2）高温期

当堆体温度达到 50℃以上时，中温微生物群体死亡或休眠，嗜热微生物活跃，其间，半纤维素、纤维素、木质素等难分解有机物被分解，为腐殖化奠定基础。在高温期，病菌、虫卵、杂草种子等被杀死。

3）降温期

当堆体中能分解的有机物和养分大量消耗殆尽时，微生物活动不再剧烈，堆体无法产生大量热量以维持堆内高温，即转入降温期。在高温期，堆体也可能会因供氧不足（而不是有机物和养分不足）影响微生物活动，导致"虚假"降温期的出现。在这种情况下，可以通过翻堆等供氧行为恢复高温期。

4）腐熟期

腐熟期也称二次发酵期。当堆体温度降至 50℃以下，并且通过翻堆、供氧等均无法恢复高温时，堆体中的大部分有机质已被分解，腐殖化进一步增强。待堆体温度与室温持平、堆体颜色呈灰褐色或深褐色、无刺激性气味时，堆肥达最终的稳定腐熟状态。

### 3. 堆肥发酵的工艺类型和流程

按生物发酵的方式，堆肥发酵可分为好氧堆肥和厌氧堆肥。好氧堆肥具有堆体升温快、堆体温度可达 60℃以上、水分下降快、发酵周期较短等优点，但也存在着碳氮损失大等缺点。与好氧发酵相比，厌氧堆肥的堆体温度一般较低（50℃以下），水分含量下降慢，堆肥发酵周期较长，易产生臭气。图 1-4 为一种常见的好氧堆肥发酵工艺生产畜禽有机肥的工艺流程，包含下述 3 个重要环节。

1）物料前处理

物料前处理的主要目的是去除杂质和调节堆肥参数。

（1）去除杂质。去除那些较大而不适合堆肥的物质，如铁丝、砖瓦、石块、塑料膜、绳索等，否则会影响后续的搅拌、通气等过程。

（2）调节堆肥参数。畜禽粪便的水分含量过大（＞70%）、碳氮比（C/N）过高或过低、物料紧实、通气性差等，都会导致发酵困难、堆体温度无法上升或上升慢、臭气产生量大、无法腐熟、搬运搅拌不方便等问题。因此，前处理中要调节水分含量、材料通气性和 C/N 等条件至合适水平。

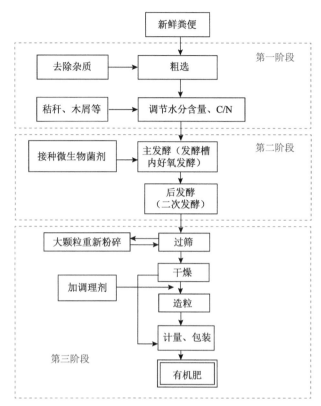

图 1-4　一种常见的好氧堆肥发酵工艺生产畜禽有机肥的工艺流程

2）一次发酵/高温发酵

一次发酵，也称高温发酵，一般在特定的发酵场所或装置内进行，通过搅拌和/或强制通风向堆肥内部通氧，促进好气微生物活动。堆肥原料投入后，将快速进入发酵阶段。微生物利用易分解的有机物质进行繁殖，产生 $CO_2$、$H_2O$ 和热量，使堆肥升温。在发酵初期，有机物质的分解主要依赖中温型（30～40℃）微生物。随着温度升高，适宜生活在 45～65℃的嗜热微生物逐渐取代中温型微生物。在高温条件下，各种病原菌、寄生虫卵、杂草种子等有害生物均可被杀灭。为了提高无害化效果，温度在 60℃以上的阶段应保持 10d 以上。从堆肥温度开始上升到开始下降的阶段为一次发酵阶段。一般情况下，以牛粪为原料，该阶段持续 2～3 周；以猪粪为原料，该阶段持续 2 周；以鸡粪为原料，该阶段持续 1～2 周，可实现粪便的减量化和无害化。

3）二次发酵/后熟阶段

将经一次发酵后的堆肥送到二次发酵场地继续堆腐，使一次发酵中尚未完全分解的有机物质继续分解，并将其逐渐转化为比较稳定和腐熟的堆肥，实现物料腐殖化。二次发酵的要求不如一次发酵严格，物料堆积高度在 1～2m，甚至更高，只要有防雨、通风措施即可。建议在堆积过程中每 1～2 周翻堆 1 次。二次发酵的时间视畜禽粪便种类和添加的水分调节材料性质而定。一般地，当堆肥内部的温度降至 40℃以下时就表明二次发酵结束，可以进行干燥处理和后续加工。二次发酵阶段主要用于堆料的进一步减量化和性状的稳定化，以达到物料充分腐熟的目的，其也是影响有机肥品质的重要环节之一。

### 1.2.3　堆肥发酵的条件与控制

#### 1. 堆肥热量来源

堆肥中的热量由有机物分解过程中微生物的代谢活动产生。微生物每分解 1kg 的锯末，可产生 3000～4000kcal[①]的热量；但是关于堆肥过程中每分解 1kg 堆肥材料所释放的热量，目前还没有准确资料。好氧堆肥过程中，适宜的氧气和水分条件是保持高堆体温度的必要条件，但堆体温度过高（65℃以上）又会导致微生物活性降低，并且会过度消耗有机质，从而降低有机肥的质量。因此，对于常规堆肥来说，高温期的温度保持在 55～65℃较好，若超过 65℃，应通过增加翻堆频率来进行调节。近期有研究者指出，可以通过在堆肥中使用嗜热微生物来实现超高温堆肥。超高温堆肥在畜禽粪便无害化方面的效果更好。

#### 2. 堆肥材料的特性

堆体的水分、C/N、孔隙度等特性对于堆肥来说至关重要。合适的堆料特性有利于营造适宜微生物发酵的环境，提高微生物活性，促使堆体快速升温。

1）C/N

堆肥过程中，物料 C/N 的变化反映了有机物降解的速率。一般来说，适宜微生物生长的 C/N 为（25～35）：1。不过，堆肥中的微生物多样性高，即使初始 C/N 为（20～50）：1，堆肥也能启动，但过高或过低的 C/N 都会减慢堆肥的速度。C/N 过高，微生物所需的氮素营养不足，其难以快速生长；而 C/N 过低，氨挥发增加，臭气释放严重。总体上，随着堆肥的进行，微生物通过呼吸作用将有机质转化为 $CO_2$，物料 C/N 呈下降趋势。在猪粪的堆肥过程中，为了优化 C/N，往往使用具有较高 C/N 的辅料。同时，这些辅料可发挥填充剂的作用，提高原料的孔隙度，增加有机物料中氧气的均匀度。

2）水分含量

堆体中的水分含量直接影响堆肥微生物的活性、孔隙度和氧气分布。同时，水分蒸发可带走热量，从而起到调节堆体温度的作用。水分含量过低，不利于微生物生长，如果水分含量低于 10%，细菌的代谢作用会停止；水分含量过高，则

---

① 1kcal=4186J。

会使堆料通气不畅，导致厌氧发酵，延长堆肥时间，并阻碍堆体升温。在选择原料的时候应保证水分含量适中。一般地，堆体中的初始水分含量以 50%～60% 为宜。

3）物料粒径

物料的颗粒大小往往决定孔隙度水平。合理的粒径和性状有利于维持堆体良好的通风条件，调节气体与水分的交换。粒径太小，初始原料之间较为紧密，易产生厌氧环境；而粒径过大，颗粒表面积小，不利于微生物附着生长，会导致有机物分解较慢。粉碎和筛分是调节堆体物料粒径的常用方法。

4）pH

在高温阶段，pH 为 7.5～8.5 时微生物的分解能力最强。一般来讲，pH 在 3～12，堆肥反应均可进行。但也有研究发现，在堆肥初期，堆体 pH 降低有时会严重地抑制堆肥反应的进行。在堆腐生活垃圾时，当 pH 为 5 时，葡萄糖和蛋白质的降解也会停止。

5）辅料

在畜禽粪便堆肥中，常使用辅料来调节物料特性。表 1-2 列出了部分堆肥辅料及其优缺点，其中，秸秆、木屑和菇渣最为常用。需谨慎使用一些风险较大或质量差的辅料，如污泥、油泥、粉煤灰等。

**表 1-2　部分堆肥辅料及其优缺点**

| 辅料 | 优点 | 缺点 |
|---|---|---|
| 作物秸秆（谷糠、谷糠灰） | 通气性调节效果好，比较容易分解，材料易得 | 受季节限制，收集较费工，需前处理，如破碎等 |
| 菇渣、木薯渣、茶叶渣 | 通气性调节效果好，粉碎后吸水性强 | 来源受限制 |
| 木屑 | 通气性调节效果好，有一定的吸水性 | 难分解，会产生影响作物生长发育的有害成分，来源受限制 |
| 有机矿物材料（风化煤、泥炭） | 通气性调节效果好，可有效调节原料的酸碱度，腐殖酸含量高 | 价格较高且属不可再生资源 |
| 无机材料（珍珠岩、沸石） | 通气调节、除臭效果好，有一定的吸水性，易储存，不分解 | 价格较高，有机质和养分低，不宜大量添加，添加量以10%以内为宜 |
| 干堆肥 | 具有一定的通气性和吸水性，材料易得 | 高水分含量时效果差，影响有机肥产量，易导致堆肥中盐分浓度过高 |

## 3. 发酵菌剂

有机肥发酵是复杂的有机物在微生物的作用下分解为简单物质的过程。作为生物有机肥生产中的重要物质，发酵菌剂的选择是生物有机肥生产的关键，它决定有机物料发酵的温度、生产过程等。向堆肥中添加发酵菌剂被证实可增加微生物数量，调节菌群结构。这样一来，首先，可促使堆体温度快速上升，延长高温时间，加速堆体腐熟；其次，堆肥发酵菌种通过促进升温和微生物平衡，可彻底杀死堆料中的有害菌、虫卵、草籽等对农作物有害的生物，抑制病原菌孳生；再次，部分发酵菌剂具有分解有机硫化物、有机氮等会产生恶臭的物质的作用，抑制腐败微生物的生长，改善堆肥场所的环境；最后，外源发酵菌剂接种还被证明可加速原辅料中有害物质（如酚醛类、抗生素等）的降解，促进重金属钝化。随着农业的发展，对有机肥功能性的需求也在升高，单一菌种、单一功能的发酵菌剂已不能满足现代农业发展的要求，复合发酵菌剂是有机肥的发展趋势。作者研究证实，部分复合发酵菌剂兼具升温、加速抗生素等污染物降解钝化、除臭和提高种子发芽率等多种功能（图 1-5）。

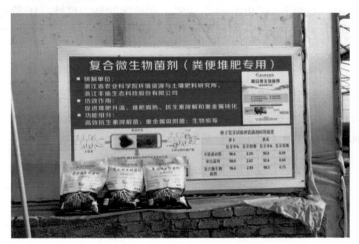

图 1-5　一种复合微生物菌剂在畜禽粪便堆肥发酵中的应用

目前，堆肥菌剂中的菌种以细菌、真菌、酵母、放线菌为主。在堆肥升温期，发挥作用的通常是细菌和真菌；在高温期，放线菌和部分嗜热菌非常活跃。生产当中，添加的外源发酵菌剂通常是各种微生物的混合物，常见的有芽孢杆菌（*Bacillus*）、木质纤维素分解菌、木霉、光合细菌等。芽孢杆菌中，常见的有枯草芽孢杆菌和解淀粉芽孢杆菌。能够分解木质纤维素的真菌主要有白腐真菌、里氏木霉、黑曲霉等。此外，学者已筛选获得部分耐热嗜热微生物，可用于实现 70～80℃的超高温堆肥，如 *Calditerricola satsumensis*、*Calditerricola yamamurae*、*Thermus thermophilus* 等。

在高温堆肥的基础上，将微生物功能菌作为添加剂添加到有机肥中制备生物有机肥，能有效提高肥料利用率和农产品品质，并可通过选培对病原体有一定拮抗作用的微生物，抑制病原体微生物的繁殖，提高有益微生物在有机肥中的生物效价，改善土壤中的微生物区系，使其向着有利于农作物高产、优质的方向转化，提高土壤抗逆性。在生物有机肥的生产过程中，加入的功能菌一般为芽孢杆菌、假单胞菌（*Pseudomonas*）、链霉菌（*Streptomycete*）、固氮菌、溶磷菌、光合细菌等。目前，利用新型微生物菌剂处理畜禽粪便生产生物有机肥已逐步成为主流的研究方向。

市面上可用于有机肥发酵的微生物菌剂产品众多，但质量参差不齐。生产厂商在选择用于有机肥发酵的微生物菌剂时，可遵循如下原则：根据原辅料特点和工艺，选择复合型发酵剂；在小批量试用的基础上，确定适合本企业的菌剂产品；建议选择好氧型发酵剂；选择活菌数高、效率高的产品。另外，为节省菌剂成本和时间，也可在堆肥前将半腐熟的堆肥与材料混合，这样不仅可增加微生物数量，还能调节水分含量和通气性。半腐熟材料的添加量取决于一次发酵后堆肥的水分含量。

### 4. 氧气供应

氧气充足有利于好氧微生物活动，分解有机质，产生热量，促进腐熟和水分蒸发。新鲜的畜禽粪便与辅料混合后，堆料孔隙度高、容重低、通气性好，氧气通过自然扩散进入堆肥内部，但一般只能到达 25cm 深处。随着堆肥物料的分解，物料会因逐步压实而变得通气不良。氧气不足时，厌氧微生物是分解有机质的主要群体，但其繁殖和分解有机质的速度远远低于好氧微生物，堆体温度难以上升，同时还会发酵产生氨气、硫化氢、硫化醇等臭气。此时，通过翻堆或强制通风可保持通气性均匀，有利于促进堆肥发酵。

实际生产中，堆肥高度一般在 80~100cm。在一次发酵的旺盛阶段，堆肥内氧气的消耗量非常大，仅靠空气的自然扩散来供应氧气是不够的。研究表明，通过强制通气方式通入堆肥内部的氧气在 15min 之内就可消耗完。因此，当进行较大规模的堆肥生产时，应采用连续或间歇强制通风的方式供应氧气，以促进腐熟，缩短发酵周期，促进水分蒸发，帮助干燥，进而减少处理场的占地面积，节约投资成本。

强制通风的通气量与堆肥材料的水分含量密切相关。当堆肥材料的水分含量低于 70%时，通气量宜保持在 100L/（min·m³）以下；当堆肥材料的水分含量大于 70%时，通气量以增加到 100~150L/（min·m³）为宜。一般来说，在适当的条件下，增加通气量可以促进堆肥腐熟，但也意味着能耗的增加，以及热量的快速流失，所以在实际生产中，通气量宜控制在 50~300L/（min·m³）。当堆肥的堆积高度在 1m 以上时，通气量在 100L/（min·m³）以上较好。

另外，通气量也需要根据堆肥的阶段和环境温度进行调节。例如，堆肥初期为了节能和防止热量散失，可以适当降低通气量；当有机物分解进入旺盛期时，宜增加通气量，并保持连续通气；当发酵温度上升到 60~70℃及以上时，可进行间歇式通气，以利于节能和保温。如果原料中易分解的有机物质含量高，应适当增加通气量。在夏季，通入空气的温度为常温即可；但在寒冷的冬季，可借助加热设备将通入气体的温度提高到 40℃左右。通风机需设置一定的通风静止压力，否则通入的氧气不易到达堆肥内部。一般地，当堆肥的堆积高度在 1m 以上时，通气静止压力以 2kPa 为宜。

在堆肥处理中，当材料堆积较高（2.0m 以上），或者物料较黏较细时，即使有通气，内部也会因出现结块而影响均匀发酵，此时，适时搅拌翻堆就可以起到破碎内部结块、改善通气性、使材料发酵均匀的作用。

### 1.2.4　堆肥腐熟的判断

#### 1. 堆肥腐熟的原理和目的

堆肥腐熟是在一系列微生物活动下堆肥材料矿化和腐殖化的过程。堆肥腐熟中可产生大量稳定的腐殖质。腐殖质是动植物残体经细菌、放线菌、真菌和原生动物等分解而形成的高分子有机物，由含氮化合物和芳香族有机化合物缩合而成，颜色一般为暗褐色，呈酸性。根据其功能，可将腐殖质划分为富里酸（FA）、胡敏酸（HA）和胡敏素（HU）3 类。FA 和 HA 是堆肥中腐殖质的重要组成部分。HA 与 FA 的比值，即腐殖化指数（HI），可反映堆肥的腐熟程度。在堆肥过程中，HI 呈增加趋势。

在堆肥腐熟的过程中，有机质的脂肪族基团、碳水化合物、肽含量减少，芳烃含量和聚合程度增加，进而合成大量腐殖质。腐熟一般可分为有机质矿化和腐殖化两个阶段：一是，含碳有机物急速分解；二是，分解产物在微生物的作用下又重新合成新腐殖质。腐殖化过程与矿化过程对立而统一。矿化过程的中间产物是形成腐殖质的重要前体物质之一，如在好氧发酵过程中，大分子有机质被分解为羧酸、多酚、多糖、氨基酸和还原糖等小分子物质，这些小分子物质在微生物的作用下形成腐殖质。一般来说，腐熟初期，矿化过程占优势；后期，腐殖化过程占优势。关于腐殖质的形成途径，学者提出了数种学说，包括木质素学说、木质素多酚学说、微生物合成学说、微生物多酚学说、细胞自溶学说、糖-酰胺缩合学说、煤化学说和厌氧发酵学说。这些学说大体上可分为两类：一是以木质素为原料和骨架，与蛋白质一起构成腐殖质；二是死亡的细胞成分在微生物作用下，将包括多酚和氨基酸在内的单体聚合成腐殖质。

腐殖质含有酚类结构和羧酸类结构，这些官能团与土壤的保肥性、保水性和植物抗病性相关，农学效应显著。腐熟后，畜禽粪便等物料转变为无臭、卫生、对土壤和作物都安全、方便运输与施用的优质有机肥产品，碳素腐殖化特征明显。未腐熟的有机肥由于其中的有机质没有充分地分解、矿化，施入土壤后，它们在土壤中继续腐解所产生的高温可引起烧苗, 合成的中间代谢产物如有机酸、硫化氢、氨等有害成分可毒害作物根系, 并且会阻碍农作物对氮的吸收, 在植物根区形成厌氧条件等不利影响。

### 2. 堆肥腐熟常用的判定方法

堆肥腐熟常用的判定方法包括感官判断法、堆肥温度变化判断法、种子发芽试验法、硝酸根检测法和评分法。

1) 感官判断法

判断标准为物料色泽均匀、松散、无臭、无蚊蝇孳生。好的堆肥产品一般呈黑褐色, 常伴有淡淡的酒香味。

2) 堆肥温度变化判断法

堆肥过程中, 堆肥内部温度先升高随后逐渐下降, 经翻堆后温度将再次上升, 然后再下降 (图1-6)。经过几次翻堆和温度的反复上升、下降后, 相对易分解的有机物质逐渐消失, 之后即使再翻堆, 温度也不再上升。

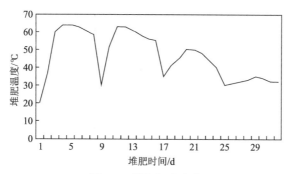

图1-6  堆肥温度变化

3) 种子发芽试验法 (生物安全性)

称取试样 (鲜样) 10.00g, 置于250mL锥形瓶中, 将样品含水率折算后, 按照固液比 (质量/体积) 1∶10的比例加入100mL水, 盖紧瓶盖后, 垂直固定于往复式水平振荡机上, 调节频率至100r/min, 振幅不小于40mm, 在25℃下振荡浸提1h, 取下静置0.5h后, 取上清液于预先安装好滤纸的过滤装置上过滤, 收集过滤后的浸提液, 摇匀后供分析用。在9cm培养皿中放置一两张定性滤纸, 其上均匀放入10粒大小基本一致、饱满的黄瓜或萝卜 (未包衣) 种子, 加入浸提液10mL, 盖上培养皿盖, 在 (25±2) ℃的培养箱中避光培养48h, 统计发芽率, 测量主根长。以清水为对照, 做空白试验。流程如图1-7所示。高浓度的盐分会影响种子发芽, 所以在应用此方法检测含盐浓度高的堆肥浸提液 (如猪粪堆肥) 时, 要注意这种影响。

种子发芽指数（GI）按式（1-1）计算：

$$GI = \frac{A_1 \times A_2}{B_1 \times B_2} \times 100 \qquad (1\text{-}1)$$

式中，$A_1$ 为有机肥浸提液培养种子的发芽率（%）；$A_2$ 为有机肥浸提液培养种子的平均根长（mm）；$B_1$ 为水培养种子的发芽率（%）；$B_2$ 为水培养种子的平均根长（mm）。

图 1-7　种子发芽试验法的流程示意图

CK 为水培养处理；T-C 为常规堆肥浸提液培养处理；T-M 为膜堆肥浸提液培养处理

4）硝酸根检测法

堆肥前期，有机物降解产生大量的氨，堆肥中后期，随着堆体温度降低，一些硝化细菌逐渐把氨转化为硝酸根；因此，硝酸根是堆肥后期常出现的一种产物。可用硝酸根试纸对堆肥提取液中的硝酸根进行检测，这种方法相对简便快速。

5）评分法

堆肥现场腐熟度的判定标准如表 1-3 所示。一般认为，总分＜30 分为未熟，30 分≤总分＜80 分为中熟，总分≥80 分为完全腐熟。

表 1-3　堆肥现场腐熟度的判定标准

| 指标 | 判分标准 |
| --- | --- |
| 颜色 | 黄～黄褐色，2 分；褐色，5 分；黑褐色～黑色，10 分 |
| 形状 | 黏块状，2 分；块状易散，5 分；粉状，10 分 |
| 臭气 | 粪尿臭明显，2 分；粪尿臭不十分明显，5 分；堆肥臭，10 分 |
| 水分 | 用手使劲握，手指间有水冒出，水分含量＞70%，2 分；用手使劲握，手指间有少量水冒出，水分含量＞60%，5 分；用手使劲握，手指间没有水冒出，水分含量＜50%，10 分 |
| 堆肥高温 | 50℃以下，2 分；50～60℃，10 分；60～70℃，15 分；70℃以上，20 分 |

续表

| 指标 | 判分标准 |
|---|---|
| 堆肥时间 | 堆腐时间：<15d，2分；15~25d，10分；>25d，20分<br>与作物残渣混合堆肥堆腐时间：<15d，2分；15~30d，10分；>30d，20分<br>与木质材料混合堆肥堆腐时间：<20d，2分；20~40d，10分；>40d，20分 |
| 翻动次数 | 2次及以下，2分；3~6次，5分；7次以上，10分 |
| 强制通气 | 无，0分；有，10分 |

## 1.2.5　畜禽有机肥的生产加工设施

### 1. 堆肥设施设备概况

堆肥发酵工艺有各种模式，主要根据原料、生产规模、场地、环保要求、自动化水平、投资等条件来设计和配备相应的设施设备（表1-4）。

表1-4　部分堆肥类型的特点及相应的设施设备

| 类型 | 特点 | 翻堆 | 通风 | 机械设施 |
|---|---|---|---|---|
| 静态堆垛发酵 | 开放式 | 不翻拌 | 自然通风 | 堆料场地、铲车 |
|  | 隧道式 | 不翻拌 | 强制通风 | 堆料隧道、鼓风机、排风机 |
|  | 膜覆盖 | 不翻拌 | 强制通风 | 堆料场地、特殊覆盖膜、卷膜机、鼓风机、传感器、控制系统 |
| 条形堆垛翻堆发酵 | 开放式 | 定期翻拌 | 自然通风 | 堆料场地（有室外、有室内）、人工驾驶翻堆机、电动翻堆机 |
| 槽式堆垛翻堆发酵 | 槽式 | 定时翻拌 | 强制通风 | 发酵槽、移动式搅拌机、鼓风机、进出口送料系统 |
| 容器搅拌式发酵 | 容器式 | 定时翻拌 | 强制通风 | 种类繁多，如达诺滚筒、塔式堆肥装置、立式搅拌发酵罐、卧式搅拌发酵机等 |

### 2. 静态膜堆肥技术

1）传统静态堆肥

传统静态膜堆肥发酵采用自然堆积，包含通风和不通风两种类型。不通风型的发酵周期长，臭味大，需不定期投料，成本低；通风型的发酵周期短，需定期投料，成本略高。

2）纳米防渗透气膜堆肥

纳米防渗透气膜堆肥技术是一种新兴的静态堆肥技术，一般为高温好氧发酵过程，主要特征是堆肥在功能膜（半透性柔性复合膜）覆盖的环境中进行，最早使用的为戈尔公司生产的聚四氟乙烯（ePTFE）膜。这种特殊的防水透气膜通过限制堆料与周围环境的物质、能量交换，减少污染物（臭气、气溶胶）向环境排放（图1-8）。

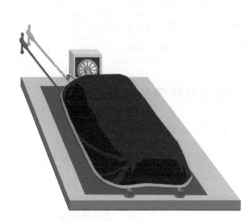

图1-8　纳米防渗透气膜堆肥

从本质上讲，膜覆盖技术是一种改良的静态条垛式堆肥技术。膜堆肥技术的系统组成包括地基表面、密封压紧条、通风管线、氧气探针、温度探针、覆盖膜等。膜堆肥技术投资少，适应范围广，易智能化控制，省人工，运行成本较低（30～50元/t）。该系统的通风设备可调节，不受气候影响，可露天堆肥，具有隔绝、消除臭气的作用。膜堆肥系统的硬件设备包含鼓风机、通风管道、膜、控制系统和传感器。

作者利用相同的堆肥原料，通过实地堆肥试验，对比条垛式堆肥和膜堆肥产物的理化性质（表1-5）。可以看出，膜堆肥具有一定的优势，如堆肥产物的含氮量更高，电导率和有效态 Cd 含量更低等；但其缺点在于水分去除能力较差。

表1-5　条垛式堆肥和膜堆肥产物的理化性质

| 类型 | 有机质/% | 总氮/% | $NH_4^+$-N /（g/kg） | $NO_3^-$-N /（mg/kg） | pH | 水分/% | 电导率 /（mS/cm） | 有效态 Cd /（mg/kg） |
|---|---|---|---|---|---|---|---|---|
| 条垛式堆肥 | 53.7 | 3.3 | 3.5 | 93.7 | 8.3 | 24 | 4.5 | 0.13 |
| 膜堆肥 | 53.0 | 3.6 | 6.0 | 136.6 | 8.7 | 37 | 3.3 | 0.08 |

注：以上指标均在相同原料、场地和发酵时间下获得。

## 3. 开放式动态堆肥发酵

开放式动态堆肥可分为条垛式和槽式两种，采用机械/人工翻堆和/或强制通风供氧。其优点是时间短，可连续或间歇投料，成本低；缺点是臭气、氨气等排放多，操作环境差。

1）条垛式堆肥

条垛式堆肥，即将原料堆积成窄长条垛，在好氧条件下进行分解。条垛式堆肥系统定期使用机械或人工翻堆的方法通风，所需设备简单，投资成本较低，并且翻堆可加快水分散失，堆肥容易干燥，而干燥堆肥易于筛分。由于堆肥时间相对较长，条垛式堆肥产品的腐熟度高，稳定性好。但条垛式堆肥系统的缺点在于，占地面积大，而且腐熟周期长，需要翻堆机械和大量人力。同时，翻堆造成臭气大量散发，会对周边环境人群的生活造成影响。条垛式堆肥系统易受天气的影响，如冬季堆体温度难以上升。此外，为了保持良好的透气性，条垛式堆肥系统需要相对较大比例的辅料，这也会增加一定的成本。图 1-9 为一种条垛式机械翻堆堆肥系统的照片。

图 1-9 条垛式机械翻堆堆肥系统

2）槽式堆肥

槽式堆肥是应用最广泛的设施堆肥方式之一，可随时通过机械翻堆通气调湿，从而加快发酵速率。槽式堆肥产品质量好、运行成本低，是一种很有应用前景的堆肥技术。槽式堆肥系统一般包含发酵槽、搅拌（翻堆）机和通气装置 3 部分。发酵槽可分为直线型、圆形回转型等。图 1-10 为直线型槽式发酵槽。

槽式堆肥生产中应注意如下问题：原料的水分含量应调节至 70%以下（以55%～65%为宜），再装入发酵槽；应预先去除原料中的杂质，以免损坏机器；应定期检查通气系统；注意保养和维修设备。

图 1-10　直线型槽式发酵槽

## 4. 密封式动态堆肥发酵

1）立式堆肥发酵仓

立式堆肥发酵仓一般兼有通气、搅拌、加热等功能，处理能力与水分含量相关，处理周期一般为 10～14d。立式堆肥发酵仓大多为多层结构，整个装置很高，包括立式多层圆筒式堆肥发酵塔和立式多层板闭合式堆肥发酵塔，优点在于占地面积小，除臭效果好，处理周期短，自动化程度高。

立式多层圆筒式堆肥发酵塔的系统结构如图 1-11 所示，其缺点在于：堆积空间小，容积有效利用率低；装置运行所需的动力大；在堆肥过程中物料容易压实，呈块状化，通气性能差。

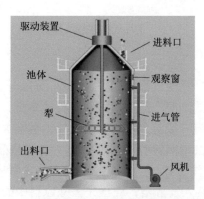

图 1-11　立式多层圆筒式堆肥发酵塔的系统结构

立式多层板闭合式堆肥发酵塔的系统结构如图 1-12 所示，其缺点在于：物料在输送过程中是利用自重下落进行重复切断的，没有破碎作用，通气性能差，并且必须配备原料供给装置。

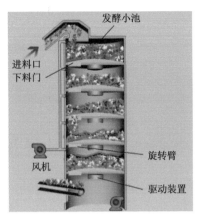

图 1-12　立式多层板闭合式堆肥发酵塔的系统结构

2）卧式堆肥发酵滚筒

卧式堆肥发酵滚筒（图 1-13）利用低速旋转滚筒进行反复搅拌和输送。在该发酵装置中，原料借助微生物的作用进行发酵，靠与筒体内表面的摩擦沿旋转方向提升，同时借助自重下落。经反复升落，原料被翻匀，并与供入的空气接触。由于筒体斜置，当沿旋转方向提升的废物靠自重下落时，会逐渐向筒体出口一端移动，如此，回转窑便可自动、稳定地供应及传送和排出堆肥物。卧式堆肥发酵滚筒具有机械化程度高、操作简单、适宜工业化生产、生产效率高、停留时间短等优点。通常，滚筒式堆肥反应器可 24h 连续运行，堆肥周期在 4～7d。

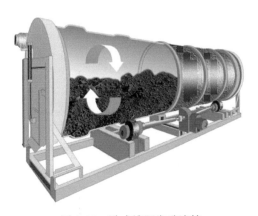

图 1-13　卧式堆肥发酵滚筒

# 参 考 文 献

国家统计局. 2021. 中国统计年鉴 2021. 北京: 中国统计出版社.

# 第 2 章
## 畜禽有机肥质量特征
## 与使用风险

　　有机肥的质量受原料来源、生产工艺等影响颇大。随着集约化养殖技术的快速发展，以饲料添加剂为主要特征的功能型复合饲料的应用几乎覆盖全部规模养殖场。饲料添加剂和抗生素的大量使用导致养殖畜禽粪便在成分、性质等方面发生较大改变，进而导致有机肥质量发生根本性的转变，呈现出高盐、高养分，以及重金属、抗生素残留普遍等特点。近年来，越来越多的研究报道证实，饲料添加剂的不合理使用会给畜禽粪便消纳农田的土壤质量和生态环境带来诸多危害，包括重金属、抗生素、环境激素、微塑料等污染物累积，病原微生物、寄生虫、ARGs 等生物污染物富集，以及盐分过高、腐熟不够等对作物生长造成不利影响。了解摸清畜禽有机肥质量特征及污染物残留状况，对于明确畜禽有机肥施用的风险以及制定合理、科学的施肥措施都具有重要意义。本章介绍了目前我国有机肥的质量标准、基本质量特征，重点分析当前畜禽有机肥使用中存在的潜在风险、风险成因和控制对策，以期为畜禽有机肥的安全生产和利用提供参考。

# 2.1　我国有机肥的质量标准

　　从 20 世纪 90 年代中后期开始，随着"沃土工程"、"绿色食品"和"无公害农产品"行动计划的开展，我国在农业生产上积极推广有机肥。进入 21 世纪后，有机肥行业迎来了高速发展期。2002 年，我国制定了第一个有机肥行业标准[《有机肥料》（NY 525—2002）]，从有机肥的技术要求、试验方法、检测规则、标识、包装、运输和储存等方面进行了规定，其中，技术要求主要包括外观、有机质含量、总养分（N+P$_2$O$_5$+K$_2$O）含量、水分（游离水）含量、酸碱度（pH）、重金属含量、蛔虫卵死亡率和大肠杆菌值。该标准适用于以畜禽粪便、动植物残体等富含有机质的副产品资源为主要原料，经发酵腐熟后制成的有机肥，不适用于绿肥、农家肥和其他农民自积自造的有机粪肥。总的来看，该标准的执行有力地推动了有机肥行业的规范发展。

　　随着有机肥行业的发展，2012 年《有机肥料》（NY 525—2012）颁布，与《有机肥料》（NY 525—2002）相比，其将有机肥中有机质的质量分数由≥30%修改为≥45%，总养分由≥4.0%改为≥5.0%，水分由≤20%改为≤30%，pH 由 5.5~8.0 改为 5.5~8.5，将大肠杆菌值指标修改为粪大肠菌群数，同时对重金属指标做出了更严格的要求。

　　2017 年，《开展果菜茶有机肥替代化肥行动方案》发布，《全国畜禽粪污资源化利用整县推进项目工作方案（2018—2020 年）》印发。2021 年，农业农村部办公室、财政部办公厅联合发布《关于开展绿色种养循环农业试点工作的通知》。这一系列工作的开展，进一步推进了我国有机肥产业的发展。此时，《有机肥料》

（NY 525—2012）的实施已将近 10 年，其中的部分规范已不能满足有机肥行业和农业绿色发展的需要。在新形势下，为了进一步规范有机肥行业的生产、流通和应用，2021 年 5 月，有机肥行业的最新标准《有机肥料》（NY/T 525—2021）发布，并于 2021 年 6 月 1 日起正式实施。与《有机肥料》（NY 525—2012）相比，其变化较大。除结构调整、编辑性改动、检验规则等外，将其主要变化总结于表 2-1。

表 2-1　有机肥新旧标准的主要变化

| 序号 | 调整项目 | 《有机肥料》（NY 525—2012） | 《有机肥料》（NY/T 525—2021） | 备注 |
|---|---|---|---|---|
| 1 | 标准类型 | 强制标准 | 推荐标准（带有 T） | 取消了强制性条款的规定 |
| 2 | 范围 | 适用于以畜禽粪便、动植物残体和动植物产品为原料加工的下脚料为原料，并经发酵腐熟后制成的有机肥料 | 适用于以畜禽粪便、秸秆等有机废弃物为原料，经发酵腐熟后制成的商品化有机肥料 | 强调了有机肥的商品化属性 |
| 3 | 术语和定义 | — | 腐熟度、种子发芽指数 | 增加衡量有机肥质量的指标 |
| 4 | 要求 | — | 生产原料分类管理目录和评估类原料安全性评价 | 分为适用作有机肥的原料（适用类）、需要进行评估的原料（评估类），以及禁止使用的原料（禁用类） |
| 5 | 外观 | 褐色或灰褐色，粒状或粉状，均匀，无恶臭，无机械杂质 | 外观均匀，粉状或颗粒状，无恶臭（增加了机械杂质的质量分数限定） | 删除颜色方面的描述，对机械杂质的要求具体化 |
| 6 | 总养分（N+P$_2$O$_5$+K$_2$O）/% | ≥5.0 | ≥4.0 | 调整 |
| 7 | 有机质（干基）/% | ≥45 | ≥30 | 由于有机质计算方法做了变动，有机质含量实质上未做调整 |
| 8 | 种子发芽指数/% | — | ≥70 | 新增 |
| 9 | 机械杂质质量分数/% | — | ≤0.5 | 新增 |
| 10 | 氯离子含量/% | — | 按照《复合肥料》（GB/T 15063—2020）附录 B 的规定执行 | 新增 |
| 11 | 杂草种子活性/（株/kg） | — | 按照附录 H 的规定执行 | 新增 |

| 序号 | 调整项目 | 《有机肥料》<br>（NY 525—2012） | 《有机肥料》<br>（NY/T 525—2021） | 备注 |
|---|---|---|---|---|
| 12 | 氮、磷、钾含量测定方法 | 分光光度法、火焰光度法 | 增加了"等离子体发射光谱法"，但"分光光度法"和"火焰光度法"同样适用 | 增加了"等离子体发射光谱法" |
| 13 | 杂草种子活性测定方法 | — | 增加 | 新增 |
| 14 | 包装标识 | — | 修改了包装标识要求，增加了原料类型 | 修改后增加了原料类型 |

总的来说，与《有机肥料》（NY 525—2012）相比，《有机肥料》（NY/T 525—2021）对有机肥的腐熟度、杂质检测和原料都做了明确要求，新增对杂草种子活性、种子发芽指数、生产原料方面的要求，以期克服使用未完全腐熟有机肥而引发的风险问题，减少有机肥施用带来的二次污染问题，体现了对产品安全性的重视。

## 2.2 有机肥基本质量特征分析

### 2.2.1 有机肥质量调研

20 世纪 90 年代初，全国农业技术推广服务中心对全国范围内畜禽粪便资源的重金属和养分状况进行了调查分析，但是当时并没有关注到抗生素污染情况。经过堆肥、添加辅料等工艺过程，成品有机肥与畜禽粪便原料在性质和成分上有较大的改变。目前，我国各地均已开始针对商品有机肥和畜禽粪便的养分与污染物进行调研及评价，研究结果可为有机肥的合理施用提供参考。

作者团队参与了 2014～2016 年对来源于浙江地区的 1094 个商品有机肥样品的抽检，结果详见表 2-2。依据《有机肥料》（NY 525—2012）规定的技术指标，抽检样品平均不合格率为 27.5%，其中，2014 年、2015 年、2016 年的不合格率分别为 32.0%、29.4%、20.7%，呈逐年递减趋势。将这 3 年的数据整合进行分析，各项指标中，不合格率从高到低依次为重金属[砷①+汞（Hg）+铅（Pb）+镉（Cd）+铬（Cr）]（13.6%）、水分（9.8%）、pH（8.4%）、总养分（$N+P_2O_5+K_2O$）（7.6%）、有机质（6.7%）、粪大肠菌群数和蛔虫卵死亡率（2.9%）。总的来说，重金属超标造成有机肥产品不合格的比例最高，其次为水分和 pH。此外，抽样有机肥的养分含量、有机质含量和 pH 范围较大，可能与有机肥生产中添加辅料的种类、比

---

① 砷（As）为非金属，鉴于其化合物具有金属属性，本书将其归入重金属一并统计。

例有关。

**表 2-2　2014～2016 年在浙江抽检的部分商品有机肥产品的质量检验结果**

| 年份 | 样品数 | 不合格样品数 | 不合格率/% | 不合格样品数 | | | | | | | | | | |
|---|---|---|---|---|---|---|---|---|---|---|---|---|---|---|
| | | | | 有机质 | 总养分 | 水分 | pH | 砷 | 汞 | 铅 | 镉 | 铬 | 粪大肠菌群数 | 蛔虫卵死亡率 |
| 2014 | 350 | 112 | 32.0 | 31 | 32 | 43 | 27 | 12 | 3 | 17 | 17 | 4 | 6 | 0 |
| 2015 | 401 | 118 | 29.4 | 27 | 31 | 40 | 40 | 10 | 0 | 18 | 21 | 11 | 17 | 0 |
| 2016 | 343 | 71 | 20.7 | 15 | 20 | 24 | 25 | 4 | 4 | 9 | 16 | 3 | 8 | 1 |
| 合计 | 1094 | 301 | 27.5 | 73 | 83 | 107 | 92 | 26 | 7 | 44 | 54 | 18 | 31 | 1 |

注：检验标准为《有机肥料》（NY 525—2012）。

孙玉桃等（2020）报道对湖南 2013～2017 年的 663 个商品有机肥样品的检验结果，依据《有机肥料》（NY 525—2012）对有机质、总养分、pH、水分、重金属 5 项指标的规定，所抽检样品的不合格率为 24.1%。水分、pH、有机质、重金属和总养分不合格率分别为 8.6%、8.4%、7.7%、6.6% 和 3.6%。相比于其他重金属，湖南有机肥受 Cd、As 和 Pb 污染风险较大。2013～2017 年所检测产品出现不合格的指标较分散，各年份之间样品的合格率呈现先上升后下降再上升的波动趋势。

刘兰英等（2020）于 2019 年夏季，在福建的南平、漳州、龙岩、三明和福州 5 地具有代表性的规模化有机肥料厂采集有机肥样品 50 份，其中，畜禽粪便有机肥 21 份，其他为植物原料有机肥、生物有机肥和其他有机肥。依据《有机肥料》（NY 525—2012），这 50 份样品均不存在重金属超标现象，但养分含量不达标，水分含量超标比例较高，氮磷钾总量不足问题突出，pH、有机质、氮磷钾总量和水分含量不合格率分别为 8%、10%、28% 和 32%。此外，重金属 Pb、Cd、Cr、Hg、As 均有检出，动物性废弃物及其有机肥中的重金属含量高于植物性废弃物。

总体上看，依据《有机肥料》（NY 525—2012），目前我国各地市场上流通的商品有机肥存在一定不达标比例，其中水分、重金属、养分、有机质和 pH 均出现不达标现象，水分超标现象较为普遍。

## 2.2.2　有机质

不同类型畜禽粪便的有机质含量差异较大，有机肥制备的原辅料有机质含量影响有机肥的有机质含量。不同物料有机质含量见附录 1。牛粪、羊粪、猪粪的有机质含量往往高于鸡粪和其他有机废弃物。黄绍文等（2017）研究发现，牛粪、羊粪和猪粪中的有机质含量为 54.4%～57.4%，高于鸡粪和其他有机废弃物。猪粪、牛粪和家禽粪便原料在有机质含量上的差异进一步影响其作为有机肥的特性。

　　作者以 2012～2013 年采自浙江省内有机肥企业的 173 个有机肥样品为例，分析其有机质含量（表 2-3）。上述有机肥的生产多采用高温好氧堆肥工艺。将上述肥料样品分为春、夏两季。采集于春季（3～5 月）的样品有 103 个，其中，以猪粪为主要原料的有机肥样品有 43 个，以牛粪为主要原料的样品有 20 个，以鸡粪为主要原料的样品有 14 个，以混合粪便（以猪粪为主）为主要原料的样品有 26 个；采集于夏季（6～8 月）的样品有 70 个，其中，以猪粪为主要原料的样品有 37 个，以牛粪为主要原料的样品有 12 个，以鸡粪为主要原料的样品有 15 个，以混合粪便（以猪粪为主）为主要原料的样品有 6 个。通过比较不同粪便来源有机肥中有机质含量差异可知，春季样品的有机质含量从高到低依次为牛粪肥＞猪粪肥＞鸡粪肥＞混合粪便肥，夏季样品的有机质含量从高到低依次为牛粪肥＞混合粪便肥＞猪粪肥、鸡粪肥。参照《有机肥料》（NY 525—2012），有机质含量的最低限量为 45%。与此对照，春季样品中猪粪肥、牛粪肥、鸡粪肥、混合粪便肥的不合格率分别为 25.58%、5.00%、28.57%、53.85%；夏季样品中猪粪肥和鸡粪肥的不合格率分别为 8.11% 和 13.33%，牛粪肥和混合粪便肥的有机质含量均达标。综上，两季相比，夏季样品的有机质含量平均值高于春季；不同粪源有机肥相比，牛粪肥有机质含量最高。目前，在我国南方，特别是果菜茶等经济作物的栽培过程中，施用以鸡粪、猪粪为原料生产的有机肥为主，此类有机肥速效养分多，供肥能力强，但稳定性有机质少，长期施用对土壤腐殖质形成的贡献有限，因此建议在合理的情况下，增加牛粪有机肥施用。

表 2-3　有机肥中有机质含量状况　　　　　　　　（单位：%）

| 原料 | 春季 | | | 夏季 | | |
| --- | --- | --- | --- | --- | --- | --- |
| | 范围 | 平均值 | 中值 | 范围 | 平均值 | 中值 |
| 猪粪 | 41.80～73.94 | 51.56 | 51.06 | 30.47～84.49 | 58.59 | 58.63 |
| 牛粪 | 37.82～82.07 | 63.94 | 63.27 | 53.51～87.57 | 75.91 | 77.71 |
| 鸡粪 | 30.22～64.90 | 50.13 | 50.89 | 31.39～87.57 | 58.73 | 57.61 |
| 混合粪便 | 27.39～69.42 | 46.00 | 43.82 | 53.51～69.64 | 61.52 | 58.91 |

### 2.2.3　总养分

　　有机肥含有氮、磷、钾等养分，施用有机肥可部分替代化肥。

　　表 2-4 列出了 2012～2013 年采自浙江省内有机肥企业的 173 个有机肥样品的养分含量状况。

　　（1）春季样品的总氮（N）含量从高到低依次为猪粪肥＞混合粪便肥、牛粪肥＞鸡粪肥，夏季样品的 N 含量从高到低依次为混合粪便肥＞猪粪肥＞牛粪鸡粪肥。总体上看，猪粪有机肥中的 N 含量高于牛粪和鸡粪有机肥。

（2）春季样品的磷（$P_2O_5$）含量从高到低依次为猪粪肥＞鸡粪肥＞混合粪便肥＞牛粪肥，夏季样品的磷含量从高到低依次为猪粪肥＞混合粪便肥、鸡粪肥＞牛粪肥，可知猪粪有机肥中的磷含量总体高于鸡粪和牛粪有机肥。猪粪有机肥中高磷现象普遍，如在黄绍文等（2017）采集的 126 个商品有机肥样品中，猪粪有机肥中平均磷含量（32.6g/kg）较鸡粪有机肥高出 39.9%。

（3）春季、夏季有机肥的钾（$K_2O$）含量从高到低依次为鸡粪肥＞猪粪肥＞牛粪肥＞混合粪便肥。

（4）春季有机肥的总养分（$N+P_2O_5+K_2O$）含量均值从高到低依次为猪粪肥＞鸡粪肥＞牛粪肥、混合粪便肥，夏季样品的总养分均值从高到低依次为猪粪肥＞鸡粪肥、混合粪便肥＞牛粪肥，可知猪粪有机肥的总养分含量总体高于其他类型有机肥。两季相比较，夏季有机肥样品的总养分含量平均值高于春季。参照《有机肥料》（NY 525—2012），有机肥的总养分含量不得少于 5.00%。不同原料来源的有机肥中，猪粪肥的达标率最高，混合粪便肥的达标率最低。春季样品中，猪粪肥、牛粪肥、鸡粪肥、混合粪便肥的养分不合格率分别为 7.0%、10.0%、7.1%、30.8%；夏季样品中，以猪粪、牛粪为原料的有机肥总养分含量全达标，以鸡粪、混合粪便为原料的有机肥总养分不合格率分别为 6.7%、16.7%。猪是杂食动物，饲料来源广泛，营养元素丰富广泛，因此猪粪有机肥的高养分含量可能与猪饲料的种类有关。

**表2-4 有机肥中养分含量状况** （单位：%）

| 养分 | 原料 | 春季 | | | 夏季 | | |
|---|---|---|---|---|---|---|---|
| | | 含量范围 | 平均值 | 中值 | 含量范围 | 平均值 | 中值 |
| N | 猪粪 | 0.84～4.37 | 2.20 | 2.19 | 1.44～5.54 | 2.53 | 2.49 |
| | 牛粪 | 1.23～2.72 | 1.83 | 1.79 | 2.01～2.84 | 2.41 | 2.33 |
| | 鸡粪 | 1.21～2.39 | 1.74 | 1.72 | 1.58～7.58 | 2.48 | 1.96 |
| | 混合粪便 | 0.80～4.01 | 1.81 | 1.74 | 1.89～4.19 | 2.84 | 2.58 |
| $P_2O_5$ | 猪粪 | 0.62～7.63 | 4.23 | 4.21 | 1.94～8.27 | 4.92 | 5.07 |
| | 牛粪 | 0.57～5.91 | 2.01 | 1.85 | 1.73～3.63 | 2.27 | 1.98 |
| | 鸡粪 | 1.44～4.67 | 2.68 | 2.59 | 1.25～6.14 | 3.62 | 3.40 |
| | 混合粪便 | 0.92～5.68 | 2.40 | 2.00 | 1.09～4.76 | 3.34 | 3.58 |
| $K_2O$ | 猪粪 | 1.13～3.77 | 2.36 | 2.35 | 0.78～4.15 | 2.62 | 2.61 |
| | 牛粪 | 0.84～3.82 | 2.25 | 2.08 | 1.74～3.60 | 2.54 | 2.44 |
| | 鸡粪 | 1.70～3.74 | 2.55 | 2.48 | 1.15～4.60 | 2.82 | 2.58 |
| | 混合粪便 | 0.62～3.38 | 1.86 | 1.75 | 0.56～3.44 | 2.06 | 2.06 |

续表

| 养分 | 原料 | 春季 | | | 夏季 | | |
|------|------|------|------|------|------|------|------|
| | | 含量范围 | 平均值 | 中值 | 含量范围 | 平均值 | 中值 |
| 总养分 | 猪粪 | 2.82～14.21 | 9.50 | 9.21 | 5.02～15.22 | 10.08 | 9.77 |
| | 牛粪 | 3.90～13.30 | 6.93 | 6.70 | 5.91～9.25 | 7.22 | 7.13 |
| | 鸡粪 | 4.98～10.12 | 7.40 | 7.41 | 4.50～12.13 | 8.92 | 8.78 |
| | 混合粪便 | 3.77～12.14 | 6.45 | 6.02 | 4.24～12.40 | 8.23 | 8.45 |

## 2.2.4 pH

表2-5列出了2012～2013年采自浙江省内有机肥企业的173个有机肥样品的pH状况。参照《有机肥料》（NY 525—2012），商品有机肥的pH范围为5.5～8.5。春季样品的pH从高到低依次为牛粪肥、鸡粪肥＞猪粪肥、混合粪便肥，夏季样品的pH从高到低依次为鸡粪肥＞牛粪肥、猪粪肥＞混合粪便肥。整体来看，两季节有机肥的pH都偏碱。春季样品中，猪粪肥、牛粪肥、鸡粪肥、混合粪肥的pH不合格率分别为9.30%、50.00%、28.57%、19.23%，夏季样品中，猪粪肥、牛粪肥、鸡粪肥、混合粪肥的pH不合格率分别为24.32%、41.67%、46.67%、0%。

表2-5 有机肥 pH 状况

| 原料 | 春季 | | | 夏季 | | |
|------|------|------|------|------|------|------|
| | 范围 | 平均值 | 中值 | 含量范围 | 平均值 | 中值 |
| 猪粪 | 5.85～9.11 | 7.82 | 7.91 | 6.36～9.24 | 7.91 | 7.91 |
| 牛粪 | 6.57～9.25 | 8.32 | 8.51 | 5.30～8.87 | 8.02 | 80.36 |
| 鸡粪 | 6.50～8.98 | 8.02 | 8.12 | 6.48～10.08 | 8.31 | 8.40 |
| 混合粪便 | 6.12～9.08 | 7.74 | 7.75 | 6.23～8.22 | 7.37 | 7.36 |

虽然不同粪便来源的有机肥pH差异较大，但从总体上看，鸡粪有机肥的pH整体高于猪粪有机肥。黄绍文等（2017）于2014年在山东、河南、河北、天津、吉林、黑龙江北方6省（直辖市）和湖北、湖南、江苏、上海、安徽、江西、广东、海南、云南、贵州、四川、重庆南方12省（直辖市）采集商品有机肥样品126个。按照生产商品有机肥的主要原料来源，将采集的商品有机肥样品分为商品鸡粪（原料是纯鸡粪或主要原料是鸡粪）、商品猪粪（原料是纯猪粪或主要原料是猪粪）、其他商品有机肥（主要原料不够明确）3类，商品鸡粪有机肥的pH为5.5～9.1（平均值为7.4），偏中性，而商品猪粪有机肥的pH为5.1～7.9（平均值为6.7），偏酸性。

# 2.3　畜禽有机肥使用的潜在风险

## 2.3.1　重金属污染风险

重金属污染是畜禽有机肥施用的重要风险之一，较早就已受到关注。现行的《有机肥料》（NY/T 525—2021）对重金属限量做了明确要求，但重金属超标现象仍存在。畜禽粪便及其他辅料中的重金属含量偏高是有机肥中重金属含量超标的主要原因。多年来，为了提高养殖业生产效率，砷（As）、铜（Cu）、铁（Fe）、锰（Mn）、锌（Zn）等微量元素作为禽畜饲料添加剂进入生态链。Cu 是一种抗菌剂和骨骼强壮剂，也是猪体内多种代谢所需关键酶的辅助因子，直接参与胆固醇代谢、骨骼矿化、免疫机能调节等过程。因此，猪饲料中普遍添加硫酸铜。Zn 作为动植物生长中必不可少的微量元素，是多种酶的组分和激活剂，参与畜禽的代谢过程。向猪饲料中添加足量的 Zn，可在一定程度上促进猪的快速生长。但 Cd 常与 Zn 伴生存在，向饲料中添加硫酸锌、氧化锌的同时，也常会带入 Cd 污染。饲料中 Pb 的存在主要是人为导致的，如养殖户使用了含铅量较高的工业级原料。畜禽粪便中的 As 主要来源于饲料中有机砷的添加。我国养殖业饲料中添加氨苯胂酸和洛克沙胂的历史已有近 20 年。从前，不少饲料厂家片面强调有机砷制剂的促生长作用和防病效果，致使有机砷的应用泛滥成灾，添加剂量越来越大，带来一系列问题。洛克沙胂本身是毒性很低的砷化物，但在一定条件下，洛克沙胂会转化为无机砷。据统计，我国每年使用的微量元素添加剂有 15 万～18 万 t，保守估计，至少有 10 万 t 未被动物吸收而随畜禽粪便排出。

重金属污染与其他有机化合物污染不同，具有富集性且不能在环境中降解，具有不可逆转性。重金属在土壤、水体、底泥等环境中达到一定浓度后，会对生物体的生长和繁殖造成危害，造成慢性、亚急性和急性毒性，同时可通过食物链和生物放大效应进入人体，危害人类健康。例如，最为有名的水俣病是由汞污染造成的，骨痛病是由镉污染造成的。随动物粪便排泄的大量 Cu，还可使粪池中的微生物减少，微生物作用的降低进一步导致粪便臭味增加。进入水体以后，Cu 对幼鱼的生长、繁殖具有严重毒害作用，0.5mg/kg 的 Cu 即能使 35%～100% 的原生淡水植物死亡。环境中的重金属污染还会影响有机化合物的降解转化。例如，一些重金属和抗生素会形成络合物，增大毒性；一些重金属污染物可通过共同选择，促进微生物抗生素耐药性的形成和传播。2013 年调查显示，我国耕地面积约为 18.26 亿亩①，其中，1.5 亿亩已受到重金属污染，每年受重金属污染的粮食达到 1200 万 t，直接经济损失超过 200 亿元（http://www.gov.cn/xinwen/2014-12/17/content_

---

① 1 亩≈666.7m²。

2792995.htm）。

许多国家和地区都对有机肥中的重金属含量进行了限定，但是各国制定的堆肥重金属限量标准并不完全一致。在欧洲，仅意大利、荷兰、丹麦等少数国家对As含量做出了限定；法国和丹麦未对Cu、Zn、Cr含量进行限定；德国对重金属的限定比较严格，Cd、Pb、Hg、Zn、Cu、Cr、Ni的限量标准分别为1.5mg/kg、150mg/kg、1.0mg/kg、400mg/kg、100mg/kg、100mg/kg、50mg/kg；西班牙的限量标准是欧洲最宽松的，Cd、Pb、Hg、Zn、Cu、Cr、Ni的限量标准分别为40mg/kg、1200mg/kg、25mg/kg、4000mg/kg、1750mg/kg、750mg/kg、400mg/kg。加拿大根据土壤重金属最高背景值确定了有机堆肥中A级和B级肥料中重金属含量的上限。但这些标准并不是固定的，随着要求的提高，许多国家都在寻求更低的限量标准。

我国对有机肥中重金属含量的限定远迟于发达国家，在《有机-无机复混肥料》（GB 18877—2002）中，我国首次针对复混肥料中的部分重金属制定了限量标准，现行的《有机肥料》（NY/T 525—2021）对重金属As、Hg、Pb、Cd、Cr含量设定的限定值分别为15mg/kg、2mg/kg、50mg/kg、3mg/kg、150mg/kg。

### 1. 有机肥中重金属残留情况

有机肥的原料来源较为复杂，不同种类的有机肥中重金属含量差异较大，从痕量到千分之几。

黄绍文等（2017）从北方6省（直辖市）和南方12省（直辖市）采集126个有机肥样品，针对Cd、Pb、Hg、Cr、Ni、As含量进行分析，发现鸡粪有机肥中Cd、Pb、Cr含量相对较高，Hg含量相对较低；猪粪有机肥中Cd、As含量相对较高，Pb、Cr含量相对较低；其他类型商品有机肥中Hg含量相对较高，Cd、Pb、As含量相对较低。有机肥中Cu和Zn的含量总体高于其他重金属，而Cu和Zn的含量又以猪粪有机肥最高，鸡粪有机肥次之，其他类型商品有机肥较低。猪粪有机肥中的Cu含量较鸡粪有机肥和其他商品有机肥可分别高出75.8%和175.9%，猪粪有机肥中的Zn含量较鸡粪有机肥和其他商品有机肥可高出14.9%和78.4%。

作者团队于2012~2013年对浙江及其周边（上海）80多家规模有机肥料企业生产的有机肥的重金属进行检测。表2-6列出了上述有机肥样品中的重金属含量情况。总的来说，7种重金属元素中，各种来源的有机肥均以Cu、Zn含量为高。春季、夏季Cu和Zn含量的平均值以猪粪肥最高。春季、夏季As含量的平均值从高到低依次为猪粪肥＞混合粪便肥、鸡粪肥＞牛粪肥。依据《有机肥料》（NY 525—2012），商品有机肥中As超标率最高，总体达到36%，以猪粪为原料的有机肥中As超标率达50%，而以鸡粪、牛粪为原料的有机肥中As超标率均在10%左右。在检测的Pb、Cr、Cd、Hg、As、Cu、Zn 7种重金属中，Hg超标率最低（为

4.8%），全部源自以猪粪为原料的有机肥样品。两季相比，春季有机肥重金属含量比夏季高，在春季样品中，Pb、Cr、Cd、Hg、As 都有超标现象。

表 2-6　有机肥中重金属含量状况　　　（单位：mg/kg）

| 原料 | 季节 | 项目 | Cu | Zn | Pb | Cr | Cd | Hg | As |
|---|---|---|---|---|---|---|---|---|---|
| 猪粪 | 春季（n=43） | 范围 | 44.52~2030.00 | 109.74~5719.93 | 1.83~219.95 | 2.29~184.86 | 0.15~39.73 | 0.10~4.33 | 1.88~199.71 |
| | | 平均值 | 550.76 | 1341.22 | 22.08 | 41.96 | 2.03 | 0.64 | 29.98 |
| | | 中位数 | 460.26 | 1179.71 | 9.99 | 30.42 | 0.88 | 0.4 | 19.15 |
| | 夏季（n=37） | 范围 | 10.69~1294.79 | 58.15~3439.77 | 0.10~232.30 | 0.00~187.24 | 0.00~9.25 | 0.09~1.04 | 1.33~55.72 |
| | | 平均值 | 478.72 | 1284.53 | 17.49 | 32.15 | 1.44 | 0.32 | 13.18 |
| | | 中位数 | 468.1 | 1048 | 7.05 | 19.39 | 0.73 | 0.27 | 7.88 |
| 牛粪 | 春季（n=20） | 范围 | 25.73~881.09 | 74.33~2229.08 | 3.45~39.98 | 8.77~70.50 | 0.13~1.46 | 0.16~2.54 | 1.40~24.22 |
| | | 平均值 | 138.55 | 380.15 | 15.88 | 28.77 | 0.67 | 0.61 | 7.8 |
| | | 中位数 | 62.03 | 191.51 | 12.32 | 24.28 | 0.54 | 0.29 | 6.37 |
| | 夏季（n=12） | 范围 | 18.95~488.82 | 97.83~1502.95 | 3.19~28.46 | 5.21~39.13 | 0.17~1.46 | 0.14~1.69 | 1.19~6.72 |
| | | 平均值 | 91.2 | 294.73 | 9.05 | 13.76 | 0.59 | 0.35 | 3.32 |
| | | 中位数 | 54.93 | 182.62 | 5.72 | 10.11 | 0.37 | 0.16 | 3.25 |
| 鸡粪 | 春季（n=14） | 范围 | 31.66~517.61 | 193.46~949.20 | 4.97~15.21 | 17.53~101.08 | 0.08~1.12 | 0.15~0.94 | 3.50~82.30 |
| | | 平均值 | 108.06 | 345.44 | 8.91 | 41.68 | 0.47 | 0.32 | 17.3 |
| | | 中位数 | 77.7 | 282.89 | 7.85 | 27.83 | 0.48 | 0.24 | 12.92 |
| | 夏季（n=15） | 范围 | 31.04~594.88 | 164.82~2077.58 | 2.37~39.40 | 6.17~39.64 | 0.09~1.95 | 0.11~0.71 | 1.49~16.88 |
| | | 平均值 | 111.15 | 462.5 | 10.8 | 15.87 | 0.61 | 0.28 | 7.12 |
| | | 中位数 | 71.37 | 303.88 | 6.48 | 14.35 | 0.37 | 0.27 | 5.36 |
| 混合粪便 | 春季（n=26） | 范围 | 16.61~771.39 | 64.34~1760.05 | 3.87~188.00 | 0.00~139.31 | 0.00~56.43 | 0.07~2.42 | 2.35~50.33 |
| | | 平均值 | 167.4 | 458.93 | 18.29 | 46.32 | 2.77 | 0.52 | 18.41 |
| | | 中位数 | 82.6 | 321.26 | 10.56 | 39.81 | 0.46 | 0.31 | 14.48 |
| | 夏季（n=6） | 范围 | 7.53~223.82 | 45.6~721.26 | 4.58~17.15 | 6.95~55.56 | 0.16~1.18 | 0.12~1.80 | 0.84~21.46 |
| | | 平均值 | 92.63 | 370.65 | 7.91 | 26.38 | 0.51 | 1.63 | 8.66 |
| | | 中位数 | 81.83 | 340.25 | 6.3 | 26 | 0.43 | 0.46 | 6.61 |

　　总的来说，作者团队调研的浙江省及其周边地区来源的有机肥样品中 Pb、Cr、Cd、Hg、As 的合格状况呈现一定的规律性（图 2-1），猪粪肥和混合粪便重金属超标问题较为突出，以猪粪为原料的有机肥合格率最低，以牛粪为原料的有机肥合格率最高。夏季有机肥的重金属合格率高于春季。这可能与不同季节、不同动物养殖过程中使用的饲料、饲料添加剂以及用药习惯等有关。

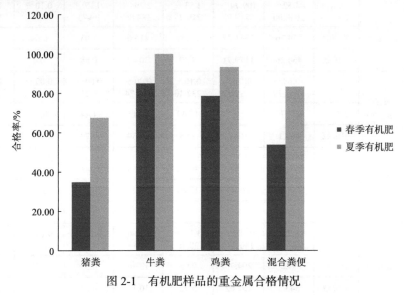

图 2-1　有机肥样品的重金属合格情况

　　此外，根据 2008 年从浙江 46 家有机肥生产企业采集的样品检测结果，46 份有机肥样品中有 7 份 Cd、Pb、Cr 含量超过《有机肥料》（NY 525—2012）限定的标准，超标率为 15.22%。超标产品中 Cr 含量最高达 12262mg/kg。这些重金属含量超标的商品有机肥进入土壤后，经多年积累，无疑会给土壤环境质量带来极大的安全隐患。

### 2. 畜禽粪便中的重金属残留情况

　　畜禽粪便是有机肥产品中重金属污染的重要来源之一。猪粪肥的重金属残留情况较为严重，Cu、Zn 含量往往大幅超过其他有机肥，这与生猪养殖业的饲料添加剂种类有关。目前，饲料厂和养殖场多用高 Cu、高 Zn 的饲料喂养牲畜。研究表明，猪对这些重金属添加剂吸收很少，95%以上都通过粪便、尿等形式排出体外。因此，在生产和施用以猪粪为原料的有机肥时要特别注意控制可能带来的重金属污染。

　　表 2-7 列出了 2012 年从浙江部分有机肥企业现场采集的 91 个畜禽粪便样品的重金属残留量。As 在猪粪中的最高含量达到 39.5mg/kg，为《有机肥料》（NY 525—2012）限量标准的 2.6 倍；Pb 在猪粪中的最高含量达到 416mg/kg，为限量

标准的 8.32 倍；Cd 在猪粪中的最高含量达到 7mg/kg，为限量标准的 2.3 倍。

2008 年，作者团队对从不同规模养殖场采集的 39 份畜禽（猪、鸡、牛）粪便样品（其中 23 份为猪粪样品）的重金属含量进行测试，分析结果也证明了以上结论。在这 39 份粪便样品中，有 19 份样品的 Cu 含量超过 200mg/kg，11 份样品的 Cu 含量超过 500mg/kg，最高达 781mg/kg；有 21 份样品的 Zn 含量超过 500mg/kg，8 份样品的 Zn 含量超过 1000mg/kg，最高达 2396mg/kg；有 6 份样品的 As 含量和 1 份样品的 Pb 含量超过《有机肥料》（NY 525—2012）的限量要求，超标率达 17.95%。特别是猪粪样品的重金属残留量较高，69.57% 的猪粪样品 Cu 含量超过 200mg/kg，43.48% 的猪粪样品 Cu 含量超过 500mg/kg，69.57% 的猪粪样品 Zn 含量超过 500mg/kg，26.09% 的猪粪样品 As 含量超过 30mg/kg。

表 2-7　浙江有机肥加工企业粪便原料中的重金属含量

| 重金属 | | 鸡粪<br>（$n$=35） | 牛粪<br>（$n$=15） | 猪粪<br>（$n$=41） | 《有机肥料》<br>（NY 525—2012）限量要求 |
|---|---|---|---|---|---|
| Hg | 范围/（mg/kg） | 0.03～5 | 0～1 | 0.02～4.5 | ≤2mg/kg |
| | 平均值/（mg/kg） | 0.76 | 0.2 | 0.96 | |
| | 超标率/% | 5.71 | 0 | 2.43 | |
| As | 范围/（mg/kg） | 1.0～49.2 | 0～18 | 1.3～39.5 | ≤15mg/kg |
| | 平均值/（mg/kg） | 12.06 | 8.6 | 8.61 | |
| | 超标率/% | 10.53 | 6.67 | 24.39 | |
| Pb | 范围/（mg/kg） | 0～369 | 10～46 | 0～416 | ≤50mg/kg |
| | 平均值/（mg/kg） | 39.2 | 32.5 | 43.3 | |
| | 超标率/% | 25.1 | 0 | 20 | |
| Cd | 范围/（mg/kg） | 0～3.91 | 0～5.6 | 0～7 | ≤3mg/kg |
| | 平均值/（mg/kg） | 0.68 | 1.42 | 0.89 | |
| | 超标率/% | 20.0 | 20.0 | 12.2 | |
| Cr | 范围/（mg/kg） | 8～146 | 26～129 | 0～421 | ≤150mg/kg |
| | 平均值/（mg/kg） | 60.36 | 47.6 | 56.6 | |
| | 超标率/% | 0 | 0 | 7.3 | |

### 3. 发酵辅料和成品添加剂中的重金属残留情况

发酵辅料或成品添加剂也可能导致有机肥中重金属超标。《有机肥料》（NY 525—2012）虽然规定了有机肥原料主要使用畜禽粪便、动植物残体和动植物产品下脚料，但由于新鲜猪粪的水分含量达到 80%～90%，因此在采用生物发酵工艺制备有机肥时，仍需添加一定量的辅料以控制水分，调节 C/N。辅料的添加量一般为 20%～30%，推荐使用与农业生产环境成分近似且含 C 较高的木屑、秸秆等。但在实际中，发酵辅料和成品添加剂的来源十分复杂，除木屑、秸秆外，一些动植物产品下脚料和工业产品废弃物也被用作有机肥辅料，如味精厂和制药厂的发酵废渣、酒糟、合成板材锯末、食用菌废弃基质、草木灰、生物质发电的灰烬、火电厂的烟煤灰、低品位磷矿粉等，特别是一些有机肥生产厂家违规使用污水处理厂的污泥、皮革制造厂的废弃物等，由于其成分不可控，极易导致重金属超标。对此问题，应给予足够的重视。

目前大部分有机肥生产没有专门的工艺对重金属进行钝化或去除，而现有的堆肥措施对重金属的钝化能力有限，也无法实现重金属去除。此外，堆肥等有机肥无害化过程中，有机质分解矿化成 $CO_2$，畜禽粪便原料中的部分重金属产生明显的浓缩富集效应。因此，成品有机肥中的部分重金属含量可高于畜禽粪便原料，从而增大环境风险。黄绍文等（2017）从全国采集 126 个商品有机肥样品和 255 个有机废弃物原料样品，发现商品有机肥中 Pb 和 Cr 的平均含量分别为 34.3mg/kg 和 165.2mg/kg，较有机废弃物原料分别增加 97.1%和 10.4 倍。综上，在有机肥生产过程中防止重金属含量超标，必须从源头控制，加强畜牧养殖法规和饲料检验方面的管理，减少含重金属的饲料添加剂的使用，倡导规范化和标准化养殖，控制养殖过程带来的重金属污染。这对有机肥安全生产、施用具有重要意义。

### 2.3.2　抗生素和抗性基因污染风险

#### 1. 抗生素污染风险

抗生素是一类由微生物产生或人工合成的具有抑制微生物和其他细胞增殖的药物。规模养殖场的养殖密度大，极易诱发动物传染性疾病，因此常用抗生素类药物来预防和治疗畜禽疾病，或者有目的地调节动物生理机能。常用的兽用抗生素如表 2-8 所示。

表 2-8　常用的兽用抗生素

| 兽用抗生素分类 | 化合物（举例） |
|---|---|
| β-内酰胺类 | 青霉素、头孢菌类 |
| 青霉素类 | 青霉素钠/钾、氨苄西林钠、阿莫西林 |
| 氨基糖苷类 | 链霉素、庆大霉素、卡那霉素、新霉素、大观霉素 |
| 四环素类 | 土霉素、金霉素、多西环素、四环素 |
| 氯霉素类 | 氟苯尼考、氯霉素 |
| 大环内酯类 | 吉他霉素、红霉素、阿奇霉素、泰乐菌素、替米考星 |

| 兽用抗生素分类 | 化合物（举例） |
| --- | --- |
| 磺胺类 | 磺胺嘧啶、磺胺甲噁唑、磺胺二甲嘧啶、磺胺间甲氧嘧啶、甲氧苄啶 |
| 氟喹诺酮类 | 环丙沙星、诺氟沙星、恩诺沙星、氧氟沙星 |
| 林可胺类 | 林可霉素、克林霉素 |
| 多肽类 | 杆菌肽、黏杆菌素、恩拉霉素 |
| 其他化学合成药物 | 甲硝唑、喹乙醇 |

由于给药量大，抗生素并不能完全被动物吸收利用而残留于畜禽粪便中。据研究，抗生素摄入后，除极少部分存留于生物体内，60%～90%（某些抗生素甚至高达 95%）以原药和代谢产物的形式排出体外，残留于畜禽粪尿中。虽然现在尚不十分清楚这部分残留物质在动植物生态链中的循环路径，但其对土壤环境和微生物种群平衡的影响却是显而易见的。当阿维菌素的浓度达到 125mg/kg 以上时，对土壤微生物的种群数量和细菌、真菌、放线菌的生长速度产生明显的抑制作用。残留的抗生素随地表径流进入水体，亦会对水体中的生物产生毒性效应（如喹乙醇对甲壳细水蚤就具有极强的急性毒性），破坏微生态结构。更重要的是，环境中残留的抗生素会诱导病原微生物产生耐药性，导致"超级细菌"的爆发，而且抗生素抗性基因不但可以储存于水环境中，还可以通过水环境扩展、演化，从而进一步增加人类和动物健康的风险。目前，抗生素在规模化养殖场畜禽粪便中的检出十分普遍，并具有较高的残留浓度。宋婷婷等（2020）分析发现，抗生素残留在我国猪粪、鸡粪和牛粪中均被检出，猪粪中四环素类抗生素的残留量为 1390～354000μg/kg，磺胺类抗生素的残留量为 170.6～89000μg/kg，氟喹诺酮类抗生素的残留量为 411.3～1516.2μg/kg，大环内酯类抗生素的残留量为 1.4～4.8μg/kg，硝基呋喃类抗生素的残留量为 85.1～158.1μg/kg。畜禽粪便已经成为环境抗生素污染和抗性细菌传播的重要库与源。

抗生素作为一种可降解的化合物，虽然在堆肥、烘干等有机肥加工过程中得到一定程度的去除，但成品有机肥中的抗生素残留问题依旧普遍。作者团队于2012～2013 年从浙江及其周边（上海）的 80 多家规模有机肥企业采集了 219 份有机肥样品，这些样品以畜禽粪便为主要原料，都经过堆肥发酵，但其中仍有 140个样品检测出抗生素，检出率达 63.9%。在检测的 43 种抗生素中，磺胺间甲氧嘧啶、甲氧苄啶、磺胺甲噁唑、磺胺氯哒嗪、磺胺嘧啶、磺胺二甲嘧啶、氯霉素、甲砜霉素、氟苯尼考、恩诺沙星、诺氟沙星、氧氟沙星、环丙沙星、四环素、土霉素、金霉素、多西环素 17 种抗生素被检出。其中，抗生素检出总浓度在 3.1～20μg/kg 的占 9.6%，在 20～2000μg/kg 的占 38.7%，在 2000～72788.8μg/kg 的占

16.0%（图 2-2）。

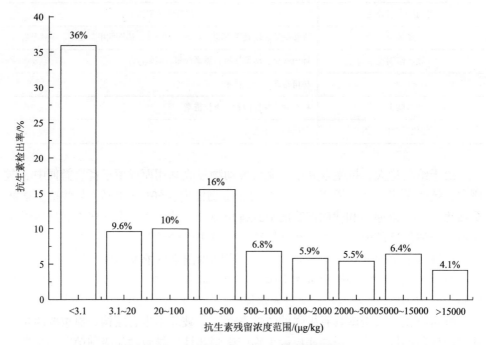

图 2-2　有机肥样品中抗生素残留量的分布情况

　　有机肥中检出的磺胺类抗生素以磺胺二甲嘧啶为主，检出率为 21.0%；氟喹诺酮类中检出最多的是恩诺沙星，检出率为 39.3%；四环素类中检出最多的是多西环素，检出率为 21.5%；氯霉素类中检出最多的是氟苯尼考，检出率为 5.9%。磺胺二甲嘧啶、恩诺沙星、氧氟沙星和多西环素在超过 20%的有机肥样品中被检出。单个样品中最多有 9 种抗生素同时检出，单个抗生素残留量最高的是多西环素，高达 72788.8μg/kg。

　　有机肥样品中抗生素残留受到多项因素的影响。不同季节均有检出，其中春季样品中抗生素残留总检出率为 76%，秋季样品为 48%，夏季样品为 36.6%。春季样品中抗生素检出种类也多于夏季和秋季。一方面可能是因为春季畜禽养殖发病率高，用药量大；另一方面可能是因为春季温度相对较低，抗生素的降解相对缓慢。

　　不同原料对有机肥抗生素检出率的影响较大（图 2-3）。以鸡粪、猪粪为原料的有机肥料中，抗生素残留问题较为严重。以鸡粪为原料的有机肥中，抗生素检出率为 63.6%，检出的抗生素主要是磺胺间甲氧嘧啶、恩诺沙星和环丙沙星，其最高浓度分别为 0.18mg/kg、0.22mg/kg、0.89mg/kg；以猪粪为原料的有机肥中，抗生素检出率为 65%，磺胺类、氟喹诺酮类、氯霉素类、四环素类、二甲硝咪唑及其代谢物的检出率都在 20%左右，其中四环素类的浓度最高，土霉素、金霉素和多西环素的浓度分别达 13.8mg/kg、13.0mg/kg 和 22.5mg/kg。

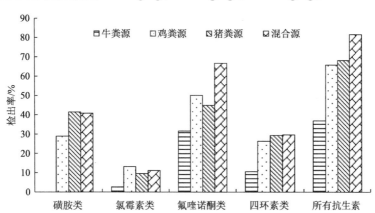

图 2-3 不同原料来源的有机肥样品中各类抗生素的检出情况

采取危害商（HQ）来评估上述有机肥样品中残留的抗生素对土壤微生物的潜在风险。HQ 是土壤中抗生素浓度（PEC，mg/kg）与土壤中无效应抗生素浓度（PNEC，mg/kg）的比值，HQ 越高，风险越高。基于 HQ 的值将风险划分为 3 档：0.01～0.1（包含 0.1），低风险；0.1～1（包含 1），中等风险；>1，高风险。依据有机肥样品中实际检出的抗生素残留量，结合文献报道的毒理数据进行预测分析，得出表 2-9，HQ>1 的样品占比为 17.8%，HQ 在 0.1～1 的样品占比为 3.2%。采集的有机肥样品中土霉素、金霉素、恩诺沙星和环丙沙星的 HQ 大于 1。基于表 2-9 的数据，在只考虑单一抗生素污染的情况下，发现采集的 219 份样品中，至少 1/3 的样品具有潜在的生态风险。事实上，有机肥中复合污染常见，如重金属和抗生素复合、多种抗生素复合等，多种污染物复合残留可能会比单一污染物残留的危害更大，因此更应引起重视。

表 2-9 有机肥中残留抗生素对土壤中微生物危害的风险分析

| 化合物 | 浓度/（μg/kg） | PEC/（μg/kg） | PNEC/（μg/kg） | HQ |
|---|---|---|---|---|
| 磺胺甲噁唑 | 3.1～4184 | 0.09～124.9 | 270 | 0.0003～0.46 |
| 诺氟沙星 | 15.3～541 | 0.46～16.16 | 29.7 | 0.015～0.54 |
| 环丙沙星 | 5.8～1254 | 0.17～37.43 | 25.6 | 0.007～1.46 |
| 恩诺沙星 | 6.4～4091 | 0.19～122.12 | 24 | 0.008～5.09 |
| 四环素 | 589～4145 | 17.58～123.73 | 270 | 0.07～0.46 |
| 土霉素 | 524～16280 | 15.64～485.97 | 50 | 0.31～9.72 |
| 金霉素 | 108～15872 | 3.22～473.79 | 53 | 0.06～8.94 |

由于商品有机肥的原料来源多样，并且含多种原辅料，因此相比于单一的原辅料样品，多种抗生素共存的现象在成品有机肥中更为普遍。例如，杨威等（2021）以华中、华南、东北、华北、西南地区的典型县市区为代表，采集商品有机肥样品 244 份、有机肥原料和辅料样品 180 份（畜禽养殖类原料样品数占抽样数的 86.1%），分析发现商品有机肥中检出 1~2 种抗生素的比例高于原料和辅料，成品有机肥中抗生素检出率达 92.5%，而原料和辅料仅为 73.02%。与作者针对浙江地区有机肥的调研结果相似，杨威等（2021）也发现，抗生素在鸡粪和猪粪及其制备的商品有机肥中的检出率高于其他原料制备的有机肥。另外，杨威等（2021）在秸秆、菇渣、油饼、酵母渣和骨粉中也检出抗生素，说明四环素类抗生素在菌菇种植、动物源食品业中也有应用（表 2-10）。总的来说，尽管经过了有机肥加工过程，但由于没有配套的抗生素去除工艺，目前有机肥产品尤其是以猪粪、家禽粪便为原料的有机肥中抗生素残留风险仍较大，应予以关注。

表 2-10　商品有机肥及其原辅料中四环素类抗生素的检出率　（单位：%）

| 原料 | 样品数 | 土霉素 | | 四环素 | | 金霉素 | | 多西环素 | | 合计 | |
|---|---|---|---|---|---|---|---|---|---|---|---|
| | | 产品 | 原料 | 产品 | 原料 | 产品 | 原料 | 产品 | 原料 | 产品 | 原料 |
| 羊粪 | 159 | 1.37 | 15.12 | 2.74 | 12.79 | 6.85 | 11.63 | 5.48 | 4.65 | 9.59 | 24.42 |
| 牛粪 | 80 | 12.20 | 25.64 | 4.88 | 12.82 | 4.88 | 15.38 | — | 5.13 | 14.63 | 30.77 |
| 鸡粪 | 90 | 16.67 | 53.44 | 3.33 | 3.33 | 6.67 | 16.67 | 23.33 | 40.00 | 31.67 | 66.67 |
| 猪粪 | 26 | — | 11.54 | | 11.54 | 5.00 | 11.54 | 25.00 | 30.77 | 25.00 | 83.33 |
| 秸秆 | 11 | — | 11.11 | | | | | | | 11.11 | — |
| 菇渣 | 9 | — | 20.00 | | | | | | 40.00 | — | 40.00 |
| 油饼 | 7 | | | | | 16.66 | — | 16.66 | | 16.67 | — |
| 酵母渣 | 6 | | | | | 16.67 | | | | 16.67 | |
| 骨粉 | 2 | — | 50.00 | | | — | 50.00 | — | 50.00 | — | 50.00 |
| 腐殖酸 | 11 | | | | | | | | | | |
| 海藻 | 3 | | | | | | | | | | |
| 糖醛渣 | 3 | | | | | | | | | | |
| 蚯蚓粪 | 3 | | | | | | | | | | |
| 中药渣 | 3 | | | | | | | | | | |
| 沼渣 | 2 | | | | | | | | | | |
| 餐厨垃圾 | 1 | — | — | — | — | — | — | — | — | — | — |
| 酒糟 | 1 | — | — | — | — | — | — | — | — | — | — |
| 兔粪 | 1 | — | — | — | — | — | — | — | — | — | — |

资料来源：杨威等，2021。

## 2. 抗生素抗性基因污染风险

ARGs 是一种新型环境污染物，其进化和传播与抗生素的大量使用密切相关。由于抗生素耐药性的不断传播和进化，目前世界正快速走向"后抗生素时代"，感染人群面临更大的死亡风险。ARGs 作为细菌耐药性产生的根源和驱动力，在联合国环境规划署发布的《2017 年前沿报告》中位列 6 种新型环境污染物的首位。

不同于化学污染，ARGs 污染属于生物性污染，可在不同环境介质中持久性残留、传播和进化，具有暴发性特征，对人类、动物健康具有巨大的潜在风险。美国每年感染耐药致病菌的人数超过 200 万，且造成 14000 人死亡。在抗生素的选择压力下，ARGs 通过质粒交换的水平转移行为即可再传播和扩散。震惊世界的"超级细菌"就是通过外源获得可表达降解碳青霉烯类抗生素的金属 $\beta$-内酰胺酶 blaNDM-1 基因而形成超强耐药性的。越来越长的超级细菌清单表明，可怕的病原菌正在通过水平基因转移（horizontal gene transfer，HGT）积累越来越多的 ARGs。ARGs 可在生物体内和环境中长期存在，不会随着宿主细胞的消亡而消失，能以游离 eDNA 的形式吸附在环境介质中，并整合到一些可移动遗传元件上，在适当时机进入细胞，在微生物间通过水平基因转移等途径传播。总的来说，ARGs 的危害性可能比抗生素本身的环境危害性更大。

"环境-动物-人类"之间的健康相互关联。目前，环境 ARGs 污染已成为生态学、土壤学、环境学和医学等学科的热点研究领域。ARGs 在废水、河流、海洋、灌溉渠、污水处理厂、饮用水、沉积物、土壤、空气等环境介质中均被发现，而动物养殖业被证实是 ARGs 的主要污染源之一。自 20 世纪 60 年代以来，亚致死剂量的抗生素常被用作生长促进剂在动物养殖行业广泛应用。这种广泛的、不受控制的使用导致受治疗动物的组织、内脏，以及生长环境中出现低的、亚抑制浓度的抗生素。亚致死剂量的抗生素有助于动物肠道中固有抗生素耐药细菌成为优势种群，并可通过促进抗生素耐药细菌生长或诱导基因突变或 HGT 等途径使得敏感菌产生抗生素耐药性。位于质粒、转座子等可移动遗传元件上的 ARGs 能够在不同细菌之间转移，在环境中传播扩散。有研究指出，用添加金霉素、磺胺类抗生素和青霉素的饲料喂养猪，在猪肠道中，不仅这 3 种抗生素的 ARGs 表达丰度增加，而且其他种类 ARGs 表达丰度也明显增加。一般来说，畜禽粪便中的 ARGs 丰度高于人类粪便。抗生素耐药细菌在没有抗生素治疗史的动物粪便中也很丰富，这说明动物胃肠道微生物中本就含有抗生素耐药细菌。总的来说，在动物生长过程中使用抗生素易促进肠道微生物群中抗生素耐受细菌的出现，其随粪便排泄到环境中，并进一步传播。研究指出，粪肥施用土壤中的 ARGs 水平可比不施用粪肥的土壤高 28000 倍。粪肥施用引发的土壤 ARGs 水平上升，不仅与施肥带入的 ARGs 和抗生素有关，还与有机肥本身带入的养分也有关，这些养分也可能会在一定程度上影响土壤微生物群落，并成为形成抗生素耐药性的主要驱动力。

畜禽有机肥主要在农田土壤使用，为土壤和作物提供营养。农产品产地土壤中 ARGs 的最重要风险在于其可能会通过食物进入人体和动物，进而增加人畜共患病原菌的抗生素耐药性，最终导致抗生素失效。将携带 ARGs 的大肠杆菌 O157:H7 用绿色荧光蛋白标记，使其通过粪肥或灌源水进入土壤，结果发现，大肠杆菌 O157:H7 污染农作物的可食部分，在洋葱内 10 周后仍可检出，在胡萝卜中 5 个月后仍可检出。2016 年，在中国的猪、猪肉制品和人类的共生大肠杆菌中发现了一种质粒介导的多黏菌素抗性基因（*mcr-1*），该基因可通过质粒在细菌之间轻易地转移。目前，在丹麦、荷兰、法国和泰国，均已检出 *mcr* 基因。多黏菌素是临床抗击细菌感染的"最后一线"药物，*mcr* 基因的出现和频繁检出让全球都意识到畜禽养殖业中抗生素的滥用可能会对人类的健康造成巨大威胁。

不同类型的抗生素都有对应的 ARGs。

四环素类抗生素具有广谱活性、相对低毒、价格低廉的特点，是兽药中用量最大的一类抗生素。动物的肠道菌群具有非常高的四环素耐药率。*tet* 基因是畜禽粪便中最常检测到的 ARGs 之一，其参与四环素类药物的主动外排、核糖体保护或酶促修饰。*tetW*、*tetO* 和 *tetQ* 基因在猪粪与牛粪中特别常见。这些 *tet* 基因通常位于质粒上并插入转座子中，传播性较强。施用粪肥后，土壤中的 *tet* 基因水平往往大幅增加。

磺胺类抗生素也是兽药中用量很大的抗生素之一。与四环素类抗生素相比，磺胺类抗生素在土壤中的吸附能力较低，在地表水、地下水和土壤孔隙水中都有检测到。细菌的磺胺耐药性往往来源于染色体上 DHPS 基因 *folP* 的突变或获得 DHPS 替代基因 *sul*。*sul* 基因常位于质粒、转座子、整合子等移动元件中，具有广泛的传播能力，是粪便、土壤、水体等环境介质中最常检出的 ARGs，在许多细菌物种中都有检出。

*β*-内酰胺类抗生素是最广泛使用的人畜抗生素之一，在动物治疗中常用，如用于治疗奶牛乳腺炎。目前，在奶牛粪便、猪粪等中均已发现 *β*-内酰胺类耐药细菌和相应的 ARGs。IncN 质粒对 *β*-内酰胺类 ARGs 在粪便和土壤细菌间的传播有重要作用。例如，粪便中发现的阿莫西林抗性基因 *blaTEM* 和编码超广谱 *β*-内酰胺酶（ESBL）的 *bla CTX-M* 基因都被发现与 IncN 质粒相关。此外，编码 ESBL 的基因还位于 IS*Ecp1* 和 IS*CR1* 等插入序列中，帮助这些 ARGs 传播。

大环内酯类抗生素，如红霉素和泰乐菌素，通常在畜牧养殖中与林可酰胺和链霉素一起使用。超过 75%的泰乐菌素在肠道中无法代谢，随尿液和粪便排出。相应地，携带红霉素核糖体甲基化基因（*erm*）和/或大环内酯类外排基因（*mef*）

的大环内酯类耐药细菌也会随粪便排出。由于红霉素的结合位点与大环内酯-林可酰胺-链阳霉素 B（MLSB）抗菌药物的结合位点重叠，因此 *erm* 基因也可介导细菌耐受 MLSB 药物。例如，泰乐菌素使用增加了肠道微生物对 MLSB 的耐受性。猪粪中的 *erm* 基因多样性很高，包括 *ermA*、*ermB*、*ermC*、*ermF*、*ermG*、*ermT*、*ermQ*、*ermX* 等多种类型，其中，*ermB* 和 *ermF* 基因最为常见。*ermB* 基因存在于 Tn *916*-Tn *1545* 共轭转座子家族中，具有较强的传播性。研究发现，施肥会将 *ermB* 带入土壤，而在未施肥的土壤中未检出 *ermB*。

多黏菌素是一种古老的抗生素，常用于预防和治疗肠杆菌科细菌引起的胃肠道感染。多黏菌素很难通过猪胃肠道吸收，会随排泄物进入环境。*mcr* 基因是质粒介导的可移动的多黏菌素 ARGs，目前已有 10 种 *mcr* 基因（*mcr-1*～*mcr-10*）及变体被发现，其中，*mcr-1* 基因报道最多。动物粪便样本中 *mcr-1* 基因的存在与多黏菌素的使用有关，该基因在猪粪、鸡粪、牛粪和马粪中都有检出。畜禽粪便已成为携带 *mcr-1* 基因质粒的蓄积库，主要存在于耐受黏菌素的大肠杆菌中。目前，已发现多种类型的 *mcr-1* 携带质粒，包括 IncX4、IncI1、IncFII、IncFIB、IncX1 和 IncQ1。

氟喹诺酮类抗生素是完全人工合成的抗菌药物，具有广谱高效的杀菌活性。最常见的对氟喹诺酮类药物的抗性是靶位（DNA 促旋酶以及拓扑异构酶Ⅳ）改变和主动外排，这两者均由染色体突变引起。但是后来有研究发现，氟喹诺酮类耐药基因 *qnr*、*aac(6)-Ib-cr* 和 *qepA* 引起的低水平耐药可通过质粒在菌株中广泛传播。最早发现的位于质粒中的氟喹诺酮类 ARGs 是 *qnrA*，随后 *qnrB*、*qnrC*、*qnrD*、*qnrS*、*qnrVC* 等相继被报道。2007 年，*qepA* 基因首次被报道，该基因介导的外排泵机制引起细菌对氟喹诺酮类药物敏感性下降。*qepA* 基因在养殖废弃物及粪肥施用菜地土壤具有较高的丰度。

目前，国内已大量展开环境中 ARGs 的调查研究。2013 年，Zhu 等（2013）通过高通量荧光定量 PCR（HT-qPCR）研究了国内 3 大商业养猪场的 ARGs 污染特征，在动物粪便、堆肥和土壤中发现了 149 种独特的 ARGs，涵盖了目前已知的 ARGs 类型。

Zhao 等（2018）于 2014 年从湖南、辽宁和浙江 3 个大型养猪场采集了猪粪和饲料样品，利用 HT-qPCR 对 ARGs 的种类和丰度进行测定。结果显示，从猪粪样品中共检出 146 种 ARGs、8 种转座子/转座酶基因和 2 种 Ⅰ 型整合酶基因，每克干粪便中 ARGs 总丰度在 $2.72 \times 10^9$～$1.34 \times 10^{10}$，相对丰度（每个细菌中的 ARGs 拷贝数）在 4.51～13.53，氨基糖苷类 ARGs、MLSB ARGs 和四环素类 ARGs 在猪粪样品中占主导地位。检测到的 ARGs 涉及了所有主要的抗生素耐药机制，包括抗生素失活（44.5%）、外排泵（34.3%）和细胞保护（19.2%）。

2018 年，Qian 等（2018）从陕西 12 个规模化养殖场（3 个养猪场、4 个养牛场和 5 个养鸡场）共采集了 24 份新鲜动物粪便样品及其相应的堆肥，使用 HT-qPCR 分析了 296 个基因，包括 ARGs 和移动遗传元件（MGEs），共检出 109 种 ARGs，主要耐药机制涉及抗生素失活（45%）、外排泵（28%）和细胞保护（24%）。牛粪、鸡粪和猪粪样品中的 ARGs 相对丰度（每个细菌中的 ARGs 拷贝数）分别为 0.08～0.28、1.71～3.07 和 0.54～1.49。

由于肠道菌群和饲养条件（饮食、用药）不同，不同动物 ARGs 的多样性和丰度亦有明显差异。例如，家禽粪便和猪粪的 ARGs 多样性和丰度明显高于牛粪。牛粪中的 $\beta$-内酰胺酶 ARGs 占 14.4%～68.2%，属于主要的 ARGs，但其是鸡粪和猪粪中检出 ARGs 的一小部分，占 1.3%～5.0%。当然，动物种类也不是影响 ARGs 分布的唯一因素，农场、采样时间等亦对其有影响。

### 2.3.3 环境激素和微塑料污染风险

#### 1. 环境激素污染

环境激素，也称环境内分泌干扰物质（endocrine disrupting chemicals，EDCs），指环境中一系列具有激素和类雌激素作用的化学物质。EDCs 在环境中稳定，不易分解，在生态环境中可以通过食物链富集，进入机体后，能干扰体内自然激素的合成、分泌、释放、运输、结合、作用、代谢及清除，表现出拟自然激素或抗自然激素的多种生理学作用，引起一系列的不良健康效应。持久性有机污染物（persistent organic pollutants，POPs）就是一类典型的环境激素，几乎所有的 POPs 都直接或间接地具有内分泌干扰作用，其中较为典型的有类固醇激素、敌敌畏、久效磷等农药，多氯联苯（PCBs）类绝缘材料和塑料物质，以及二噁英等垃圾焚烧产生的物质。

畜禽粪污通常含有内源性类固醇激素，以及一些作为生长促进剂使用的合成类类固醇激素，包括雌二醇、雌酮、雄激素、孕激素、糖皮质激素等，这些类固醇激素物质在养殖场及其周边环境介质中频繁检出。当前相关研究中报道雌激素、孕激素较多。在养殖场冲刷水中，天然雌激素雌酮（E1）和合成类孕激素炔雌醇（EE2）具有较高的检出频率与检出浓度，雌酮浓度最高，达到了 5400ng/L。在一些猪粪样品中，雌酮也被发现是主要的雌激素。猪场、奶牛场和鸡场排泄物中均含有一定数量的天然与人工合成雌激素，通过畜禽粪污向环境中排放的雌激素总量从高到低可依次表现为猪场＞奶牛场＞鸡场（胡双庆，2020）。此外，在胡双庆（2020）的报道中，雌激素含量总体表现为畜禽粪便高于有机肥，尿液高于污水。除雌激素外，雄激素也在畜禽粪便中检出。张晋娜（2019）在华南地区 2 个规模化养殖场的猪粪样品中检出 22 种类固醇激素，多为合成类类固醇激素，其中雄激素的检出浓度也不低，如检出浓度较高的有氢化黄体酮（7000ng/g）、黄体酮（4340ng/g）、表雄甾酮（1060ng/g）、雄烯二酮（406ng/g）和 1,4-雄烯二酮

（140ng/g）。从来源分析上看，这些激素大部分来自养殖场的外源性添加。有研究指出，母猪通过粪便排泄的类固醇激素物质的量大于尿液排放的激素量。作为养殖大国，据估算，我国每年由母猪产生的孕激素总量可达 22700kg，假定全国80%养殖粪污未经处理直接排放，那每年通过母猪产生并排放到环境中的孕激素可达 18160kg（张晋娜，2019）。常规堆肥无法去除天然雄激素 1,4-雄烯二酮，以及合成雄激素 17-乙酸勃地酮。这些堆肥产品的使用导致类固醇激素对土壤和农作物产生污染。在张晋娜（2019）的报道中，施用过堆肥的土壤样品中可检测到 12种目标类固醇激素，施用过堆肥的小白菜根中可检出 26 种类固醇激素。

养殖场采取化学法，如喷洒敌敌畏、环丙氨嗪、敌百虫、灭害灵等药物灭虫也会造成相应有机污染。据报道，有机肥中存在多环芳烃、有机氯类等 POPs 残留，以污泥、城市有机垃圾为主要原料的有机肥中检出较为普遍。以来源于私人花园和城市绿地的园林垃圾为主要原料的堆肥中检出的多环芳烃残留量可高达1715μg/kg，多氯联苯残留量可达 15.6μg/kg。表 2-11 列出我国国家标准《肥料中有毒有害物质的限量要求》（GB 38400—2019）和一些其他国家标准或法案中规定的有机肥 POPs 限值。

表 2-11　部分国家有机肥中 POPs 限值　　　　（单位：μg/kg）

| 物质 | 奥地利 | 比利时 | 捷克 | 丹麦 | 法国 | 匈牙利 | 卢森堡 | 中国 |
|---|---|---|---|---|---|---|---|---|
| 多氯联苯 | 1 | 0.8 | 0.02（等级 1），0.2（等级 2） | — | — | 0.1 | 0.1 | — |
| 多氯二苯并呋喃 | — | — | — | — | — | $5.0 \times 10^{-6}$ | $2.0 \times 10^{-5}$ | — |
| 多环芳烃 | 6 | 2.3（萘、荧蒽、苯并荧蒽） | 3（等级 1），6（等级 2） | 3 | 4（荧蒽）；2.5（苯并荧蒽）；1.5（苯并芘） | 1 | — | 0.55 苯并芘 |
| 可吸收有机卤素 | 500 | 20 | — | — | — | — | — | — |
| 壬基酚 | — | — | — | 30 | — | — | — | — |
| 邻苯二甲酸二酯 | — | — | — | 50 | — | — | — | 25（邻苯二甲酸二酯总量） |

资料来源：唐杉等，2021。

## 2. 微塑料污染

微塑料主要是指粒径小于 5mm 的塑料颗粒，粒径小、数量多、分布广，易为生物所吞食，会在食物链中积累。微塑料具有比表面积大、疏水性强等特点，具有一定的吸附特性，可将重金属、抗生素、POPs、ARGs、病原菌等污染物吸附并富集于其表面，成为污染物的载体，导致复合污染毒性增大。此外，在塑料生产制造过程中，常添加一些化合物来改变产品的特性，这些添加剂大多属于 EDCs，包括邻苯二甲酸酯类、氯化烃类等增塑剂，卤系有机物等阻燃剂，抗氧化剂等，含量可占塑料总量的 3%～70%。微塑料进入环境后，添加剂可能会从塑料中释放并溶解进入环境中，从而产生风险。现已证实，微塑料影响土壤物质循环和土壤微生物群落结构，通过水、空气传播，并可经由食物链进入动物、人体，具有较大的潜在威胁。

生物废弃物发酵和堆肥的有机肥料，可能是环境中一个被忽视的微塑料来源。Weithmann 等（2018）研究发现，虽然不同生产方式的有机肥的微塑料含量有所差别，但在德国，由生物废弃物发酵和堆肥产生的有机肥普遍含有微塑料，其中粒径大于 1mm 的约有 14～895 个/kg。大多数国家允许在肥料中含有一定量的异物，如塑料等。拥有世界上最严格的肥料质量法规之一的德国，也允许肥料中含有 0.1%（质量分数）的塑料，并且相关法规中并未考虑粒径小于 2mm 的颗粒。

目前，有机肥中微塑料污染的研究多关注污泥、城市垃圾来源的有机肥。虽然畜禽粪便及其有机肥中也有微塑料检出，但研究相对有限。在我国，畜禽粪便等养殖废弃物是有机肥的主要原料，因此应进一步深入进行畜禽粪便及其有机肥中微塑料赋存和来源的研究。Wu 等（2021）研究了来源于猪、蛋鸡和牛 3 种动物，19 个畜禽养殖场的动物粪便中的微塑料残留，发现猪粪、蛋鸡类和牛粪中的微塑料颗粒平均数量分别为 $9.02×10^2$ 个/kg、$6.67×10^2$ 个/kg 和 $7.40×10^2$ 个/kg，其中，猪粪中微塑料颗粒的最高数量为 $3.78×10^3$ 个/kg，蛋鸡类和牛粪中微塑料颗粒的最高数量分别为 $3.00×10^3$ 个/kg 和 $2.23×10^2$ 个/kg，这些微塑料以彩色碎片和纤维为主，聚丙烯、聚乙烯和聚酯树脂较为典型。相似地，在孙悦（2021）的研究中，猪粪中的微塑料数量达 $2.22×10^3$ 个/kg，牛粪中的微塑料数量为 $1.89×10^3$ 个/kg，低于生活垃圾与餐厨垃圾。猪粪中的微塑料多为纤维状微塑料，占比高达 85.5%，其次为薄膜状微塑料。相应地，利用猪粪制备的有机肥产品中的微塑料以纤维状为主，其次为薄膜状，碎片状最少，占比分别为 66.7%、31.1%和 2.2%。畜禽粪便中微塑料的潜在来源途径有两条：饲料包装袋→饲料→养殖动物→粪便；喂养装置（塑料水龙头、塑料碗）→养殖动物→粪便。堆肥辅料和添加剂也是畜禽有机肥中微塑料的一个重要来源。在孙悦（2021）的研究中，茶叶渣、菇渣和农作物秸秆组成的辅料中的微塑料甚至高于猪粪，达到 $9.22×10^3$ 个/kg，这可能与辅料运输中包装袋的使用等有关。

### 2.3.4　生物安全风险

畜禽粪便的生物性污染来源于人畜共患病原菌、植物病原菌、杂草种子、寄生虫卵、原生动物等有害生物。其中，畜禽粪便携带的人畜共患病原菌是造成人畜共患疾病传播和流行的重要原因之一。这些病原微生物可引起痢疾、伤寒、肠胃炎、脑膜炎、败血症等多种疾病。目前，全球约有 250 余种人畜共患疾病的主要传染源是患病动物的粪尿及被污染的水体。不适当地堆放、处理畜禽粪便也会孳生苍蝇、蚊虫，造成疫病传播。

#### 1. 人畜共患病原菌

畜禽粪便传播的主要病原体是人畜共患细菌，包括大肠杆菌、沙门氏菌、金黄色葡萄球菌、猪链球菌和志贺氏菌等。这些病原菌随畜禽粪便进入土壤，受到人畜共患病原菌污染的蔬菜和作物被人类食用后有可能造成病原菌感染，引起腹泻、痢疾和肠胃炎等多种疾病，是人类健康的潜在威胁。

人畜共患病原菌在畜禽粪便中可长期存活。在规模化养殖场的空气、饮用水、污水、粪便和土壤的细菌群落中，葡萄球菌、链球菌、大肠埃希氏菌、沙门氏菌、芽孢杆菌和志贺氏菌等病原菌甚至可占据优势。畜禽粪便中检出的粪大肠菌群、粪便链球菌和沙门氏菌数量可分别达 $10^3 \sim 10^9 CFU/g$、$10^3 \sim 10^8 CFU/g$ 和 $10^3 \sim 10^9 CFU/g$。目前，畜禽粪便中受到较多关注的是粪大肠菌群和沙门氏菌，我国在《粪便无害化卫生要求》（GB 7959—2012）中对二者进行了明确规定。

1）粪大肠菌群

粪大肠菌群主要来源于人和温血动物的粪便，其在 44.5℃仍能发酵乳糖产酸。其中，肠出血性大肠杆菌等一些菌株可引起严重的食源性疾病，如血腥腹泻、溶血性尿毒综合征等。大肠杆菌 O157:H7 是肠出血性大肠杆菌的代表菌株，属于异养兼性厌氧菌，具有较强的耐酸性。畜禽排泄物中存在大肠杆菌 O157:H7，牛结肠中的大肠杆菌 O157:H7 的数量可达 $10^4 \sim 10^6 CFU/g$。未经有效处理的携带大肠杆菌 O157:H7 的粪便污染物可通过直接施用或雨水冲刷进入农田环境，人或动物直接接触被大肠杆菌 O157:H7 污染的粪便、土壤或水体可导致感染。大肠杆菌 O157:H7 随施肥进入蔬菜温室大棚土壤和露天菜田土壤后的存活时间分别可达 21.9d 和 17.9d，同时施用猪粪还可延长大肠杆菌 O157:H7 在酸性土壤中的存活时间。

2）沙门氏菌

沙门氏菌属革兰氏阴性短杆菌，主要来源为动物粪便与餐厨垃圾，如腐烂的西红柿、腐烂的肉类、牛奶及其他衍生物。在我国，沙门氏菌的发病率高居第一位，不仅对人类健康有害，还对各类牲畜具有较强的致病性。堆肥中沙门氏菌的存在被认为是卫生质量方面的主要问题。《粪便无害化卫生要求》（GB 7959—

2012）规定，无害化处理后的粪便，沙门氏菌不得检出。由于部分堆肥体系温度不均匀，以及通过物质转换发生二次污染等，沙门氏菌已被证明可以在成熟的高温堆肥产物中生存和繁殖。伴随施肥进入土壤的一些肠炎沙门氏菌能够在土壤中持续存活 21d 以上，并可在地表水和地下水中传播。鼠伤寒沙门氏菌、猪霍乱沙门氏菌也被证实能侵染生菜的多个部位。

3）芽孢杆菌和梭状芽孢杆菌

芽孢杆菌和梭状芽孢杆菌都属厚壁菌门，是畜禽粪便中常见的孢子形成细菌。当生长条件不利时，它们倾向于形成孢子并保持抗性和休眠状态，但当生长条件变得有利时，它们会通过发芽恢复为营养细胞。作为孢子，它们对热、干燥和消毒剂不敏感。迄今为止，在畜禽粪便及有机肥中鉴定到的芽孢杆菌包括炭疽芽孢杆菌、蜡状芽孢杆菌、枯草芽孢杆菌、苏云金芽孢杆菌等，它们均是革兰氏阳性杆菌、好氧孢子形成者，但大多无害，可以在土壤中持续多年。这些物种中有较高风险的是炭疽芽孢杆菌，动物、人等通过吸入细菌孢子引发炭疽（一种威胁生命的可怕疾病）。

4）肠球菌属

肠球菌属是粪链球菌的一个亚群，作为球菌属，呈球形，可单独、成对或以短链形式出现。它们是革兰氏阳性、兼性厌氧、产乳酸的细菌，在人类和动物的胃肠道中作为共生细菌生存。该亚组的成员包括粪肠球菌、鸡肠球菌、黄肠球菌、鸟肠球菌等。这些菌的毒力因子和抗生素耐药性发生率在新鲜牛粪和干牛粪中的分布上可存在明显差异。

## 2. 杂草种子

杂草种子有很强的休眠性和顽强的生命力，繁殖能力强且繁殖方式多样，有多种传播途径。当使用畜禽粪便作为原料进行堆肥时，像牛、羊等食草动物的饲料中就可能掺杂一些秸秆、牧草、玉米或粗粮，这些饲料中夹杂的杂草种子随饲料被畜禽食用后，不会受到畜禽咀嚼、反刍和消化道的影响，随畜禽粪便排出后仍具有活性，若不经过无害化处理，这些杂草种子就会伴随施肥进入土壤。因此，牛粪、羊粪等食草性动物粪便可携带有活性的杂草种子。此外，堆肥时如果添加秸秆、黏土矿物等辅料，也可能会带入杂草种子。目前，常见的杂草种子包括败酱草、野荞麦、野燕麦、藜草、狗尾草、猪殃殃、反枝苋、牵牛、茯苓、苍耳、繁穗苋、三叶鬼针草、稗草、曼陀罗、田旋花、狗牙根等。不同杂草种子在堆肥中的致死时间存在差异，如反枝苋在堆肥 4 周后才能被彻底灭活，而牵牛、茯苓、苍耳等杂草种子在好氧堆肥 1 周后即可被彻底灭活。

## 3. 植物病原菌

有机肥施用相关的植物病原菌大多为真菌，如灰梨孢菌（引起水稻稻瘟病）

和尖镰孢菌黄瓜专化型（引起黄瓜枯萎病）等，少数为细菌，主要有青枯菌。青枯菌是世界危害严重、传播最为广泛的细菌性植物病原菌之一，可侵染番茄、马铃薯和花生等数百种植物，引起的番茄青枯病会严重影响番茄产量甚至导致其绝收。植物病原菌主要通过秸秆、植物病残体进入有机肥中，若不能有效杀灭植物病原菌，其伴随施肥进入土壤可能会加剧农田中农作物病害的发生。

### 4. 寄生虫和虫卵

畜禽粪便中普遍存在寄生虫卵。据统计，在养殖场的沉淀池中，1L 污水中就有 190 个蛔虫卵和 100 多个线虫卵。王洪志等（2013）调查了 5 个规模在 1 万头以上的养猪场，采集了未经无害化处理的猪粪样品 135 份，检出了小袋虫、球虫、蛔虫、鞭虫、节虫、螨虫 6 种主要肠道寄生虫和皮肤寄生虫，检出率分别为 39.9%、26.2%、5.6%、6.1%、1.0%、3.0%。我国部分标准已对畜禽粪便及肥料中的一些寄生虫进行了规定。《有机肥料》（NY/T 525-2021）、《生物有机肥》（NY 884—2012）、《农用微生物菌剂》（GB 20287—2006）、《有机-无机复混肥料》（GB/T 18877—2009）、《复合微生物肥料》（NY/T 798—2015）、《畜禽粪便无害化处理技术规范》（GB/T 36195—2018）等限定蛔虫卵死亡率≥95%。《畜禽粪便无害化处理技术规范》（GB/T 36195—2018）规定固体畜禽粪便堆肥和液体畜禽粪便厌氧处理产物中不应检出活的钩虫卵。《畜禽粪便安全使用准则》（NY/T 1334—2007）规定，以畜禽粪便为主要原料的堆肥，蛔虫卵死亡率在 95%～100%，并且堆肥中及堆肥周围没有活的蛆、蛹或新孵化的成蝇。沼气肥卫生学要求，蛔虫卵沉降率达 95% 以上，并且不应有活的血吸虫卵和钩虫卵，有效地控制蚊蝇孳生，沼液中无孑孓，池的周边无活蛆、蛹或新羽化的成蝇，沼气池中粪渣应符合堆肥卫生指标。美国、新西兰、澳大利亚等国规定，每 4g 堆肥样品中蛔虫卵的数量不得高于 1 个。

总的来说，畜禽粪便中存在多种生物性污染物，直接堆放或在农田中使用易造成环境污染，威胁人类、动物健康。堆肥能有效杀灭畜禽粪便中的生物性污染物。一般来说，经过合理无害化处理的商品有机肥中，杂草种子、病原菌的安全风险较低，但也有少许商品有机肥中出现未灭活的病原菌。杨天杰等（2021）曾调查两种商品有机肥中潜在的病原菌，发现部分有机肥可检出人体病原菌博德特氏菌（*Bordetella petrii*），这种细菌可能造成人体肺部疾病，具有一定的致病风险。这反映出我国畜禽有机肥在生产技术和管理上可能存在的一些问题，提示了未来需要强化和改进的方向。

## 2.3.5　农学风险

高盐分是制约有机肥安全施用的另一个重要原因。在规模化养殖过程中，向饲料中添加食盐的现象十分普遍。这样做可提高畜禽食欲，帮助消化，增强体质，提高抗病能力。此外，大量使用的添加剂也常含有较高的盐分，是畜禽粪便中盐分的重要来源之一。作者对 2012~2014 年从浙江采集的 56 份畜禽粪便的盐分含量进行测定，发现畜禽粪便中盐分含量（干基）的平均值为 10.3g/kg，检出范围为 4.9~27.5g/kg，其中，鸡粪中的盐分含量最高可达 26.1g/kg，猪粪中的盐分最高含量为 16.3g/kg。高盐的畜禽粪便原料直接导致相应的有机肥产品盐分偏高，部分商品有机肥的盐分含量甚至可高于原料。黄绍文等（2017）于 2014 年在山东、河南、河北、天津、吉林、黑龙江北方 6 个省（直辖市）和湖北、湖南、江苏、上海、安徽、江西、广东、海南、云南、贵州、四川、重庆南方 12 个省（直辖市）采集商品有机肥样品 126 个和有机废弃物样品 255 个，发现商品有机肥的电导率（electrical conductivity，EC）（平均值为 23.5mS/cm）远高于有机废弃物原料（平均值为 7.7mS/cm）。商品有机肥中，猪粪有机肥和鸡粪有机肥的 EC 较其他原料来源的商品有机肥低。在土壤盐分背景含量较高或较易积聚的地区连续大量施用盐分含量较高的有机肥可能会造成局部农田土壤次生盐渍化，这种现象已在浙江金华、杭州等地的大棚生产中出现。

　　施用未腐熟或未充分腐熟的畜禽有机肥也具有较大危害。未腐熟的有机肥会在土壤中进行二次发酵，分解消耗氧气，致使作物缺氧、生长受限，而且肥料发酵过程中会产生热量，释放氨气、甲烷、有机酸等物质，毒害和损伤作物根系。腐熟度不够的有机肥中 C/N 过高，微生物分解过程中会竞争氮，若不配施氮肥，作物易出现缺氮黄化现象。此外，未腐熟的有机肥易吸引苍蝇等病原媒介，诱发病虫害。加拿大堆肥质量指南规定，堆肥稳定性包括生物稳定性和腐殖质形成。我国新修订的有机肥标准《有机肥料》（NY/T 525—2021）也新增了对种子发芽指数的规定。这些都是为了减少或避免堆肥未腐熟或未充分腐熟而造成的安全风险。

## 2.4　畜禽有机肥使用的安全风险成因与防控对策

### 2.4.1　风险成因分析

#### 1. 相关行业标准不配套

　　与传统方式相比，现代规模养殖动物生育周期短、饲养密度高、疾控风险大，与之相对应的是饲料添加剂和抗生素的普遍使用。同时，为提高畜禽食欲，帮助其消化，缩短饲养周期，提高其抗病能力，向饲料特别是鸡饲料中添加食盐成为一种新的趋势，这使得现代规模养殖业的畜禽排泄物与传统分散养殖的畜禽粪便在成分、性质等方面都发生了较大的改变。而相关部门在制定养殖标准时，一方面，并未充分考虑添加剂在动物体内循环形成的生物集聚效应。例如，Fe、Zn、Cu 等饲料中的金属元素在猪粪便中的浓缩率可达 7～10 倍，Mn 约为 3 倍，被吸收的 Cu 有 60%～80%可随粪便排出。另一方面，未衔接畜禽排泄物消纳对农田土壤环境的影响。例如，有机砷尽管对动物来说足够安全，但进入土壤后实际上是酸碱度（pH）、氧化还原电位调控下的可利用态砷的直接提供者。

### 2. 饲料添加剂现行标准执行不严格

Cu、Zn、Fe、Mn 是动物生长的必需营养元素，抗生素是防范和控制动物疾病的有效手段。由于这些物质可能导致动物中毒的临界浓度较高，高量添加也不至于造成肉眼能够观察到的危害，加之投入的成本又较低，养殖主体在主观和客观上均存在超量添加的可能，实际生产中高 Cu 添加导致猪粪发绿、发黑等现象并不鲜见。

### 3. 添加物杂乱，有害因子复杂，污染物难以控制

从饲料添加剂的作用看，Ni、Cd 为非主动添加物，但实际上部分有机肥存在 Ni、Cd 超标现象。从实地调研、市场反应及其物质来源上分析，这部分 Ni 可能来自饲料添加剂的某些组分物质，如采用工业硫酸锌、硫酸铜，甚至工业副产品替换饲料级标准产品，极有可能造成饲料添加剂整体 Ni、Cd 超标。

从近几年的生产实践看，在有机肥生产加工中添加木屑、泥炭、酒糟、菌棒、茶制剂残渣等辅料（成本在 400～1000 元/t），基本能保证成品质量。虽然，为提升产品功效或提高有机肥的商品性，适当添加一些有质量保证的过磷酸钙、磷矿粉等也无可厚非，但个别企业为降低生产成本，却违规使用工业或城市废弃物、工业副产品，如淤泥、城市垃圾、废水处理厂污泥、高炉烟煤灰、粗磷矿与废酸磷肥等。采用不符合行业标准的原料加工有机肥，不仅使得有机肥的肥效下降，还给农产品和土壤生态环境带来污染风险。大量使用含有絮凝剂的沉淀污泥还会导致土壤板结。

### 4. 发酵时间不足，产品腐熟不全

当前我国有机肥生产大多采用堆肥发酵工艺。正常条件下，使用高温发酵菌剂，采用高度为 80～150cm 的"条垛堆置"或"槽式翻混"装置均可使堆肥内的最高温度达到 65℃以上，连续堆置 7d 以上，足以有效杀灭大肠菌群、蛔虫卵等有害生物，但受投资规模、生产设施、质量管理、市场价格挤压等方面因素的制约，加之主管部门和行业标准对成品有害微生物指标检测不完善，生产企业为了实现经济利益最大化，往往对生产过程工艺的质量控制不严，有的采用自然发酵

和堆场晾晒等简单工艺流程，仅对新鲜畜禽粪便进行脱水、晒干处理，混合辅料就包装出厂，这造成有机肥质量安全隐患。

## 2.4.2　防控对策分析

施用含有污染物的畜禽有机肥，除会对土壤有益微生物、土壤动物、土壤酶等土壤生态系统的重要组成部分造成明显抑制外，还会使耕层土壤重金属、抗生素等污染物含量快速脱离背景值，致使土壤清洁度和持续生产能力下降。基于当前畜禽有机肥质量安全风险来源与成因分析，可以明确饲料添加剂的科学、规范使用和有机肥发酵工艺与成品质量的严格管理是防控畜禽有机肥质量安全风险的基本途径。

### 1. 加强饲料原料质量管理

严格按照《饲料原料目录》《饲料添加剂品种目录》《饲料药物添加剂使用规范》的要求采购原料，严格查验原料质量检验证明或按规定进行检测，禁止采购和使用不合格或超目录范围饲料原料，进一步完善饲料原料采购、留样和使用记录制度。

### 2. 规范饲料添加剂的使用管理

严格按照《饲料药物添加剂使用规范》《饲料添加剂安全使用规范》等相关要求组织生产、配制，依法科学合理使用微量元素添加剂和饲料药物添加剂，严禁超剂量、超范围使用。修订完善《饲料卫生标准》，控制饲料产品中砷制剂的允许添加量。同时，加大饲料和饲料添加剂的抽检及违规使用处罚力度，依法从严查处饲料产品金属超标和超量、超范围添加行为。

### 3. 加快畜牧饲养技术转型升级

进一步强化先进环保设备装置的研发应用，加快高转化、低残留环保型复合饲料的推广应用步伐，鼓励和引导规模养殖场合理使用有机制剂、酶制剂和微生物制剂等生态型添加剂，探索建立畜禽规模养殖场废弃物资源化利用分级管理制度，实施畜禽粪便原料的定期检测与监测，从源头上减少重金属、抗生素等有害物质的添加排放，降低污染风险。

### 4. 提升商品有机肥质量水平

进一步强化生产企业现场考核，提高发酵工艺、设施装备等要素标准，明确生产企业对原料来源与成品质量控制等安全生产内部管理制度要求。制定出台有机肥生产加工技术标准，建立商品有机肥生产原料分类管控与成品质量追溯制度，夯实技术工作基础。修改完善商品有机肥补贴推广实施指导意见，细化产品技术指标、企业类型、规模条件、支撑能力、管理水平及市场信誉等分类管理，强化监管。通过技术培训指导服务、政府补贴项目示范引导和实地抽查与质量跟踪监测等手段，确保有机肥产品质量，降低施用安全风险。

# 参 考 文 献

胡双庆, 袁哲军, 沈根祥. 2020. 典型畜禽粪污中雌激素排放特征. 环境科学研究, 33(1): 227-234.

黄绍文, 唐继伟, 李春花. 2017. 我国商品有机肥和有机废弃物中重金属、养分和盐分状况. 植物营养与肥料学报, 23(1): 162-173.

刘兰英, 何肖云, 黄薇, 等. 2020. 福建省有机肥中养分和重金属含量特征. 福建农业学报, 35(6): 640-648.

宋婷婷, 朱昌雄, 薛薏, 等. 2020. 养殖废弃物堆肥中抗生素和抗性基因的降解研究. 农业环境科学学报, 39(5): 933-943.

孙玉桃, 黄凤球, 杨茜, 等. 2020. 湖南省商品有机肥料质量与重金属污染程度分析. 中国土壤与肥料, (6): 176-181.

孙悦. 2021. 典型有机固废中微塑料检测方法构建与分布特征研究. 杭州: 浙江大学.

唐杉, 刘自飞, 王林洋, 等. 2021. 有机肥料施用风险分析及相关标准综述. 中国土壤与肥料, (6): 353-367.

王洪志, 杨克美, 陈世中, 等. 2013. 堆肥发酵处理畜禽粪便杀灭寄生虫及虫卵的研究. 西南民族大学学报: 自然科学版, 39(3): 307-310.

杨天杰, 张令昕, 顾少华, 等. 2021. 好氧堆肥高温期灭活病原菌的效果和影响因素研究. 生物技术通报, 37(11): 237-247.

杨威, 狄彩霞, 李季, 等. 2021. 我国有机肥原料及商品有机肥中四环素类抗生素的检出率及含量. 植物营养与肥料学报, 27(9): 1487-1495.

张晋娜. 2019. 类固醇雄激素、孕激素和糖皮质激素的环境污染特征及其生物降解转化规律. 广州: 中国科学院大学(中国科学院广州地球化学研究所).

Qian X, Gu J, Sun W, et al. 2018. Diversity, abundance, and persistence of antibiotic resistance genes in various types of animal manure following industrial composting. Journal of Hazardous Materials, 344: 716-722.

Weithmann N, Möller Julia N, Löder Martin G J, et al. 2018. Organic fertilizer as a vehicle for the entry of microplastic into the environment. Science Advances, 4(4): eaap8060.

Wu R T, Cai Y F, Chen Y X, et al. 2021. Occurrence of microplastic in livestock and poultry manure in South China. Environmental Pollution, 277: 116790.

Zhao Y, Su J Q, An X L, et al. 2018. Feed additives shift gut microbiota and enrich antibiotic resistance in swine gut. Science of the Total Environment, 621: 1224-1232.

Zhu Y G, Johnson T A, Su J Q, et al. 2013. Diverse and abundant antibiotic resistance genes in Chinese swine farms. Proceedings of the National Academy of Sciences of the United States of America, 110(9): 3435-3440.

# 第 3 章
## 有机肥中典型污染物的迁移转化和环境风险

　　养殖废弃物中残留的重金属、抗生素等污染物在有机肥料生产过程中若不能得到有效控制，将伴随有机肥的施用向农田生态系统扩散，在土壤和作物中累积，影响土壤健康，威胁农作物的正常生长和农产品质量安全，可进一步随径流、渗透等进入水体环境，影响水生生物健康。合理施用有机肥能减少化肥用量，降低氮磷面源污染风险，但不当施用有机肥也可能成为面源污染的重要源头。例如，有机肥的过量施用会导致硝态氮和磷在土壤中的积累，增加向水体转移的风险。因此，明确有机肥合理用量，降低有机肥源的氮磷流失风险对保障畜禽粪便的高质量循环利用也具有重要意义。

　　本章借助微宇宙土壤培养、盆栽、田间等不同尺度的试验，结合文献综述，重点阐述有机肥中抗生素、重金属等典型污染物随着施肥进入农田系统后的迁移转化行为和环境效应，明确农田施用不同有机肥的氮磷流失风险，为规范有机肥的生产和合理利用提供依据，并以此推动有机肥产业的持续健康发展，以充分发挥有机肥培育健康土壤、提高农产品质量的作用，实现资源的循环利用和种养协调发展，促进农业绿色发展。

# 3.1　农田施用有机肥的重金属累积风险

## 3.1.1　有机肥长期施用下土壤重金属累积

　　重金属是当前我国农田土壤中典型的无机污染物，土壤重金属污染关系农产品安全和农田生态系统健康。除地质背景因素外，废水灌溉、污水污泥再利用、采矿活动、不合理的农业投入品等人为因素也是农田土壤重金属污染的主要原因。随着经济发展，特别是工业化、城镇化步伐加快，优质耕地资源数量日趋减少，土壤环境质量问题日益显现。目前，我国约有 16.1%的土壤和 19.4%的耕地遭受不同程度的污染，以无机污染物为主，重金属污染物尤为典型。

　　畜禽粪便及其有机肥的施用在土壤培肥方面优势明显，但也是农田土壤重金属污染的重要来源之一。金属元素 Zn、Se、Cu 等在动物免疫系统功能中扮演着重要角色，不仅可以促进动物的生产性能，如母猪的繁殖性能、仔猪的免疫功能，还可提高猪肉产品的质量，因而常用作畜禽饲料的添加剂。受此影响，畜禽排泄物及其有机肥的重金属含量也会增加。研究显示，长期施用猪粪的土壤中 Cu、Zn、As 含量分别为不施用猪粪土壤的 11 倍、5 倍、2 倍。长期施用粪肥产生的累积效应极有可能使土壤中重金属的含量超过国家标准。黄治平等（2007）的研究指出，若连续每年将 13.5t/hm$^2$ 的新鲜猪粪施用于蔬菜地土壤中，Cu、Zn 全量可分别在 10 年、15 年后超过国家农田土壤二级标准。

　　虽然施用有机肥增加土壤中重金属累积，但这种累积风险常与有机肥施用量、施用年限、有机肥类型、栽培模式及土壤重金属背景值相关。作者团队在浙江地区建立多个有机肥长期定位试验点，研究蔬菜连作、果园旱作、水旱轮作（稻麦-稻油）、茶园等模式下，长期施用有机肥的土壤中重金属的累积趋势。多年监测发现，有机肥施用量越大，施用年限越长，土壤中重金属累积越明显；施用猪粪有机肥的土壤 Cu 和 Zn 含量常有提高；对于重金属背景值较高的土壤，施用有机肥对土壤重金属全量影响不大，并且可在一定程度上促进重金属有效性下降。具体结果见下述。

## 1. 菜田土壤重金属累积

宁波市部分菜田土壤的有机肥施用量很大，每茬蔬菜的有机肥施用量可高达 10～30t/hm$^2$。利用田间定位试验，对宁波地区一年两季蔬菜连作栽培模式下有机肥施用土壤中重金属累积进行监测，探讨有机肥施用量和施用年限的影响。试验设在浙江省宁波市慈溪市掌起镇的某果蔬农场。

试验处理包括：①CF，全化肥；②T1，达标商品有机肥施用量为 3.75t/hm$^2$；③T2，达标商品有机肥施用量为 7.5t/hm$^2$；④T3，达标商品有机肥施用量为 15t/hm$^2$；⑤T4，超标有机肥施用量为 7.5t/hm$^2$。供试有机肥包括慈溪市中慈生态肥料有限公司生产的商品有机肥和自制的添加重金属的有机肥。商品有机肥中重金属含量：Cu 75.3mg/kg，Zn 421.4mg/kg，Cd 0.22mg/kg，Cr 31.80mg/kg，Pb 5.40mg/kg，As 2.40mg/kg，Hg 0.033mg/kg。超标有机肥，采用与商品有机肥相同的原辅料，在发酵前添加一定量的硫酸铜、硫酸铅和有机砷，自行堆制，其发酵后成品重金属含量：Cu 201.8mg/kg，Zn 368.3mg/kg，Cd 0.40mg/kg，Cr 14.80mg/kg，Pb 118.4mg/kg，As 6.60mg/kg，Hg 0.084mg/kg，根据《有机肥料》（NY/T 525—2021）中的重金属限量要求，Pb 超过标准 1.37 倍，其余重金属没有超过标准。有机肥均作为基肥施用，每季蔬菜种植前，施入肥料。按照耕作习惯，试验期间追施化肥。试验始于 2014 年。蔬菜连作（结球甘蓝/糯玉米/雪菜），1 年 2 季。

1）有机肥施用量的影响

如表 3-1 所示，与全化肥处理（CF）相比，连续 5 年施用有机肥显著提高了菜田土壤中 Cu 和 Zn 的含量，并且随有机肥施用量增加，Cu、Zn 含量有明显上升趋势，但施用有机肥对土壤中 Pb、Cr、Cd、As、Hg 含量的影响不明显。

表 3-1　施用有机肥对菜田土壤重金属全量的影响（单位：mg/kg）

| 处理 | Cu | Pb | Zn | Cr | Cd | As | Hg |
|------|------|------|------|------|------|------|------|
| CF | 21.74c | 20.27a | 70.07b | 63.70a | 0.176a | 5.41a | 0.131a |
| T1 | 22.58bc | 21.04a | 77.93a | 65.33a | 0.176a | 5.66a | 0.123a |
| T2 | 23.83b | 19.96a | 76.70a | 65.58a | 0.171a | 5.68a | 0.136a |

续表

| 处理 | Cu | Pb | Zn | Cr | Cd | As | Hg |
|------|------|------|------|------|------|------|------|
| T3 | 25.58a | 20.36a | 82.67a | 67.26a | 0.179a | 5.58a | 0.128a |
| T4 | 26.44a | 21.03a | 81.28a | 65.86a | 0.167a | 5.58a | 0.124a |

注：同列数据后无相同字母的表示处理间差异显著（$P<0.05$），下同。

重金属有效态是容易被作物吸收的形态，其含量对作物生长和农产品安全具有最直接的影响。相比重金属全量，土壤中的重金属有效态含量对有机肥施用的响应往往更为敏感和直接。如表 3-2 所示，施用有机肥显著提高西兰花菜田土壤中 Cu、Pb、Zn、Cr、Cd 的有效态含量。Zn 并非有机肥标准中的限量元素，养殖过程中添加量特别大，可发现合格有机肥处理的 Zn 有效态含量随着有机肥施用量增加大幅提高。自制重金属超标有机肥处理（T4）的土壤中 Cu、Pb 有效态含量显著高于全化肥处理（CF）和合格有机肥各处理（T1～T3），因此有机肥施用土壤中 Cu 和 Pb 有效态含量与其在有机肥中的含量直接相关。

表 3-2    施用有机肥对菜田土壤重金属有效态含量的影响（单位：mg/kg）

| 处理 | Cu | Pb | Zn | Cr | Cd | As | Hg |
|------|------|------|------|------|------|------|------|
| CF | 2.87c | 2.71c | 2.17d | 0.009b | 0.052b | 0.010a | 0.002a |
| T1 | 3.30b | 3.10b | 3.46c | 0.013a | 0.053ab | 0.010a | 0.002a |
| T2 | 3.33b | 3.08b | 4.38b | 0.011ab | 0.060ab | 0.012a | 0.002a |
| T3 | 3.50b | 3.35b | 5.71a | 0.014a | 0.063a | 0.011a | 0.002a |
| T4 | 4.01a | 3.89a | 4.62b | 0.012ab | 0.060ab | 0.011a | 0.002a |

2）施用年限的影响

如图 3-1～图 3-4 所示，菜田土壤中的 Cu、Zn、Pb 和 As 含量有随施用年限增加而增加的趋势，并且所有施肥处理均表现出相同的累积趋势。灌溉、降尘等因素也是农田土壤重金属污染的重要原因。有研究指出，土壤中的 Cd、Pb、Cu 含量受工业活动中废气排放的影响较大，并主要以大气沉降的形式投入土壤中。宁波地区的工业活动可能是该地区农田土壤重金属累积的一个原因。

建立相应的模型与方法预测重金属随时间在土壤中的累积行为和变化趋势，可为土壤质量的管理提供指导。土壤重金属累积模型与环境质量标准、预警时间、土壤的基准值等有关。以上述定位试验土壤重金属含量年度变化数据为基础，采用曲线拟合简单求得土壤重金属含量与施用年限（一年两季蔬菜）之间的函数关系。对照《土壤环境质量 农用地土壤污染风险管控标准（试行）》（GB 15618—2018），对宁波试验区土壤的重金属风险进行评价，结果见表 3-3。在 15t/hm² 的施用量下

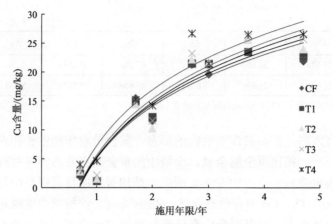

图 3-1    不同有机肥施用量及施用年限下菜田土壤中的 Cu 含量

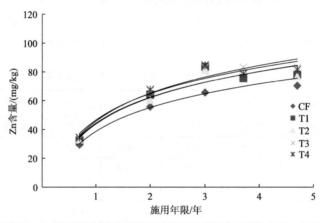

图 3-2    不同有机肥施用量及施用年限下菜田土壤中的 Zn 含量

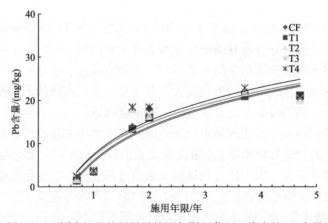

图 3-3    不同有机肥施用量及施用年限下菜田土壤中的 Pb 含量

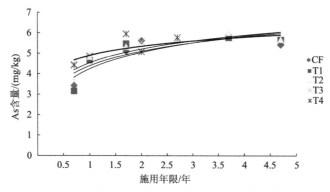

图 3-4　不同有机肥施用量及施用年限下菜田土壤中的 As 含量

（T3 处理），一年两季有机肥施用，土壤将在施用 804 年后达到农用地土壤 Cu 风险管控值，在 1491.3 年后达到农用地土壤 Zn 风险筛选值，与不施用有机肥相比，达到 Cu 和 Zn 风险筛选值的年限分别缩短了 50% 和 79%。此外，重金属超标有机肥施用的土壤 Cu 和 Zn 累积速率常数总体高于相同用量的达标有机肥。施用有机肥对 Pb 和 As 累积，有机肥施用有抑制 Pb 和 As 在土壤中累积的趋势，这可能与蔬菜产量提高，增加重金属的输出有关。

虽然该经验模型的拟合度还有待提高，特别是对 As 的拟合度偏低，但是经验模型的预测结果仍对有机肥施用下土壤重金属累积预测预警有一定的指示作用。总的来说，虽然有机肥施用有增加土壤重金属累积的趋势，但对于重金属背景值较低的土壤来说，有机肥施用对重金属污染风险形成的贡献有限，甚至可能通过提高作物产量增加重金属输出，从而降低土壤中 Pb、As 等重金属的累积。

表 3-3　有机肥施用的菜田土壤重金属累积拟合模型参数及重金属污染风险预测

| 元素 | 对数拟合模型参数 | CF | T1 | T2 | T3 | T4 |
|---|---|---|---|---|---|---|
| Cu | $R^2$ | 0.8912 | 0.9050 | 0.8924 | 0.9105 | 0.9116 |
| | 累积速率常数 $k$ | 12.855 | 13.211 | 13.888 | 13.866 | 14.071 |
| | 达风险筛选值（100mg/kg）年限 | 1606 | 1300 | 9162 | 804 | 820 |
| Zn | $R^2$ | 0.9525 | 0.8981 | 0.9157 | 0.9515 | 0.9177 |
| | 累积速率常数 $k$ | 23.87 | 25.93 | 26.35 | 27.96 | 26.36 |
| | 达风险筛选值（250mg/kg）年限 | 7004.8 | 2791.5 | 2503.5 | 1491.3 | 2249.8 |
| Pb | $R^2$ | 0.8414 | 0.8414 | 0.8414 | 0.8414 | 0.8414 |
| | 累积速率常数 $k$ | 11.249 | 11.307 | 10.805 | 10.835 | 11.282 |
| | 达风险筛选值（120mg/kg）年限 | 25191.0 | 24672.5 | 35208.5 | 33494.4 | 21565.2 |

续表

| 元素 | 对数拟合模型参数 | CF | T1 | T2 | T3 | T4 |
|---|---|---|---|---|---|---|
| As | $R^2$ | 0.7194 | 0.7585 | 0.8314 | 0.841 | 0.593 |
| | 累积速率常数 $k$ | 1.027 | 1.162 | 0.981 | 0.650 | 0.645 |
| | 达风险筛选值（30mg/kg）年限 | $6.78 \times 10^{10}$ | $4.24 \times 10^9$ | $1.93 \times 10^{11}$ | $6.01 \times 10^{16}$ | $7.83 \times 10^{16}$ |

## 2. 果园土壤重金属累积

果树栽培模式下有机肥施用量和施用年限对土壤重金属累积的影响研究试验设在浙江省宁波市慈溪市桥头镇某农场梨园。

试验处理包括：①CF，全化肥；②G1，达标商品有机肥用量为 7.5t/hm²；③G2，达标商品有机肥用量为 15t/hm²；④G3，达标商品有机肥用量为 22.5t/hm²；⑤G4，超标有机肥用量为 15t/hm²。供试有机肥包括商品有机肥和自制的添加重金属的有机肥。自制的添加重金属的有机肥采用与商品有机肥相同的原料和制备方法，通过外源添加提高原料中重金属含量，经过堆肥发酵、后熟和烘干等流程制得，以下称为重金属超标有机肥。

试验始于 2014 年，各处理的化肥施用量保持一致，按农户常规施肥量施用。试验果树为翠冠梨。供试土壤类型为潮土。每季水果收获后，施入肥料，所有有机肥均作为基肥施用，均匀环形施肥。

1）有机肥施用量的影响

如表3-4 所示，相比全化肥处理（CF），超标有机肥（G4）和高用量（22.5t/hm²）达标商品有机肥（G3）均显著提高梨园表层土壤 Cu、Pb、Zn、Cd、Hg 的全量，而中、低用量达标商品有机肥处理（G2 和 G1）仅显著提高土壤中 Pb、Zn 的全量。总的来说，有机肥施用果园表层土壤中 Cu、Pb、Zn、Cd、Hg 的累积作用明显，随有机肥施用量和有机肥中重金属含量的增加总体呈上升趋势。

表3-4 施用有机肥对梨园土壤重金属全量的影响（单位：mg/kg）

| 处理 | Cu | Pb | Zn | Cr | Cd | As | Hg |
|---|---|---|---|---|---|---|---|
| CF | 27.03c | 22.41b | 81.62d | 64.87a | 0.138bc | 7.93a | 0.055c |
| G1 | 29.00bc | 32.30a | 98.99c | 63.46a | 0.129c | 7.96a | 0.084b |
| G2 | 31.37ab | 23.27a | 105.41bc | 64.71a | 0.158b | 8.41a | 0.077bc |
| G3 | 32.92b | 23.16a | 112.95ab | 66.66a | 0.193a | 8.22a | 0.095ab |
| G4 | 41.32a | 26.22a | 122.32a | 63.20a | 0.190a | 7.79a | 0.117a |

如表 3-5 所示，梨园表层土壤中重金属有效态含量对有机肥的施用及用量更

为敏感。超标有机肥（G4）和高用量达标商品有机肥（G3）处理的土壤中 Cu、Pb、Zn、Cd 有效态含量均显著高于全化肥处理（CF）和低用量达标商品有机肥处理（G1）。随着有机肥用量的增加，土壤中这 4 种重金属的有效态含量均显著提高。有机肥处理对果园土壤 Cr、As、Hg 的有效态含量无显著影响。综上，长期施用有机肥，尤其是施用超标有机肥或高用量达标商品有机肥，易导致梨园表层土壤中 Cu、Pb、Zn、Cd 有效态含量增加。

表 3-5　施用有机肥对梨园土壤重金属有效态含量的影响（单位：mg/kg）

| 处理 | Cu | Pb | Zn | Cr | Cd | As | Hg |
|---|---|---|---|---|---|---|---|
| CF | 2.40d | 1.94d | 3.79d | 0.006a | 0.061cd | 0.022a | 0.005a |
| G1 | 2.96c | 2.28cd | 5.71c | 0.004a | 0.060d | 0.023a | 0.006a |
| G2 | 3.03c | 2.49c | 7.67b | 0.005a | 0.068bc | 0.025a | 0.006a |
| G3 | 3.60b | 2.98b | 12.05a | 0.006a | 0.076a | 0.025a | 0.006a |
| G4 | 6.42a | 5.43a | 12.98a | 0.005a | 0.071ab | 0.027a | 0.006a |

2）施用年限的影响

梨园表层土壤中，不同重金属元素的残留量随施用年限的变化趋势存在差异，其中，Cu 和 Pb 的残留量总体随施用年限增加呈逐步累积趋势（图 3-5 和图 3-6），Cd 和 Zn 中无类似现象。

全化肥施用土壤中，Zn 含量随施用年限增加有下降趋势，有机肥的施用可缓解其下降趋势（图 3-7）。植物吸收过量的 Zn 会产生生长发育受阻等中毒现象，但是我国土壤 Zn 含量整体处于中等水平，约有 40%的土壤缺 Zn。从居民膳食 Zn 的摄入状况来看，当前我国 Zn 摄入不足或吸收利用差的"潜在饥饿"现象普遍。在化肥施用处理中，梨园土壤 Zn 随施用年限增加大幅下降，暗示长期施用化肥会加剧土壤 Zn 缺乏，而施用有机肥有助于改善这一问题。

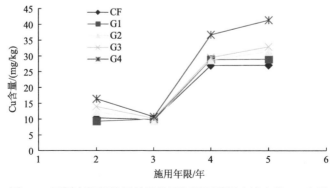

图 3-5　不同有机肥施用量及施用年限下梨园土壤中的 Cu 含量

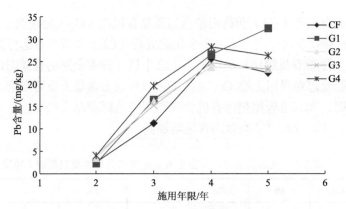

图 3-6　不用有机肥施用量及施用年限下梨园土壤中的 Pb 含量

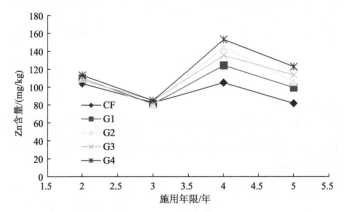

图 3-7　不同有机肥施用量及施用年限下梨园土壤中的 Zn 含量

### 3. 稻田土壤重金属的积累

在浙江省绍兴市越城区，开展水旱轮作（晚稻-油菜/晚稻-小麦）模式下有机肥施用量和施用年限对土壤重金属累积的影响研究试验。

试验设 5 个处理：CK，不施肥；CF，全化肥；M1，施有机肥 2250kg/hm²；M2，施有机肥 4500kg/hm²；M3，施有机肥 9000kg/hm²。试验始于 2013 年。土壤类型为青紫泥，肥力中上。每季作物的有机肥用量保持一致，各施肥处理的氮肥施用量相等。供试有机肥为商品猪粪有机肥或商品鸡粪有机肥，经检验均符合《有机肥料》（NY 525—2012）标准。有机肥作为基肥施用，均匀撒施至土壤耕层（0～20cm）。

1）有机肥施用量的影响

从表 3-6 可看出，通过连续 4 年的水稻-油菜轮作和有机肥施用，与全化肥处理（CF）相比，施用有机肥的 M2、M3 处理显著提高了水稻季土壤中 Cu、Zn、Pb 的含量，而施用有机肥的 M1 处理与全化肥处理（CF）的重金属残留量并无显著差异。总的来说，土壤中重金属的累积随有机肥施用量的增加而增加，通过控制有机肥施用量，可减少重金属在稻田土壤中的累积。

表 3-6　连续 4 年施用有机肥对稻田土壤重金属含量的影响（单位：mg/kg）

| 处理 | Cu | Zn | Pb |
|---|---|---|---|
| CK | 26.09c | 33.32b | 31.83b |
| CF | 32.12b | 35.33b | 34.70b |
| M1 | 31.90b | 34.42b | 39.06ab |
| M2 | 43.53a | 44.6²ᵃ | 47.85a |
| M3 | 39.51a | 45.30a | 46.42a |

2）施用年限的影响

由图 3-8 和图 3-9 可知，土壤中 Cu 和 Pb 的含量表现出随施用年限增加而增加的趋势。中、高用量有机肥施用处理（M2、M3）稻田土壤中的 Cu 和 Pb 的含量与对照之间的差异随施用年限增加而不断增加。

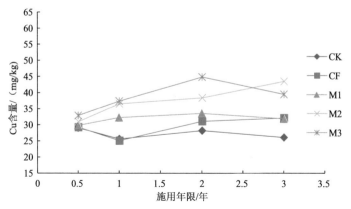

图 3-8　不同有机肥施用量及施用年限下稻田土壤中的 Cu 含量

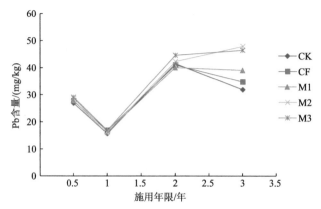

图 3-9　不同有机肥施用量及施用年限下稻田土壤中的 Pb 含量

　　与梨园土壤相似，稻田土壤的 Zn 含量随施用年限的增加总体呈下降趋势，并且所有施肥处理均类似，但中、高用量的有机肥施用（M2、M3）可缓解该下降趋势（图 3-10）。稻田土壤的 Zn 含量随施用年限增加而大幅下降的结果暗示，长期耕作会加剧粮食产区土壤 Zn 缺乏。我国土壤 Zn 点位超标率不足 1%，是所有调研的重金属中最低的。因此，Zn 并不属于我国土壤的主要重金属污染物。有机肥部分替代化肥可能是一种能有效缓解粮食产区土壤 Zn 缺乏，甚至提高粮食作物可食部分 Zn 含量的有效方法。

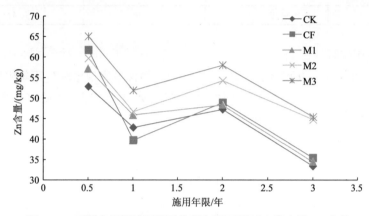

图 3-10　不同有机肥施用量及施用年限下稻田土壤中的 Zn 含量

## 4. 茶园土壤重金属的积累

　　在安吉白茶园、武义茶园、淳安茶园和龙游茶园设试验点，研究不同类型有机肥施用对茶园土壤重金属累积的影响。

### 1）安吉白茶园

　　试验地点位于浙江省安吉县某茶场，选择地力较为均匀的 3 年幼龄茶园进行试验。茶叶品种为'白叶 1 号'。茶园土壤类型为黄红壤，pH 为 4.14，全氮 0.84g/kg，有效磷 7.60mg/kg，速效钾 750mg/kg，有机质 18.3g/kg；Cu 15.3mg/kg，Zn 53.2mg/kg，Cd 0.037mg/kg，Cr 60.6mg/kg，Pb 19.5mg/kg，As 27.8mg/kg，Hg 0.024mg/kg。

　　试验采用两种有机肥，分别为豆渣有机肥和猪粪有机肥。试验共设 7 个处理，包括：①CF，全化肥处理；②A1，豆渣有机肥，3.75t/hm²；③A2，豆渣有机肥，11.24t/hm²；④A3，豆渣有机肥，22.49t/hm²；⑤B1，猪粪有机肥，3.75t/hm²；⑥B2，猪粪有机肥，11.24t/hm²；⑦B3，猪粪有机肥，26.99t/hm²。开展大区试验。所有肥料均作为冬肥，连续施用 2 年后，4 月采集茶园土壤，测定土壤重金属的全量和有效态含量。

　　如表 3-7 所示，与全化肥处理（CF）相比，两种有机肥处理均提高茶园土壤

Cd、Pb、Cu、Zn 的含量，但对土壤中 Cr、As、Hg 的含量无显著影响。猪粪有机肥处理土壤的 Pb、Cu、Zn 含量要高于豆渣有机肥处理，但 Cd 含量低于豆渣有机肥处理。其中，B3 猪粪有机肥处理土壤的 Cu 含量达到 48.5mg/kg，接近限量标准（50mg/kg）；Zn 含量达到 227.0mg/kg，超过土壤限量标准（150mg/kg）。

表 3-7　连续施用 2 年有机肥对茶园土壤重金属全量的影响（单位：mg/kg）

| 处理 | Cd | Cr | Pb | As | Hg | Cu | Zn |
|------|------|------|------|------|------|------|------|
| CF | 0.064 | 64.0 | 10.0 | 23.8 | 0.041 | 18.4 | 65.1 |
| A1 | 0.091 | 66.0 | 9.80 | 23.8 | 0.043 | 31.3 | 74.4 |
| A2 | 0.089 | 61.2 | 14.7 | 22.3 | 0.039 | 19.5 | 68.9 |
| A3 | 0.088 | 69.9 | 17.8 | 23.9 | 0.046 | 21.7 | 78.3 |
| B1 | 0.039 | 69.3 | 12.1 | 25.2 | 0.050 | 24.3 | 86.3 |
| B2 | 0.067 | 66.0 | 14.6 | 22.8 | 0.040 | 28.2 | 120.0 |
| B3 | 0.076 | 68.0 | 22.2 | 25.5 | 0.031 | 48.5 | 227.0 |

　　如表 3-8 所示，与全化肥处理（CF）相比，两种有机肥处理均显著提高土壤中 Cd、Cr、As、Cu、Zn 的有效态含量，且其随有机肥施用量增加显著提高。猪粪有机肥施用主要增加土壤中 Cu 和 Zn 的含量，B3 猪粪有机肥处理的 Cu、Zn 有效态含量分别是 CF 处理的 9.33 倍、25.46 倍。相比猪粪有机肥，豆渣有机肥更易导致土壤中 Cd 和 Cr 有效态含量的增加，其中 A1 豆渣有机肥处理的土壤中有效态 Cd 和 Cr 含量分别是 B1 猪粪有机肥处理的 2.91 倍和 14.33 倍。

表 3-8　连续施用 2 年有机肥对茶园土壤重金属有效态含量的影响（单位：mg/kg）

| 处理 | 有效 Cd | 有效 Cr | 有效 Pb | 有效 As | 有效 Cu | 有效 Zn |
|------|------|------|------|------|------|------|
| CF | 0.032 | 0.013 | 2.18 | 0.067 | 1.03 | 4.87 |
| A1 | 0.064 | 0.086 | 2.68 | 0.152 | 5.84 | 12.8 |
| A2 | 0.052 | 0.072 | 2.17 | 0.156 | 1.16 | 13.3 |
| A3 | 0.064 | 0.108 | 1.81 | 0.208 | 1.06 | 19.2 |
| B1 | 0.022 | 0.006 | 2.14 | 0.097 | 2.54 | 18.2 |
| B2 | 0.041 | 0.037 | 2.57 | 0.136 | 5.67 | 61.6 |
| B3 | 0.067 | 0.063 | 1.24 | 0.281 | 9.61 | 124.0 |

　　综上，施用有机肥会导致茶园土壤中部分重金属，特别是有效态重金属的积累，其中施用猪粪有机肥易导致土壤 Cu 和 Zn 的全量与有效态含量增加，而豆渣

有机肥施用需关注 Cr 和 Cd 的累积。

2）武义茶园

试验地点位于浙江省金华市武义县某山地茶园，茶叶品种为'迎霜'。茶园土壤类型为红壤。试验采用两种有机肥，分别为牛粪有机肥和猪粪有机肥。选择地力较为均匀的成龄茶园进行大区试验。

试验处理包括：①CF，全化肥处理；②NF1，牛粪有机肥，7.5t/hm²；③NF2，牛粪有机肥，15t/hm²；④NF3，牛粪有机肥，22.5t/hm²；⑤ZF1，猪粪有机肥，7.5t/hm²；⑥ZF2，猪粪有机肥，15t/hm²；⑦ZF3，猪粪有机肥，22.5t/hm²。牛粪有机肥和猪粪有机肥在 10 月作为冬肥施用。试验各施肥处理氮养分施用水平相等，其中有机肥养分按当年矿化率 50%计入，不足部分用复合肥补齐，施用 2 年后，4 月上旬采集茶园土壤样品，测定重金属的全量和有效态含量。

如表 3-9 所示，与全化肥处理（CF）相比，施用猪粪有机肥显著提高土壤中 Cu、Zn、Cd、Cr、Pb、As、Hg 的含量。施用牛粪有机肥的 NF3 处理显著提高土壤 Cu、Zn、Cd、Pb、Hg 的含量，NF2 处理显著提高土壤 Zn、Pb、Hg 的含量，NF1 处理显著提高土壤 Zn、Pb 的含量。猪粪有机肥处理土壤的 Cu、Zn、As 含量要显著高于同等用量的牛粪有机肥处理。

表 3-9　施用牛粪有机肥和猪粪有机肥对茶园土壤重金属全量的影响（单位：mg/kg）

| 处理 | Cu | Zn | Cd | Cr | Pb | As | Hg |
|---|---|---|---|---|---|---|---|
| CF | 9.87e | 53.39f | 0.041cd | 31.71c | 14.50e | 4.53c | 0.035c |
| NF1 | 9.30e | 66.65e | 0.040cd | 25.97d | 23.41cd | 4.61c | 0.037c |
| NF2 | 9.04e | 69.28de | 0.035e | 30.04bc | 27.57b | 4.78bc | 0.051b |
| NF3 | 26.60d | 99.46c | 0.068a | 28.47cd | 31.25a | 4.56c | 0.055ab |
| ZF1 | 30.13c | 75.11d | 0.057ab | 36.12b | 21.97d | 5.37a | 0.052b |
| ZF2 | 42.87b | 213.40b | 0.052bc | 38.45a | 23.94cd | 5.20ab | 0.061ab |
| ZF3 | 49.99a | 224.12a | 0.069a | 27.62cd | 25.30bc | 5.68a | 0.063a |

与全化肥处理（CF）相比，施用猪粪有机肥显著提高土壤的 Cu、Zn、Cd 有效态含量，并且 ZF3 处理的土壤 Pb 含量小于 ZF2 和 ZF1 处理（表 3-10）。猪粪有机肥处理的土壤 Cu、Zn 有效态含量显著高于同等用量的牛粪有机肥处理，但 Pb 有效态含量要显著低于牛粪有机肥处理和 CF 处理。施用牛粪有机肥的 NF3 处理的土壤 Cu、Zn、Cd、As 有效态含量显著高于 CF 处理，NF2 处理的土壤 Zn 有效态含量显著高于 CF 处理，但所有施用牛粪有机肥的处理对土壤 Pb 有效态含量均无显著影响。

表 3-10　施用牛粪有机肥和猪粪有机肥对茶园土壤重金属有效态含量的影响

（单位：mg/kg）

| 处理 | 有效 Cu | 有效 Zn | 有效 Pb | 有效 Cd | 有效 As |
|------|---------|---------|---------|---------|---------|
| CF | 0.25e | 2.90f | 4.44a | 0.031d | 0.010c |
| NF1 | 0.28e | 3.81f | 4.37a | 0.030d | 0.006d |
| NF2 | 0.54e | 6.33e | 4.41a | 0.019e | 0.008cd |
| NF3 | 3.05d | 13.28d | 4.42a | 0.083a | 0.016a |
| ZF1 | 3.74c | 31.80c | 4.10b | 0.043c | 0.009c |
| ZF2 | 6.35b | 45.45b | 4.11b | 0.038c | 0.012b |
| ZF3 | 9.18a | 71.08a | 3.03c | 0.058b | 0.014b |

综上，施用猪粪有机肥和高用量（22.5t/hm$^2$）牛粪有机肥都增加了茶园土壤大部分重金属的总量和有效态含量，猪粪有机肥对土壤重金属累积的影响要大于牛粪有机肥，有机肥施用量越大，土壤重金属累积的风险越高。但连续 2 年施用有机肥后，除土壤 Cu、Zn 累积较快外，其他重金属累积较慢，所有重金属元素的含量都低于土壤安全限量标准。鉴于土壤中部分重金属含量随着有机肥施用量和施用年限增加有上升趋势，科学合理施用有机肥仍是实现茶园安全的重要保障。

3）淳安茶园

试验设于浙江省淳安县某茶叶种植基地，茶叶品种为白茶（'白叶 1 号'），土壤类型为炭质黑泥土。试验有机肥为鸡粪有机肥和猪粪有机肥。选择地力较为均匀的成龄茶园进行试验，同等氮条件下，试验设 7 个处理，每种有机肥设 3 个梯度，为大区试验。

试验处理包括：①CF，全化肥；②JF1，鸡粪有机肥，7.5t/hm$^2$；③JF2，鸡粪有机肥，15t/hm$^2$；④JF3，鸡粪有机肥，22.5t/hm$^2$；⑤ZF1，猪粪有机肥，7.5t/hm$^2$；⑥ZF2，猪粪有机肥，15t/hm$^2$；⑦ZF3，猪粪有机肥，22.5t/hm$^2$。所有肥料均作为冬肥，在 10 月底之前开沟深施（10～15cm），施用 1 年后，4 月上旬采集茶园土壤。

如表 3-11 所示，与全化肥处理（CF）相比，施用 2 种不同类型有机肥处理都能显著降低淳安茶园土壤中 Cr、Pb、As、Hg 的含量；但是 2 种有机肥施用都提高了土壤中 Cu、Zn 含量，且随着有机肥用量增加而显著提高，与畜禽养殖过程中大量 Cu 和 Zn 作为微量元素添加有关。在同等用量下，猪粪有机肥处理的土壤 Cd、Cr、As、Cu、Zn 含量显著高于鸡粪有机肥。

表 3-11　施用不同有机肥对茶园土壤重金属含量的影响（淳安）（单位：mg/kg）

| 处理 | Cd | Cr | Pb | As | Hg | Cu | Zn |
|------|------|------|------|------|------|------|------|
| CF | 0.37a | 91.6a | 31.6a | 51.2a | 0.39a | 77.5e | 105h |
| JF1 | 0.28b | 68.8c | 29.0bc | 28.0d | 0.29c | 80.9de | 132g |
| JF2 | 0.23c | 71.5c | 30.2ab | 31.4c | 0.33b | 83.9d | 142f |
| JF3 | 0.29b | 71.9c | 26.7cd | 28.6d | 0.29c | 96.5c | 252c |
| ZF1 | 0.30b | 77.0b | 28.5bc | 34.3b | 0.34b | 105b | 220e |
| ZF2 | 0.38a | 76.1b | 24.6d | 35.6b | 0.29c | 134a | 496b |
| ZF3 | 0.37a | 77.3b | 21.3e | 31.6c | 0.26d | 133a | 589a |

　　淳安茶园土壤重金属背景值较高，试验点土壤的 Cd、As、Hg、Cu 含量均超过茶园土壤安全限量标准，但茶叶中重金属含量较低，远低于茶叶的食品安全限量标准，说明土壤中重金属的生物有效性较低。当有机肥中大部分重金属含量低于土壤背景值时，施用有机肥不仅不会增加土壤重金属积累，反而可能通过稀释、提高土壤 pH 等作用降低土壤中 Cr、Pb、Hg 等高毒重金属的有效性。

　　4）龙游茶园

　　试验设于浙江省龙游县某茶园，茶叶品种为'绿茶龙井 43'。土壤类型为砂壤土。选择地力较为均匀的成龄茶园进行试验，采用 3 种不同有机肥，进行大区试验，处理包括：①CF，全化肥，基肥为 0.75t/hm² 专用肥；②LY1，基肥为 15t/hm² 猪粪有机肥+0.75t/hm² 专用肥；③LY2，基肥为 15t/hm² 茶渣有机肥+7.5t/hm² 有机无机复混肥；④YL3，基肥为 15t/hm² 沼渣有机肥+0.75t/hm² 专用肥。有机肥开沟深施（10~15cm）。每年 10 月施用基肥，施用 2 年后，于 4 月采集茶园土壤样品。

　　由表 3-12 可知，在三种不同类型有机肥中，沼渣有机肥对龙游茶园土壤中 As、Pb、Cd、Cr、Hg、Cu、Zn 的含量的影响最小，与全化肥（CF）相比均无显著差异；猪粪有机肥显著提高土壤中 As、Zn 的含量，茶渣有机肥显著提高土壤中 Cu、Zn 的含量，并且高于猪粪有机肥。

表 3-12　施用不同有机肥对茶园土壤重金属含量的影响（龙游）（单位：mg/kg）

| 编号 | 处理 | As | Pb | Cd | Cr | Hg | Cu | Zn |
|------|------|------|------|------|------|------|------|------|
| CF | 全化肥 | 5.62b | 42.5a | 0.247a | 13.5a | 0.050a | 15.3b | 107c |
| LY1 | 猪粪有机肥 | 7.40a | 42.6a | 0.245a | 13.4a | 0.054a | 18.7b | 128b |
| LY2 | 茶渣有机肥 | 5.33b | 39.1a | 0.277a | 14.6a | 0.048a | 57.4a | 284a |
| LY3 | 沼渣有机肥 | 6.11b | 42.8a | 0.280a | 15.8a | 0.042a | 16.4b | 108c |

## 3.1.2　有机肥施用下土壤中重金属垂直迁移

一些研究指出，进入土壤的重金属元素往往滞留在表层，很少向下迁移，但是不同重金属元素的迁移规律并不完全相同。有机肥和化肥处理下土壤 pH、有机质含量等性质改变也会影响重金属在不同土层中的迁移能力。本节基于田间试验和田间微区土柱试验研究有机肥施用后重金属在土壤剖面上的垂直迁移规律，其中，田间微区土柱试验采用深埋聚氯乙烯（PVC）管（直径为 40cm，高度为 40cm，面积为 0.5m² ）模拟土柱，分别种植水稻和蔬菜。向有机肥中添加不同浓度的 As 和 Pb 模拟残留污染物。将有机肥与表层土壤拌匀，然后种植作物，连续 2 年进行微区试验。

### 1. 重金属在菜田土壤中的垂直迁移

1）有机肥施用对不同深度菜田土壤中重金属累积的影响

进行蔬菜连作下的有机肥施用田间试验，探讨化肥和不同用量鸡粪有机肥处理对不同深度土壤中重金属含量的影响。

试验设在浙江省宁波市余姚市，当地属于亚热带季风性气候。

试验地土壤为潮土，土壤基本理化性状为：pH 7.6，有机质 12.3g/kg，总氮 1.28g/kg，有效磷 33.5mg/kg，速效钾 123.0mg/kg，Cd 0.14mg/kg，Cr 27.8mg/kg，Pb 13.2mg/kg，Hg 0.22mg/kg，As 4.5mg/kg，Cu 16.4mg/kg，Zn 58.3mg/kg。

供试商品有机肥的主要原料为鸡粪，重金属含量为：Pb 9.2mg/kg，Cr 52.3mg/kg，Cd 0.09mg/kg，Hg 0.07mg/kg，As 3.3mg/kg，Cu 183.6mg/kg，Zn 321.2mg/kg。

供试化肥为复合肥（N 15%，$P_2O_5$ 15%，$K_2O$ 15%），重金属含量为：Pb 1.8mg/kg，Cr 51.3mg/kg，Cd 0.11mg/kg，As 1.0mg/kg，Cu 8.1mg/kg，Zn 19.4mg/kg，Hg 未检出。

试验起始于 2011 年，设 4 个处理：①CF，全化肥，施 0.75t/hm² 复合肥；②YY1，施有机肥 3.75t/hm²；③YY2，施有机肥 7.5t/hm²；④YY3，施有机肥 15t/hm²。各处理均设 3 个重复，随机排列，每个小区的面积均为 12m²。各处理的有机肥和化肥均作为基肥施用。作物为西兰花和刀豆，2011 年 10 月到 2012 年 3 月种植西兰花（第一茬），2012 年 4～6 月种植刀豆（第二茬）。每季蔬菜种植前，施入肥料，各处理的每茬施肥量相同。

结果表明，有机肥施用所带来的 Cu、Zn、Pb、Cr、As 累积主要集中在 0～20cm 土壤。第二茬刀豆土壤中的重金属含量普遍高于第一茬西兰花土壤，其中 Cu 的积累量最大，Zn 和 Pb 次之，Cr 和 As 最小。有机肥处理在一定程度上增加了 20～40cm 土壤中 Zn、40～60cm 土壤中 Cu，以及 40～60cm 土壤中 Cr 的含量，但对 20～40cm、40～60cm 土壤中 Pb、As 的含量无明显影响。

2）重金属在菜田土壤（潮土）中的垂直迁移规律

旱地蔬菜微区试验在浙江省宁波市慈溪市桥头镇某农场进行（图 3-11）。土壤类型为潮土。于 2015～2016 年连续进行毛豆-榨菜轮作种植，有机肥施用量为 15000kg/hm²。榨菜收割时采集 0～20cm、20～40cm、40～60cm 深度的土壤样品和榨菜可食部分样品。各处理设置详见表 3-13。

表 3-13　旱作蔬菜微区试验处理

| 编号 | 处理 | 有机肥添加量/（g/柱） | 重金属添加物与量/（mg/柱） |
|---|---|---|---|
| CF | 全化肥 | 750 | 无 |
| WQ1 | 15mg/kg As | 750 | 阿散酸，24.5 |
| WQ2 | 30mg/kg As | 750 | 阿散酸，49.0 |
| WQ3 | 50mg/kg Pb | 750 | 乙酸铅，50.3 |
| WQ4 | 100mg/kg Pb | 750 | 乙酸铅，100.7 |

图 3-11　蔬菜微区试验现场图

从表 3-14 中可以看出，在 0～20cm、40～60cm 土层，WQ2 处理的 As 含量显著高于 CF，但 WQ1 和 WQ2 处理间差异不显著；在 20～40cm 土层，各处理的 As 含量差异均不显著。

表 3-14　不同深度土壤中的 As 含量　　　　（单位：mg/kg）

| 处理 | 0～20cm 土层的 As 含量 | 20～40cm 土层的 As 含量 | 40～60cm 土层的 As 含量 |
|---|---|---|---|
| CF | 5.77b | 5.92a | 3.81b |
| WQ1 | 6.33ab | 6.03a | 4.17ab |
| WQ2 | 7.14a | 5.75a | 5.20a |

从表 3-15 可以看出，在 0～20cm、20～40cm 土层，WQ3 和 WQ4 处理的 Pb 含量均显著高于 CF，但 WQ3 和 WQ4 处理间差异不显著；在 40～60cm 土层，WQ4 处理的 Pb 含量显著高于 WQ3 和 CF，但 WQ3 与 CF 处理间差异不显著。

表 3-15　不同深度土壤中的 Pb 含量　　　（单位：mg/kg）

| 处理 | 0～20cm 土层的 Pb 含量 | 20～40cm 土层的 Pb 含量 | 40～60cm 土层的 Pb 含量 |
|---|---|---|---|
| CF | 22.78b | 16.53b | 16.82b |
| WQ3 | 30.74a | 21.44a | 18.18b |
| WQ4 | 30.66a | 23.71a | 23.44a |

综上，As 和 Pb 在菜园土壤（潮土）中的垂直迁移明显。潮土的渗透性较好，在雨水的淋洗作用下，表层土壤残留的重金属易垂直向下迁移，有利于减少表层土壤的重金属含量，但也容易污染地下水。

## 2. 重金属在稻田土壤中的垂直迁移

水稻微区试验在浙江省绍兴市越城区某家庭农场试验基地进行（图 3-12），土壤类型为青紫泥。于 2015～2016 年连续种植两季水稻，每茬有机肥施用量为 4500kg/hm$^2$，第二年采集土壤样品。水稻收割时，采集稻谷、稻草，以及 0～20cm、20～40cm、40～60cm 深度的土壤样品，测定其重金属含量。试验处理详见表 3-16。

图 3-12　水稻微区试验施有机肥（左）和水稻收割采样（右）的照片

表 3-16　水稻微区试验处理

| 编号 | 处理 | 有机肥添加量/（g/柱） | 重金属添加物与量/（mg/柱） |
|---|---|---|---|
| CF | 全化肥 | 225 | 无 |
| SD1 | 15mg/kg As | 225 | 阿散酸，7.35 |
| SD2 | 30mg/kg As | 225 | 阿散酸，14.7 |
| SD3 | 50mg/kg Pb | 225 | 乙酸铅，15.1 |
| SD4 | 100mg/kg Pb | 225 | 乙酸铅，30.2 |

如表 3-17 所示，在水稻田的 0～20cm 和 40～60cm 土层，各处理的 As 含量差异不显著；但在 20～40cm 土层，SD1 和 SD2 处理的 As 含量显著高于对照。因此，在水稻田土壤（青紫泥）中，有机肥中残留的 As 会由于淋洗作用而随灌溉水向下垂直迁移到 20～40cm 土层，但由于犁底层的存在，不再向下迁移。

表 3-17　As 在稻田土壤中的垂直迁移情况　（单位：mg/kg）

| 处理 | 0～20cm 土层的 As 含量 | 20～40cm 土层的 As 含量 | 40～60cm 土层的 As 含量 |
|---|---|---|---|
| CF | 8.13a | 8.11b | 9.39a |
| SD1 | 7.99a | 9.94a | 9.29a |
| SD2 | 7.87a | 9.86a | 9.27a |

如表 3-18 所示，在 0～20cm 土层，添加 Pb 的 SD3 和 SD4 处理的土壤 Pb 含量显著高于对照，并且土壤中的 Pb 含量随着有机肥中 Pb 浓度的增加而提高；但在 20～40cm、40～60cm 土层，各处理的土壤 Pb 含量无显著差异。因此，有机肥中残留的 Pb 主要存在于水稻田的表层，向下垂直的迁移性较弱。

表 3-18　Pb 在稻田土壤中的垂直迁移情况　（单位：mg/kg）

| 处理 | 0～20cm 土层的 Pb 含量 | 20～40cm 土层的 Pb 含量 | 40～60cm 土层的 Pb 含量 |
|---|---|---|---|
| CF | 39.14c | 60.81a | 61.54a |
| SD3 | 53.30b | 61.95a | 59.67a |
| SD4 | 63.93a | 60.60a | 61.40a |

### 3.1.3　长期有机肥施用下农产品中重金属累积

#### 1. 有机肥施用下蔬菜中重金属累积

在 3.1.2 节所述的蔬菜连作下有机肥施用田间试验中，还一并分析了不同施用量有机肥对主要重金属在西兰花和刀豆中累积的影响。4 个处理：①CF，全化肥，施 0.75t/hm$^2$ 复合肥；②YY1，施有机肥 3.75t/hm$^2$；③YY2，施有机肥 7.5t/hm$^2$；④YY3，施有机肥 15t/hm$^2$。

由表 3-19 可知，当有机肥的施用水平在 15t/hm$^2$ 以内，一年连续 2 次的有机肥施用并未导致西兰花和刀豆中 As、Hg、Cr、Cd、Pb 含量的显著增加。从西兰花中重金属含量平均值来看，未发现重金属含量有随有机肥施用量增加而增加的潜在趋势。

不同作物品种对重金属的富集能力不同，也会导致作物对不同有机肥施用量的响应敏感度不同。随着有机肥施用量升高，刀豆中的 As、Cr、Pb 含量有增加的趋势，YY3 处理刀豆中的 As、Pb 显著高于其他处理。因此，长期施用高水平的有机肥会导致土壤中重金属水平增加，从而增加作物对重金属的吸收。总的来说，长期施用高量的有机肥有增加重金属进入农产品可食部分的风险，给农产品安全带来的挑战值得关注。

**表 3-19　不同施肥处理对蔬菜作物可食部分（鲜样）中重金属残留量的影响**

（单位：mg/kg）

| 作物 | 处理 | As | Hg | Cr | Cd | Pb |
|---|---|---|---|---|---|---|
| 西兰花 | CF | 0.021a | 0.005a | 0.036a | 0.010a | 0.026a |
| | YY1 | 0.022a | 0.005a | 0.034a | 0.010a | 0.031a |
| | YY2 | 0.023a | 0.004a | 0.034a | 0.010a | 0.031a |
| | YY3 | 0.022a | 0.005a | 0.033a | 0.010a | 0.032a |
| 刀豆 | CF | 0.014b | 0.001a | 0.071a | 0.005a | 0.030b |
| | YY1 | 0.013b | 0.002a | 0.069a | 0.005a | 0.030b |
| | YY2 | 0.014b | 0.001a | 0.073a | 0.006a | 0.040ab |
| | YY3 | 0.016a | 0.001a | 0.074a | 0.005a | 0.050a |

## 2. 有机肥施用下水稻地上部重金属累积

在 3.1.2 节所述的水稻微区试验中，还一并分析了有机肥施用下 As 和 Pb 在稻草与稻谷中的累积。

从表 3-20 可以看出，As 在稻草和稻谷中的累积明显，并且随着有机肥中 As 残留量的增加而提高，稻草中的 As 含量和累积量显著高于稻谷。As 主要存在于稻草中，因此，在污染土壤中实施稻草还田还可能会带来土壤 As 累积的风险。

表 3-20 As 在水稻地上部的含量和累积量

| 处理 | 稻谷 | | 稻草 | |
| --- | --- | --- | --- | --- |
| | 含量/（mg/kg） | 累积量/（µg/柱） | 含量/（mg/kg） | 累积量/（µg/柱） |
| CF | 0.150b | 8.73b | 2.27b | 147.1c |
| SD1 | 0.151b | 11.08a | 2.43ab | 163.6b |
| SD2 | 0.164a | 11.53a | 2.86a | 181.0a |

从表 3-21 可以看出，向有机肥中添加 Pb 能显著提高稻草中的 Pb 含量和累积量，但在稻谷中均未检出 Pb。这表明水稻对 Pb 的吸收、转运低于 As。

表 3-21 Pb 在水稻地上部的含量和累积量

| 处理 | 稻草 | |
| --- | --- | --- |
| | 含量/（mg/kg） | 累积量/（µg/柱） |
| CF | 0.028c | 2.34c |
| SD3 | 0.115b | 8.09b |
| SD4 | 0.387a | 31.28a |

### 3.1.4 农产品及土壤中的重金属污染评估

重金属通过各种途径进入农业土壤后，短时间内很难去除，可在土壤中不断累积，并通过呼吸、饮水、摄入农产品等暴露途径引起风险，其中食物链传递是主要途径。对农产品进行重金属污染评估是发现和预防农产品质量安全风险隐患的需要，也是判定农产品中重金属累积是否会对人体产生危害的首要方法。基于有机肥施用对土壤中重金属累积的贡献，对有机肥施用下农产品和土壤中重金属污染状况以及摄入人群的健康风险进行评估也很必要。

目前，农产品产地环境重金属风险评估体系中常用的方法有单因子污染指数法、内梅罗综合污染指数法、模糊数学法、灰色聚类法、基准分析法等，其中，单因子污染指数（$P_i$）和内梅罗综合污染指数（$P_N$）比较常用。

单因子污染指数的计算方法为

$$P_i = C_i / S_i \tag{3-1}$$

式中，$C_i$ 为重金属 $i$ 的含量，mg/kg；$S_i$ 为重金属 $i$ 的标准限量值，mg/kg。

内梅罗综合污染指数法是在单因子污染指数评价的基础上，兼顾单因子污染指数平均值和最大值进行评价的方法。其计算方法为

$$P_{N} = \sqrt{\frac{P_{i\text{-ave}}^{2} + P_{i\text{-max}}^{2}}{2}} \qquad (3\text{-}2)$$

式中，$P_{i\text{-ave}}$ 为各重金属 $P_i$ 的平均值；$P_{i\text{-max}}$ 为各重金属 $P_i$ 的最大值。

　　农产品重金属风险评估以重金属在迁移过程中引起的暴露和毒理效应为核心，主要步骤一般包括重金属污染源分析与危害判定、剂量-效应分析评价、农产品中重金属膳食暴露评估，以及风险表征描述 4 个步骤。其中，重金属污染源分析与危害判定是鉴于理论上土壤重金属污染的可能性，在明确潜在污染暴露点的基础上，确定污染源暴露方式、污染物在环境中迁移转化的内在性质和对不同物质的毒性，及其对空气、地下水等环境介质存在的潜在威胁。剂量-效应分析评价主要研究重金属胁迫引起的毒性效应与暴露剂量之间的定量关系，是进行农产品重金属风险评价的定量依据。重金属风险的暴露剂量需要定期估计人体膳食重金属的摄入量。重金属膳食暴露评估方法主要采用日常农产品总膳食研究手段，取样分析筛查重金属主要膳食来源的农产品种类数量，获得农产品中的重金属含量，即以某种特定农产品中的重金属浓度乘以该种农产品的消费量，得出单项农产品所导致的重金属摄入量，最后对所有单项农产品导致的重金属摄入量进行加和。目前，农产品的消费量与体重数据的获取往往参照风险评估的相关文献，以及全球环境监测规划/食品污染监测与评估规划（GEMS/FOOD）的消费量数据库（表3-22）。在农产品重金属含量取值上，所有未检出数据可参照世界卫生组织（WHO）的处理方法，利用检出限的一半来替代。

**表 3-22　风险评估数据与来源**

| 参数 | 取值 |
| --- | --- |
| 重金属年暴露天数/d | 365 |
| 暴露年限/年 | 70 |
| 茶叶人均食品消费量/（g/d） | 13 |
| 葡萄人均食品消费量/（g/d） | 5.21 |
| 杨梅人均食品消费量/（g/d） | 7.5 |
| 蔬菜人均食品消费量/（g/d） | 230（3～12 岁儿童），345（18～45 岁青壮年），375（>45 岁中老年） |
| 非致癌口服参考剂量/[mg/（kg·d）] | Cr 0.003，Ni 0.02，Cu 0.04，Zn 0.3，Cd 0.001，Pb 0.004，As 0.003，Hg 0.005 |
| 人体平均体重/kg | 32（3～12 岁儿童），60（18～45 岁青壮年），58（>45 岁中老年） |
| 非致癌暴露总时间/d | 25550 |

　　危害商（HQ），也称环境接触暴露或毒性参数值，是估算潜在危害值的一个常见指标，适用于大多数的生态危险度评价，也可用于有机肥施用基地农产品中重金属的膳食摄入风险评估。例如，可使用重金属 $i$ 的 HQ 对经口摄入后的非致癌健康风险进行评估，通过计算的污染物摄入剂量与参考剂量的比值反映污染物对暴露人群的危害程度，当其值低于 1.0 时，表明污染物不会对人体健康造成威胁。HQ 的计算公式为

$$V_{HQ} = \frac{C \times V_{IR} \times V_{EF} \times V_{ED}}{V_{BW} \times V_{AT} \times V_{RfD}} \tag{3-3}$$

式中，$V_{HQ}$ 为计算得到的 HQ；$C$ 为重金属含量，mg/kg；$V_{IR}$ 为人均食品消费量，kg/d；$V_{EF}$ 为重金属年暴露天数，d；$V_{ED}$ 为暴露年限，年；$V_{BW}$ 为人体平均体重，kg；$V_{AT}$ 为非致癌暴露总时间，d；$V_{RfD}$ 为重金属的非致癌口服参考剂量，mg/（kg·d）。

　　采用危害指数（HI）表征重金属对人体产生的总风险系数，HI 等于各重金属 HQ 的和。当 HI<1.0 时，说明重金属不会对人体产生不良反应；当 HI>1.0 时，说明重金属对人体可能存在非致癌影响。

### 3.1.5　有机肥中重金属对土壤微生物的影响

#### 1. 有机肥中重金属环境效应的田间试验设计

　　施肥定位试验设在浙江省宁波市慈溪市掌起镇某果蔬农场。蔬菜连作，1 年两季：2014 年为结球甘蓝-糯玉米；2015 年为雪菜-结球甘蓝。

　　试验共设计 3 个处理：CF，全化肥；LJ1，施用重金属达标商品有机肥 7.50t/hm²；LJ2，施用添加重金属的有机肥 7.50t/hm²。

　　供试有机肥包括商品有机肥和自制的添加重金属的有机肥。商品有机肥以鸡粪为主要原料，其重金属含量分别为：Cu 85.44mg/kg、Zn 478.45mg/kg、Pb 5.4mg/kg、As 2.4mg/kg，均符合《有机肥料》（NY 525—2012）规定的重金属限量要求，为重金属达标有机肥。自制的添加重金属的有机肥以添加了一定量重金属的鸡粪为主要原料，采用与商品有机肥相同的制备方法，经过堆肥发酵、后熟和烘干等流程制得，其重金属含量分别为：Cu 718.48mg/kg、Zn 1356.38mg/kg、Pb 50.48mg/kg、As 9.04mg/kg，参照《有机肥料》（NY 525—2012）的相关规定，Pb 略超标，以下称为重金属超标有机肥。

　　采用 MicroResp™ 技术研究不同处理对土壤微生物群落的影响。MicroResp™ 技术是一种基于土壤微生物代谢功能研究土壤微生物生态的方法，其利用土壤在

不同碳源诱导下的 $CO_2$ 产生情况表征土壤微生物群落水平生理特征，与传统的微生物平板培养法、Biolog 微平板法和多重底物诱导呼吸相比，MicroResp$^{TM}$ 技术可克服微生物平板法只能测定可培养微生物、Biolog 微平板法依赖于土壤悬浮液提取物和细胞后续生长情况、多重底物诱导呼吸自动化程度低的缺点，是研究原位土壤微生物群落水平生理特征的一种较为灵敏、快捷的测定方法。

### 2. 有机肥中重金属对土壤基础呼吸的影响

土壤基础呼吸可以表征土壤碳素的周转速率和微生物的总体活性，在一定程度上可反映环境胁迫情况。研究显示，有机肥可通过增加土壤有机碳来提高土壤微生物量和土壤酶活性，进而促进土壤基础呼吸作用。田间试验证实了上述结论。

如图 3-13 所示，施用商品有机肥的 LJ1 处理较全化肥（CF）显著增加了土壤基础呼吸，但是施用重金属超标有机肥（LJ2）与全化肥（CF）相比，在土壤基础代谢上无显著差异。在测定的土壤理化和重金属指标中，LJ1 与 LJ2 处理的土壤仅在部分重金属含量上存在显著差异，LJ1 处理刺激了土壤基础呼吸，而 LJ2 处理则无此效应，二者的差异表明，有机肥中的重金属残留会改变有机肥对土壤基础呼吸的影响。重金属对土壤呼吸的影响存在浓度效应。一般来说，低浓度的重金属可以刺激土壤 $CO_2$ 释放，这主要是因为在污染胁迫下，土壤微生物为了维持正常的生命活动，需要更多的能量来维持生理需要，最终表现为重金属胁迫下呼吸强度增加；但是过高浓度的重金属可以与碳源结合形成复合物，从而抑制微生物代谢或直接杀死微生物，因此重金属浓度过高时反而呼吸强度降低。杨元根等（2002）的研究发现，长期暴露于低浓度 Cu 中的土壤微生物具有较高的呼吸速率，而暴露于高浓度 Cu 中的土壤微生物呼吸速率较低。因此，LJ1 处理土壤中的重金属可能由于其全量或有效态含量较低而未达到抑制浓度，或者重金属的抑制活性被有机肥中的有机质等缓解。已有研究证实，外源有机质进入土壤可以在一定程度上缓解重金属胁迫导致的微生物活性、数量，以及功能多样性的下降。相反地，LJ2 处理下土壤中的重金属污染水平可能已达到抑制水平，因而掩盖或削弱了有机肥本身对土壤基础呼吸的促进效应。重金属的形态与其生物毒性密切相关，一般来说，伴随重金属形态从不稳定向稳定迁移，其生物活性降低。Ghosh 等（2004）的研究证实，有效态 As 对土壤基础呼吸的抑制远大于全量 As。因此，LJ2 处理带来的土壤 As 有效态含量的显著增加不容小觑，这可能是 LJ1 与 LJ2 处理下土壤基础呼吸差异的重要原因之一。

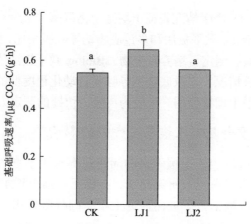

图 3-13  不同处理对土壤基础呼吸的影响

柱上无相同字母的表示处理间差异显著（$P<0.05$）

### 3. 有机肥中重金属对土壤微生物群落功能多样性的影响

微生物有多种多样的代谢方式和生理功能，可适应各种生态环境，并与其他生物相互作用。土壤微生物群落的功能多样性可以表征土壤微生物群落利用碳源类型的差异，同时也能在一定程度上反映土壤微生物的种类和分布情况。

由表 3-23 可知，LJ1 处理土壤的香农（Shannon）指数、均匀度指数和辛普森（Simpson）指数最大，表明施用商品有机肥的土壤的微生物种类最多，分布较均匀，并且对碳源的利用程度最高。LJ2 处理的土壤微生物功能多样性指数显著低于 LJ1，这说明施用重金属含量达标的商品有机肥可以增加菜田土壤的微生物群落功能多样性，而施用重金属高残留的有机肥则无类似效应。

表 3-23  基于 MicroResp$^{\text{TM}}$ 分析的菜地土壤微生物群落代谢多样性指数

| 处理 | Shannon 指数（$H'$） | 均匀度指数（$E$） | Simpson 指数（$D$） |
|---|---|---|---|
| CF | 2.19b | 0.79b | 0.85ab |
| LJ1 | 2.36a | 0.85a | 0.87a |
| LJ2 | 2.15b | 0.77b | 0.84b |

有机肥养分本身可以增加土壤微生物群落的代谢多样性，但与土壤基础呼吸的结果一致，有机肥对土壤微生物群落代谢的积极影响会受到有机肥中残留重金属的制约。因此，有机肥对土壤微生物群落代谢功能的影响其实是有机肥中有机质等成分和重金属的综合效应，其中，施用重金属超标有机肥后，土壤中 Cu、Zn 的显著累积活化，以及 As 有效态含量的上升，可能掩盖或削弱有机肥中有机质等对微生物群落功能多样性的促进作用。Sheik 等（2012）的研究指出，土壤中的

As 含量总体和微生物群落多样性呈负相关。Li 等（2016）的研究发现，与健康土壤相比，Cu 污染土壤的微生物群落代谢多样性明显下降。此外，高浓度 Zn 的生物毒性同样不容忽视，在相同浓度下，Zn 对红壤中微生物代谢多样性等各项微生物学指标的抑制能力甚至高于 Pb。因此，土壤中 Cu、Zn、As 含量的显著上升均可抑制土壤微生物的代谢功能。综上，在重金属超标有机肥的重金属残留水平下，2 年 4 季的有机肥施用就可对菜田土壤微生物造成一定的影响，其中，重金属超标有机肥中 Cu、Zn、As 浓度过高是主要原因。

### 4. 有机肥中重金属对土壤微生物群落代谢结构的影响

有机肥养分本身可以改变土壤的微生物代谢结构，但有机肥中的重金属残留水平又会影响有机肥自身养分对土壤微生物代谢结构的作用。杨元根等（2002）的研究指出，高浓度的重金属胁迫，如 Cu 胁迫，会驱动土壤微生物的碳源优先利用种类发生变化。为了探讨不同施肥处理下菜田土壤微生物群落的结构变化，对不同碳源底物诱导呼吸（SIR）结果进行聚类分析，指示不同处理下土壤微生物群落水平生理特征谱（CLPP）差异，结果见图 3-14。CF、LJ1 和 LJ2 处理各聚为一类，表明不同施肥处理的土壤 CLPP 存在差异，即不同处理的土壤具有不同的碳源利用代谢模式。相较于 LJ2 和 CF 土壤，LJ1 与 CF 土壤在碳源底物利用模式上的相似性更高。综上，有机肥及其重金属残留水平同时影响土壤微生物碳源利用格局。微生物的不同碳源利用方式暗示不同的群落结构和代谢功能，而这势必会影响土壤的养分转化和循环过程，并进而影响土壤的养分数量与形态。

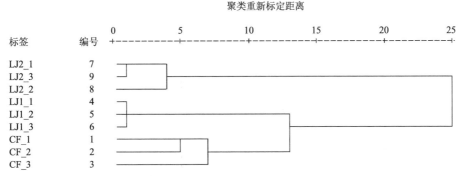

图 3-14 基于 MicroResp™ 底物诱导呼吸数据的不同处理土壤微生物群落聚类分析

图 3-15 进一步比较了 LJ1 和 LJ2 处理下土壤微生物群落的 15 种 SIR 强度，发现 LJ2 处理下土壤微生物对柠檬酸、苹果酸和草酸等羧酸的代谢利用增强，分别比 LJ1 处理增加了 2.6 倍、16.7% 和 1.1 倍。杨元根等（2002）指出，高浓度的 Cu 处理下，土壤微生物对氨基酸、羧酸的利用高于低浓度的 Cu 处理。郭星亮（2011）用 Biolog 方法研究 Cu 对堆肥微生物群落代谢能力的影响，证实低剂量

Cu 能提高微生物群落对高聚物类碳源的转化和利用，而高剂量 Cu 则会产生一定的抑制作用。相关羧酸的代谢可能是土壤微生物应答 Cu 胁迫的一种机制。当然，土壤中 Zn 和 As 有效态含量的变化也会改变土壤微生物群落的代谢利用行为，但其与土壤微生物羧酸代谢之间的关联还不明确，具体影响行为亟待进一步探索。

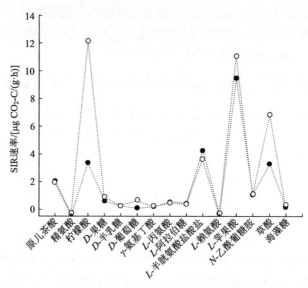

图 3-15　不同处理下土壤中 15 种碳源的底物诱导呼吸速率

# 3.2　农田施用有机肥的抗生素残留风险

## 3.2.1　农田土壤抗生素赋存和累积效应

　　近年来，抗生素污染被许多发达国家（如美国）列为重要的环境问题，在我国也被纳入国家环境监测的范围。国内外的众多研究表明，环境土壤中的抗生素含量已接近于土壤中其他农药类有机污染物的含量水平。目前，我国农用土壤中可检出的抗生素种类繁多，涉及四环素类、氟喹诺酮类、大环内酯类、$\beta$-内酰胺类、磺胺类等多种类别，残留量达 mg/kg 级别。土壤中抗生素复合污染情况普遍。例如，珠江三角洲地区菜田土壤中四环素类抗生素中 4 种化合物（四环素、土霉素、金霉素、多西环素）的检出总浓度为 0～138.86μg/kg，各化合物的检出率为 59%～89%；氟喹诺酮类抗生素 4 种化合物的总含量为 3.97～32.03μg/kg，其平均值为 17.99μg/kg，除洛美沙星（92%）外，各化合物的检出率均为 100%，以环丙沙星为主，其次是诺氟沙星和恩诺沙星。国外农田土壤中检出抗生素的现象也很普遍，如土耳其农田新鲜土壤中检测到恩诺沙星，残留浓度为 0.02mg/kg。

不合理施用畜禽有机肥、沼液或施用未经无害化处理的畜禽粪便是农田土壤中抗生素污染的重要来源之一。在我国东南沿海，随着规模化养殖业的快速发展，养殖废弃物已成为当地最主要的污染源之一，亟待实现资源化利用。与此同时，化肥过量施用造成的土壤酸化、板结、微量元素缺乏和由此引发的农产品品质下降等问题，又为有机肥的应用提供了市场需求。为了解决养殖源环境问题，同时解决因长期不合理施用化肥带来的种种弊端，上海、江苏、浙江、福建等地政府相继出台有机肥专项补贴，鼓励农户大量使用有机肥。2017 年，农业部印发《关于做好 2017 年果菜茶有机肥替代化肥试点工作的通知》，水果、蔬菜、茶叶等经济价值较高的作物成为畜禽粪便有机肥的主要施用对象。在设施蔬菜生产中，鸡粪、猪粪等有机肥的年用量可高达 $153 \sim 240t/hm^2$，但是大量、长期应用畜禽有机肥又带来了土壤中抗生素累积风险。巴西的一项研究指出，施用粪肥 1.5 年，土壤中恩诺沙星的残留浓度最高达到 6.1mg/kg。宁夏养牛场周边土壤及施用牛粪的土壤中，恩诺沙星的检出浓度在 $0.57 \sim 57.4\mu g/kg$。对浙江省内不同施肥方式的农田进行抗生素残留检测发现，施用过畜禽粪的菜田土壤中恩诺沙星平均检出浓度最高。部分施用过有机肥的土壤中，恩诺沙星的检出浓度高达 820.7μg/kg。

作者团队在浙江省建立多个有机肥长期定位试验点，研究长期施用有机肥对水旱轮作（稻麦-稻油）、蔬菜连作、果园旱作及茶园土壤中抗生素赋存和累积的影响。结果发现，土壤中的抗生素残留浓度随有机肥施用量和施用年限的增加而增加，长期、高用量施用符合《有机肥料》（NY 525—2012）的有机肥亦有导致土壤中抗生素累积的风险，如长期施用有机肥下土壤中氟喹诺酮类抗生素明显累积，具有持久性和富集性。因此，应加强对农田中抗生素含量的监测。规范有机肥的使用如控制有机肥的年施用量将有助于减少抗生素在土壤中的累积。具体研究结果见下述。

### 1. 稻田土壤

长期施用有机肥对水旱轮作（晚稻-油菜/晚稻-小麦）模式下土壤抗生素累积的影响研究试验设在浙江省绍兴市越城区。试验始于 2013 年，设 5 个处理：①CK，不施肥；②CF，全化肥；③M1，施有机肥 $2250kg/hm^2$；④M2，施有机肥 $4500kg/hm^2$；⑤M3，施有机肥 $9000kg/hm^2$。具体同 3.1.1 节 "3. 稻田土壤重金属的积累" 部分所述。

施用 1 年、2 年、3 年有机肥的稻田土壤中均未检出抗生素，但连续 4 年施用有机肥后，与全化肥的 CF 处理相比，施用有机肥的各处理土壤中，恩诺沙星、环丙沙星和氧氟沙星的含量增加，特别是恩诺沙星残留浓度与有机肥施用量总体成正比（表 3-24）。当有机肥施用量为 $9000kg/hm^2$ 时，土壤中恩诺沙星、环丙沙星和氧氟沙星的含量显著高于全化肥处理（CF）。各处理土壤中均未检出磺胺类、四环素类和大环内酯类抗生素。

表 3-24　连续 4 年施用有机肥对稻田表层土壤主要抗生素残留的影响
（单位：μg/kg）

| 处理 | 恩诺沙星 | 培氟沙星 | 环丙沙星 | 氧氟沙星 |
|---|---|---|---|---|
| CF | 2.71c | 0.37a | 1.32c | 0.60c |
| M1 | 10.72bc | 0.27a | 9.69b | 4.18b |
| M2 | 16.98b | 0.26a | 7.93b | 3.43b |
| M3 | 43.07a | 0.67a | 35.74a | 7.59a |

注：表中数据均基于干基测得。

### 2. 菜田土壤

据调查，我国约 2/3 的畜禽粪便有机肥被用于菜田，而菜田面积仅占我国耕地面积的 1/8。目前，蔬菜生产中畜禽有机肥的盲目施用现象较为普遍，很少考虑有机肥中的污染物对土壤健康和农产品质量的影响。Hu 等（2010）通过调查我国北方有机蔬菜基地土壤中的抗生素残留发现，与普通农田相比，有机蔬菜基地土壤中的抗生素残留浓度更高，其中，土霉素（OTC）、环丙沙星（CIP）和磺胺多辛（SDO）的浓度分别达 2680μg/kg、30.1μg/kg 和 9.1μg/kg。

作者团队在浙江省宁波市慈溪市掌起镇某果蔬农场，开展蔬菜连作模式（结球甘蓝/糯玉米/雪菜）下有机肥施用对菜田土壤中抗生素累积的影响研究。试验始于 2014 年，处理包括：①CF，全化肥；②LJ1，达标商品有机肥施用量 3.75t/hm²；③LJ2，达标商品有机肥施用量 7.5t/hm²；④LJ3，达标商品有机肥施用量 15t/hm²；⑤LJ4，超标有机肥用量 7.5t/hm²。具体试验同 3.1.1 节"1. 菜田土壤重金属累积"所述。

如表 3-25 所示，施用 1 年、2 年有机肥的菜田土壤中均未检测到抗生素。连续 3 年施用有机肥，各有机肥处理表层土壤均检出氧氟沙星、恩诺沙星，其中高用量有机肥处理（LJ3）土壤的氧氟沙星含量与全化肥处理（CF）呈显著差异。

表 3-25　施用 3 年有机肥后种植糯玉米土壤的抗生素含量（单位：μg/kg）

| 处理 | 氧氟沙星 | 恩诺沙星 |
|---|---|---|
| CF | 1.87b | ND |
| LJ1 | 1.73b | 4.55a |
| LJ2 | 3.36ab | 4.29a |
| LJ3 | 6.37a | 5.57a |

注：糯玉米-卷心菜连作，7 月收获糯玉米，3 月收割雪菜/结球甘蓝。表中数据均基于干基测得。

### 3. 果园土壤

#### 1）梨园

作者团队在宁波市慈溪市桥头镇某农场梨园开展果园旱作模式（翠冠梨）下有机肥对果园土壤抗生素累积的影响研究。试验始于 2014 年，处理包括：①CF，全化肥；②G1，达标商品有机肥施用量为 7.5t/hm²；③G2，达标商品有机肥施用量为 15t/hm²；④G3，达标商品有机肥施用量为 22.5t/hm²；⑤G4，超标有机肥施用量为 15t/hm²。具体同 3.1.1 节 "2.果园土壤重金属累积" 部分所述。

土壤中的抗生素检出发生在有机肥施用量最大的 G3 处理，但仅在连续施用 8 年有机肥后出现，检出的抗生素为氧氟沙星、恩诺沙星和氟苯尼考（表 3-26），其他各类抗生素均未检出。

表 3-26　施用 8 年有机肥后梨园土壤的抗生素含量（单位：μg/kg）

| 处理 | 氧氟沙星 | 恩诺沙星 | 氟苯尼考 |
| --- | --- | --- | --- |
| CF | ND | ND | ND |
| G1 | ND | ND | ND |
| G2 | ND | ND | ND |
| G3 | 1.45 | 3.20 | 0.10 |

注：表中数据均基于干基测得。ND 表示未检出或低于检测限，下同。

#### 2）柑橘园

作者团队在浙江省龙游县湖镇镇上下范村某家庭农场开展果园旱作模式（柑橘）下有机肥对果园土壤抗生素累积的影响研究。2018～2020 年，连续开展 2 年田间小区试验，供试有机肥有 2 种，分别为鸡粪有机肥和猪粪有机肥。试验设 5 个处理，包括：①CF，全化肥；②JF1，鸡粪有机肥，7.5t/hm²；③JF2，鸡粪有机肥，15t/hm²；④ZF1，猪粪有机肥，7.5t/hm²；⑤ZF2，猪粪有机肥，15t/hm²。鸡粪有机肥和猪粪有机肥全部作为底肥，在 3 月初施用，在柑橘树四周开沟 20～30cm。冬季柑橘收获时，采集土壤样品。

全化肥处理（CF）土壤没有检测出任何抗生素残留，施用 2 种有机肥的土壤中检测出氧氟沙星、恩诺沙星和氟苯尼考 3 种抗生素，抗生素残留水平都比较低（表 3-27）。在两种有机肥处理中，施用量为 15t/hm² 的处理土壤检出的抗生素残留种类和含量均高于 7.5t/hm² 水平处理。表明施用有机肥给土壤带来了抗生素污染风险，并且施用量越大，抗生素残留越多。

表 3-27　施用不同有机肥对柑橘园土壤抗生素残留的影响（单位：μg/kg）

| 处理编号 | 氧氟沙星 | 恩诺沙星 | 氟苯尼考 |
|---|---|---|---|
| CF | ND | ND | ND |
| JF1 | ND | ND | 0.144 |
| JF2 | 4.71 | 4.75 | 0.268 |
| ZF1 | 1.64 | ND | 0.144 |
| ZF2 | 3.54 | 4.76 | 0.355 |

## 4. 茶园土壤

在安吉白茶园、武义茶园、淳安茶园和龙游茶园设试验点，研究不同类型有机肥施用对茶园土壤抗生素累积的影响。具体试验处理同 3.1.1 节 "4. 茶园土壤重金属的积累" 部分所述。

对 75 种常用兽用抗生素残留进行检测，检测种类包括四环素、金霉素、土霉素、多西环素、环丙沙星、恩诺沙星、诺氟沙星、氧氟沙星、洛美沙星、磺胺嘧啶、磺胺甲噁唑、磺胺二甲嘧啶、磺胺间甲氧嘧啶、红霉素、泰乐霉素、链霉素、庆大霉素、氯霉素、青霉素、阿莫西林。

（1）安吉茶园。仅在施用 11.24t/hm$^2$ 和 26.99t/hm$^2$ 猪粪有机肥的土壤中检出磺胺二甲嘧啶，其含量分别为 0.87μg/kg 和 10.1μg/kg。其余施肥处理中均未在土壤检出抗生素残留。

（2）武义茶园。全化肥处理和牛粪有机肥处理土壤中没有检测出任何抗生素残留；在猪粪有机肥处理的土壤检测出 2 种抗生素残留，分别是恩诺沙星、替米考星，在土壤中恩诺沙星最高残留量为 4.33μg/kg，替米考星最高残留量为 26.74μg/kg。结果表明施用猪粪有机肥会导致茶园土壤抗生素残留，而牛粪有机肥带来的抗生素残留风险较小。

（3）淳安茶园。从表 3-28 可看出，全化肥处理土壤中没有检测出任何抗生素残留；鸡粪有机肥处理的土壤共检测出 7 种抗生素残留，分别是氧氟沙星、环丙沙星、恩诺沙星、氟甲喹、金霉素、替米考星、氟苯尼考；猪粪有机肥处理土壤中共检测出 10 种抗生素残留，分别是氧氟沙星、环丙沙星、恩诺沙星、磺胺间甲氧嘧啶、金霉素、多西环素、土霉素、替米考星、氯霉素、氟苯尼考；2 种有机肥处理土壤中一共检测出 11 种抗生素残留。氟甲喹只残留在鸡粪有机肥处理的土壤，磺胺间甲氧嘧啶、多西环素、土霉素、氯霉素 4 种抗生素只在猪粪有机肥处理土壤中有残留，2 种有机肥共有的抗生素残留有 6 种。整体来讲，猪粪有机肥处理土壤残留的抗生素种类和含量要高于鸡粪有机肥处理，有机肥施用土壤中残留抗生素的种类和总量往往可与有机肥施用量成正比。

表 3-28　施用有机肥对淳安茶园土壤抗生素残留的影响（单位：µg/kg）

| 处理 | 氧氟沙星 | 环丙沙星 | 恩诺沙星 | 氟甲喹 | 磺胺间甲氧嘧啶 | 金霉素 | 多西环素 | 土霉素 | 替米考星 | 氯霉素 | 氟苯尼考 |
|---|---|---|---|---|---|---|---|---|---|---|---|
| CF | ND | ND | ND | ND | ND | ND | ND | ND | ND | ND | ND |
| JF1 | ND | ND | 1.56 | 1.14 | ND | ND | ND | ND | 10.03 | ND | 0.22 |
| JF2 | ND | ND | 1.63 | 2.51 | ND | ND | ND | ND | 13.22 | ND | 0.67 |
| JF3 | 1.15 | 1.41 | 2.23 | 5.69 | ND | 7.27 | ND | ND | 34.67 | ND | 0.40 |
| ZF1 | 1.29 | 1.37 | 2.42 | ND | 1.27 | ND | ND | ND | 27.00 | ND | 0.35 |
| ZF2 | ND | 1.81 | 3.18 | ND | 3.38 | 13.74 | ND | ND | 46.00 | 1.03 | ND |
| ZF3 | ND | 2.11 | 2.61 | ND | 3.05 | 15.96 | 7.37 | 3.63 | 62.59 | 1.06 | 0.36 |

（4）龙游茶园。从表 3-29 可看出，全化肥和沼渣处理的茶园土壤未检出任何抗生素残留，茶渣有机肥处理的土壤检出氟苯尼考 1 种抗生素，猪粪有机肥检出 6 种抗生素，分别是环丙沙星、恩诺沙星、金霉素、土霉素、替米考星、氟苯尼考。因此，茶园施用猪粪有机肥相比其他有机肥更易导致土壤中抗生素累积。

表 3-29　施用有机肥对龙游茶园土壤抗生素残留的影响（单位：µg/kg）

| 处理 | 环丙沙星 | 恩诺沙星 | 金霉素 | 土霉素 | 替米考星 | 氟苯尼考 |
|---|---|---|---|---|---|---|
| 全化肥 | ND | ND | ND | ND | ND | ND |
| 猪粪有机肥 | 1.09 | 6.16 | 7.37 | 8.03 | 7.49 | 0.31 |
| 茶渣有机肥 | ND | ND | ND | ND | ND | 0.49 |
| 沼渣有机肥 | ND | ND | ND | ND | ND | ND |

综上，在茶园，猪粪有机肥处理土壤残留的抗生素种类和含量总体高于其他有机肥处理土壤。应关注猪粪有机肥中抗生素残留的去除。

## 3.2.2　抗生素在土壤-作物中的迁移转化行为

伴随有机肥施用，抗生素进入土壤后，经历一系列的生物和/或非生物过程，包括降解转化、吸附-解吸、植物吸收，以及随径流进入水环境。抗生素的降解转化过程包括光解、水解和生物降解。一般认为，水解是抗生素非生物降解的主要途径。$\beta$-内酰胺类抗生素特别容易水解，但畜禽粪便中常检出的大环内酯类和磺胺类药物不太容易水解。抗生素光解主要发生在土壤表面，如氟喹诺酮类和四环素类抗生素就对光很敏感。在撒施情况下，有机肥中的抗生素暴露在阳光下，在这种情况下光解在抗生素去除中可发挥一定作用。微生物降解是土壤中抗生素降解转化的主要机制之一，特别是对磺胺类抗生素而言。有研究指出，磺胺二甲嘧啶在未灭菌土中的半衰期仅是灭菌土中的一半。红霉素在有菌土壤中的半衰期为6.4d，但在无菌土壤中延长至40.8d。此外，诺氟沙星、磺胺嘧啶、磺胺甲噁唑、磺胺氯哒嗪、磺胺二甲嘧啶、四环素在有菌土壤中的降解均快于在无菌土壤中的降解。抗生素在土壤中的持久性受到众多因素的影响，如抗生素本身的物理化学性质、土壤性质等。与大多数利用土壤微宇宙试验开展抗生素降解转化的研究相比，在实际生产中，抗生素降解转化的影响因素更加复杂，不仅与土壤类型、抗生素理化性质等有关，还与气候条件、作物、田间管理、施肥方式等有关。

### 1. 不同类型抗生素的降解转化

抗生素的分子结构和物理化学性质是决定土壤中不同抗生素迁移转化的最重要因素。表3-30将已有文献中报道的部分抗生素的最大半衰期列出，这里的半衰期并未考虑土壤类型等环境条件的影响，仅是部分报道的结论。

表 3-30　文献中报道的部分抗生素的最大半衰期　（单位：d）

| 抗生素类型 | 化合物 | 半衰期 |
| --- | --- | --- |
| 氟喹诺酮类 | 环丙沙星 | 3466 |
| | 诺氟沙星 | 1386 |
| | 氧氟沙星 | 1733 |
| 四环素类 | 金霉素 | 34 |
| | 多西环素 | 578 |
| | 土霉素 | 56 |
| | 四环素 | 578 |
| $\beta$-内酰胺类 | 阿莫西林 | 0.6 |
| 大环内酯类 | 阿奇霉素 | 990 |
| | 红霉素 | 20 |
| | 泰乐菌素 | 67 |
| 磺胺类 | 磺胺氯哒嗪 | 28 |
| | 磺胺嘧啶 | 10 |
| | 磺胺二甲嘧啶 | 23 |
| 磺胺药物增效剂 | 甲氧苄啶 | 26 |

从表3-30可发现，四环素类抗生素在土壤中的半衰期比氟喹诺酮类抗生素要

短。作者的研究发现（Ma et al., 2014），在相同的盆栽条件下，100mg/kg 的四环素在进入青菜土壤 7d 后即完全降解，而 100mg/kg 的环丙沙星在 20d 后才得到完全去除。在另一项盆栽试验中（Wang et al., 2016），作者将残留有 10mg/kg 抗生素的有机肥施入土壤，也发现氟喹诺酮类抗生素在蔬菜（青菜、萝卜）土壤中的持久性高于四环素类抗生素。多西环素、磺胺甲噁唑和诺氟沙星在不同蔬菜土壤中的降解时间曲线如图 3-16 所示，在蔬菜生长期中，各抗生素的降解率从高到低整体表现为多西环素＞磺胺甲噁唑＞诺氟沙星，其 49d 降解率分别为91.1%～95.3%、78.9%～82.0%和 44.8%～50.9%。

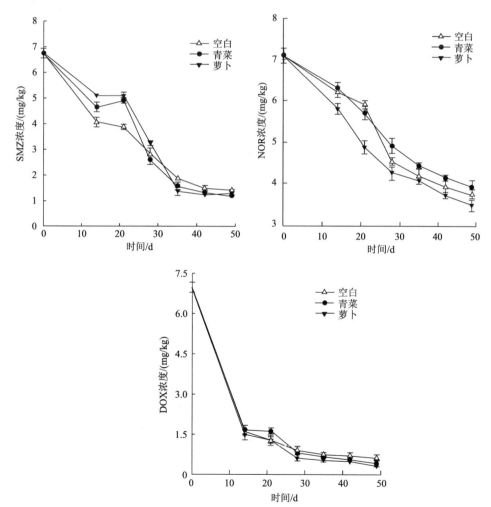

图 3-16　多西环素（DOX）、磺胺甲噁唑（SMZ）和诺氟沙星（NOR）在不种菜土壤（对照）、青菜土壤和萝卜土壤中的降解时间曲线

　　土壤中抗生素的降解转化与抗生素的吸附性能有一定的关系。与土壤中的有机组分和无机组分亲和力高的抗生素往往不易移动，并且降解程度相对较低，具有较高的持久性。Crane 等（2009）提出，可利用有机化合物吸附系数（$K_{oc}$）来评估抗生素的持久性，那些 $K_{oc}$＞4000L/kg 的抗生素的半衰期可能大于 60d，相比之下，$K_{oc}$＜15L/kg 的抗生素在土壤中更易降解，半衰期可小于 5d。

### 2. 土壤中抗生素降解转化的影响因素

　　关于土壤类型对抗生素吸附能力影响的研究较多，但涉及降解转化的还很有限。抗生素通过阳离子交换作用在土壤中吸附，而土壤中的电荷主要来自土壤黏粒、有机质和氧化铁，这些物质在黏壤中的含量更高；因此，抗生素在黏壤中的吸附能力更强。例如，磺胺类抗生素在东北黑土中的吸附就大于其在陕西潮土和江西红壤的吸附，泰乐菌素在细有机黏土中的吸附大于粗无机黏土。抗生素在土壤中的吸附是影响其降解转化的重要因素。相比吸附性差的土壤，磺胺类抗生素在吸附性强的土壤中更难降解。一般来说，土壤有机质、氧化铁、阳离子交换量、黏粒含量越高，抗生素在土壤中的降解速率越小，在土壤中就越稳定。作者通过微宇宙土壤培养试验（阮琳琳等，2018）对比磺胺二甲嘧啶和多西环素在小粉土与青紫泥中的降解情况，结果发现在 20mg/kg 的添加量下，无论是磺胺二甲嘧啶还是多西环素，其在小粉土中的降解均高于在青紫泥中的降解，添加 3d 后，小粉土中磺胺二甲嘧啶和多西环素的残留量分别为 1.84mg/kg 和 3.01mg/kg，而青紫泥中磺胺二甲嘧啶和多西环素的残留量分别为 3.32mg/kg 和 3.87mg/kg。这说明抗生素在青紫泥中更加稳定，这可能与青紫泥的有机质含量、黏粒含量、阳离子交换量均高于小粉土有关。

　　多种抗生素共存也可改变单个抗生素的降解转化行为。例如，在微宇宙土壤培养条件下，多西环素和磺胺二甲嘧啶共存轻微抑制了土壤中二者的降解，表现出协同抑制作用。复合污染对抗生素短期降解的这种协同抑制作用在小粉土中表现得非常明显。相较于青紫泥，小粉土中多西环素和磺胺二甲嘧啶的早期降解更容易被复合污染抑制，这可能与不同土壤的微生物群落结构，尤其是抗生素降解微生物对复合污染的响应差异有关。复合与单一抗生素污染条件下，不同抗生素的降解行为在不同报道中的结论不尽相同。例如，作者发现在青菜盆栽条件下，磺胺间甲氧嘧啶（100mg/kg）、环丙沙星（100mg/kg）和四环素（100mg/kg）复合污染显著促进了三者在土壤中的降解；Fang 等（2014）的研究发现，磺胺嘧啶和金霉素共存对二者在土壤中的降解行为无显著影响。由此推测，复合和单一抗生素污染对土壤抗生素降解行为的影响差异与其所在的环境条件密切有关。在相同条件下，复合和单一抗生素污染对土壤抗生素降解行为的影响在小粉土与青紫泥中存在差异，说明土壤类型是影响因素之一。同时，试验条件的不同也可能影响结论。例如，青菜盆栽条件下，抗生素的转化行为包括光解、水解和生物降解等多种途径，其中光解的作用不容小觑。此外，蔬菜栽培也会影响抗生素的降解行为，有机肥对土壤理化性状和微生物的影响也会在一定程度上影响抗生素的降解，如施用猪粪可加速土壤中抗生素的降解，其降解速率随猪粪用量的增加而增加。

植物生长可改变土壤养分、水分、pH、有机质等理化性质，并通过分泌根系物质招募特定的微生物类群，从而影响土壤中污染物的迁移转化。一些研究指出，根际土壤中抗生素（如磺胺嘧啶、二氟沙星）的消散速度比非根际土壤更快。作者研究证实（Wang et al.，2016），合理的蔬菜栽培加速土壤中抗生素的降解。例如，萝卜种植加速土壤中多西环素、诺氟沙星和环丙沙星的去除，种植萝卜 49d 后，土壤中的多西环素残留浓度比对照组降低了 48.39%；但青菜种植轻微地阻碍诺氟沙星的去除，种植青菜 49d 后，土壤中诺氟沙星的残留浓度比对照组增加了 4.8%。通过进一步对比青菜和萝卜土壤对不同碳源底物的利用能力发现，萝卜土壤对羧酸、酚酸类碳源的利用能力大幅高于青菜土壤。Huang 等（2017）对比四九菜心和粗薹菜心栽培土壤中环丙沙星的去除差异，发现四九菜心根际土壤中的环丙沙星去除率为 48.7%，显著高于粗薹菜心（39.4%）。同时，研究还发现，这两个品种根际微生物的碳源底物利用模式不同。种植黑麦草也可协同微生物促进土壤中抗生素的降解。总的来说，种植合适的植物将能帮助土壤增强抗生素去除能力，降低有机肥中残留抗生素对农产品安全和土壤健康的影响。

此外，施肥、耕作和水分管理也被证明可在一定程度上加速土壤中抗生素的降解。例如，徐秋桐等（2016）指出，翻耕促进土壤中磺胺二甲嘧啶的降解，干湿交替、长期湿润比长期干燥和长期潮湿土壤环境更有利于磺胺二甲嘧啶的去除。高养分土壤中磺胺二甲嘧啶的降解一般高于低养分土壤。

### 3. 土壤抗生素垂直迁移及其在植株中的累积

在实际生产中，施用有机肥易导致土壤中氟喹诺酮类抗生素的累积。作者采用田间微区土柱试验对恩诺沙星在土壤中的垂直迁移行为及其在植物中的累积进行了研究。水旱轮作土壤中，所有处理的抗生素均与有机肥混匀后作为基肥施用。水稻/蔬菜收获后，每个土柱分别采集 0～20cm、20～40cm、40～60cm 土层的土壤样品和植株样品。将土壤样品冷冻保存后，用于抗生素残留测定。微区土柱试验的地点、土壤类型及流程同 3.1.2 节所述的水稻和蔬菜微区试验。处理见图 3-17。

1）土壤中抗生素垂直迁移

由于有机肥用量、水旱轮作加速抗生素降解等，水稻土中抗生素的残留远低于菜田。每茬有机肥施用量为 4500kg/hm$^2$，有机肥中恩诺沙星残留浓度为 1～10mg/kg，晚稻收获后，稻田中仅发现恩诺沙星在表层土壤（0～20cm）累积，在20～40cm、40～60cm 深层土壤中均未检出恩诺沙星（表 3-31）。但在旱地土壤

（潮土）中，表层土壤中的恩诺沙星大量累积，恩诺沙星残留浓度随有机肥中抗生素浓度的增加而增加，而且恩诺沙星有明显的向下垂直迁移趋势，在20～40cm、40～60cm深层土壤均有检出（表3-32）。因此，应注意有机肥中抗生素残留对地下水的污染。

地点：绍兴；土壤类型：青紫泥；稻-稻；有机肥中恩诺沙星残留浓度：1mg/kg；10mg/kg；每茬有机肥施用量：4500kg/hm²　　　地点：宁波，土壤类型：潮土；毛豆-榨菜；有机肥中恩诺沙星残留浓度：1mg/kg；10mg/kg；每茬有机肥施用量：15000kg/hm²

图 3-17　田间微区土柱试验处理

表 3-31　稻田微区试验中稻谷和土壤中恩诺沙星的含量　（单位：μg/kg）

| 处理 | 表层土壤 |
| --- | --- |
| 有机肥（不外源添加） | 8.02b |
| 恩诺沙星 1mg/kg | 7.84b |
| 恩诺沙星 10mg/kg | 19.34a |

注：表中数据均基于干基测得。

表 3-32　蔬菜微区试验中不同深度土壤中的恩诺沙星含量　（单位：μg/kg）

| 处理 | 不同深度土壤中的含量 | | |
| --- | --- | --- | --- |
| | 0～20cm | 20～40cm | 40～60cm |
| 有机肥（不外源添加） | 15.9c | 1.5c | 0.2b |
| 恩诺沙星 1mg/kg | 53.9b | 5.9b | 0.3b |
| 恩诺沙星 10mg/kg | 416.4a | 66.8a | 33.4a |

注：表中数据均基于干基测得。

2）抗生素在植株中的累积

在实际生产中，伴随有机肥施用进入土壤中的抗生素在农产品中的累积较少。作者在微区试验中收获晚稻和榨菜样品，可食部分均未检测到恩诺沙星。另外，利用3.2.1节所述的有机肥长期定位试验，分析施用有机肥的情况下农作物中抗生素的累积情况。

结果显示，在连续 4 年施用有机肥的情况下，糯玉米、稻谷等农产品中也未检测到任何抗生素。虽然在田间试验中，在水稻籽粒、榨菜可食部分均未检测到恩诺沙星，但由于研究的作物品种、抗生素、土壤类型有限，并且土壤中抗生素的残留浓度有随有机肥施用年限增加而增加的现象。因此，长期监测有机肥施用土壤和农产品中的抗生素残留仍具有一定的意义。

事实上，农产品对不同抗生素的富集能力存在差异，蔬菜从土壤中吸收抗生素的现象亦不少见，如胡萝卜、莴苣、白菜、黄瓜等都能富集多种抗生素，包括二嗪农、恩诺沙星、氟苯尼考、甲氧苄啶等。在受金霉素污染的土壤上种植卷心菜和大葱，研究人员从中也检出金霉素。作者研究证实，在盆栽试验条件下，施用抗生素残留浓度 10mg/kg 的有机肥，诺氟沙星和磺胺甲噁唑在青菜与萝卜植株中均有累积，并且在萝卜中的累积浓度要高于青菜，二者累积浓度在 7.3～221.5μg/kg（Wang et al.，2016）。正辛醇/水分配系数的对数值（$\log K_{ow}$）常被用作评价化合物在水和有机质或生物脂肪之间分配的重要指标，可用于比较植物从土壤中吸收有机物的能力，也可用于预测抗生素在植物体内的传导方式。例如，多西环素的 $\log K_{ow}$ 较低，为–0.02；因此，植物吸收多西环素的能力有限。作者研究也证实，施用抗生素残留浓度为 10mg/kg 的有机肥时，在萝卜和青菜中未检出多西环素残留。有研究指出，植物根部是富集抗生素的主要部位，但这并不适用于所有抗生素。例如，虽然土霉素只能累积在小白菜的根系，但四环素和金霉素可以转移进入小白菜的叶片，并且叶片中的累积量大于根系。

### 3.2.3　抗生素对作物和土壤微生物的影响

#### 1. 兽用抗生素对农作物生长发育的影响

抗生素进入土壤会对农作物的生长发育产生一定的影响。抗生素对植物生长发育的作用存在浓度依赖性，通常表现出"低促高抑"的现象。不同类型抗生素的生态毒性差异较大，相同浓度下，磺胺类抗生素对藻类、萝卜、青菜等的毒性作用高于氟喹诺酮类和四环素类抗生素。作者利用盆栽试验对比了在 100mg/kg 的暴露剂量下，环丙沙星、四环素和磺胺间甲氧嘧啶对青菜生长的影响，结果发现，栽培 20d 后收获的青菜平均生物量表现为对照（135.37g）＞环丙沙星（78.18g）＞四环素（22.91g）＞磺胺间甲氧嘧啶（7.46g）。磺胺间甲氧嘧啶显著抑制盆栽土壤中青菜的生长（Ma et al.，2014）。同时，作者团队的研究发现（Wang et al.，2016），将抗生素残留浓度为 10mg/kg 的有机肥作为基肥与土壤混合，利用这种混合土壤种植萝卜和青菜，有多西环素残留的有机肥显著促进了盆栽条件下青菜的生长，而诺氟沙星和磺胺甲噁唑残留的有机肥却抑制青菜生长，其中，磺胺甲唑残留的有机肥对青菜和萝卜生长的抑制效用比其他抗生素更强。不同农作物品种对抗生素的敏感性存在差异，如青菜对磺胺甲噁唑胁迫的敏感性就强于萝卜（图 3-18）。玉米中的谷胱甘肽途径对金霉素有解毒作用，玉米生长不受金霉素处理的影响。总的来说，高浓度抗生素进入土壤会降低部分作物的产量，因此有机肥中抗生素的残留浓度，尤其是磺胺类抗生素的残留浓度，会在一定程度上影响有机肥对作物的增产效果。

CK      SMZ      SMZ      CK

青菜（对照）   青菜（SMZ暴露）   萝卜（SMZ暴露）   萝卜（对照）

图 3-18　磺胺甲噁唑（SMZ）对青菜和萝卜生长（28d）的影响

## 2. 抗生素对土壤微生物的影响

土壤微生物是土壤的重要组成部分，是评价土壤质量的生物学指标之一。土壤微生物群落结构和功能的变化可以在一定程度上反映土壤活力与质量，也与土壤生态系统平衡的维系密切相关。相较于土壤动物和植物，土壤微生物对抗生素等外源污染的胁迫更加敏感。

### 1）土壤微生物组成

抗生素影响土壤中可培养细菌、真菌和放线菌的数量，可诱导土壤从细菌主导型向真菌主导型转化。作者在青菜盆栽条件下，研究 100mg/kg 四环素和100mg/kg 磺胺间甲氧嘧啶进入土壤对细菌、真菌、放线菌数量的影响（Ma et al.，2014）。如表 3-33 所示，两种抗生素暴露均引起土壤细菌/真菌和放线菌/真菌两个比值的下降，诱导土壤从细菌主导型向真菌主导型转化，其中，四环素暴露下，土壤中细菌/真菌从 1011.43～1128.83 下降至 210.53～235.10，而土壤中放线菌/真菌从 147.43～564.42 下降至 22.54～105.26。相似地，一项在实验室开展的土壤培养试验结果也显示，在壤砂土和粉沙壤上施用添加 10mg/kg 磺胺嘧啶的粪肥，4d后土壤微生物群落向真菌主导型演化，细菌/真菌降低 76%～77%。真菌主导型土壤更容易引发各种土传病害，因此土壤从细菌主导型向真菌主导型转化是土壤地力衰退的标志之一。综上，高浓度抗生素污染有诱发土传病害发生、加速土壤地力衰退的风险。

表 3-33　不同抗生素对土壤中可培养微生物数量的影响

| 取样时间/d | 处理 | 细菌 /（$10^7$CFU/g） | 真菌 /（$10^4$CFU/g） | 放线菌 /（$10^6$CFU/g） | 细菌/真菌 | 放线菌/真菌 |
|---|---|---|---|---|---|---|
| 7 | CK | 2.51a | 2.48b | 3.66b | 1011.43 | 147.43 |
|  | TC | 1.92a | 8.17a | 1.84c | 235.10 | 22.54 |
|  | SMM | 0.58b | 3.46b | 5.84a | 168.58 | 168.58 |
| 20 | CK | 2.44a | 2.16b | 12.18a | 1128.83 | 564.42 |
|  | TC | 0.92b | 4.38a | 4.61b | 210.53 | 105.26 |
|  | SMM | 1.00b | 2.14b | 13.16a | 466.26 | 613.50 |

注：CK，无抗生素；TC，四环素污染土壤（100mg/kg）；SMM，磺胺间甲氧嘧啶污染土壤（100mg/kg）。

2）土壤微生物群落代谢功能

抗生素作为一种外源物质进入土壤，既可抑制也可促进土壤微生物的代谢活动。

在一定浓度范围内，抗生素刺激土壤微生物，诱导呼吸作用增强。这种现象非常普遍，其中，四环素类抗生素中的多西环素常被发现促进土壤微生物代谢。作者通过蔬菜盆栽试验发现，抗生素与有机肥混合施用，在残留浓度为 10mg/kg 的条件下，多西环素增加土壤微生物群落的代谢多样性（Wang et al., 2016）。微宇宙土壤培养试验结果也显示，在 10～20mg/kg 的供试浓度下，多西环素污染增加土壤微生物的代谢活力，提高微生物群落代谢的多样性。低生物毒性的抗生素可以成为土壤微生物的潜在利用底物，从而扩大土壤中可利用的底物谱，进而从一定程度上提高土壤微生物的代谢活性和多样性。另外，抗生素介导的土壤微生物代谢活性增强也可能是土壤微生物生态系统应对外界刺激的一种反应，是土壤启动自我修复的一种反馈机制。

抗生素抑制土壤微生物群落代谢多样性的现象也非常常见。例如，作者在盆栽试验中发现，四环素以 100mg/kg 的浓度进入栽有青菜的土壤（土壤类型为潮土）后，能在短时间内降低土壤细菌的结构多样性和丰富度，如对照土壤的 Chao1 指数和 Shannon 指数分别为 3036.9 和 6.301，而四环素污染土壤的 Chao1 指数和 Shannon 指数分别降低至 2882.55 和 6.263。

不同类型抗生素对土壤微生物群落代谢的影响存在差异。伴随有机肥施用，10mg/kg 的磺胺甲噁唑抑制土壤（土壤类型为小粉土）中微生物的代谢多样性；而相同条件下，10mg/kg 的多西环素增加土壤微生物的代谢多样性。相似地，如表 3-34 所示，添加 100mg/kg 四环素对青菜栽培土壤中微生物群落代谢的抑制作用随暴露时间的增加而减弱；相同浓度下，环丙沙星和磺胺间甲氧嘧啶对土壤细菌群落多样性的影响表现出延迟效应，抑制效应随暴露时间的增加而增强，并且磺胺间甲氧嘧啶暴露下土壤微生物的代谢多样性大幅降低，几乎一半以上的底物无法被磺胺间甲氧嘧啶及三者复合污染的土壤有效利用。

表 3-34　基于 α 多样性分析的不同土壤样本中的细菌丰富度和多样性指数

| 取样时间/d | 处理 | Chao1 指数 | Shannon 指数 | Simpson 指数 |
|---|---|---|---|---|
| 7 | CK | 3036.9bc | 6.301d | 0.006455a |
| | TC | 2882.55c | 6.263e | 0.006342a |
| | CIP | 3337.62a | 6.771a | 0.003234c |
| | SMM | 3177.67ab | 6.665b | 0.004890b |
| | AM | 3011.65bc | 6.529c | 0.004671b |
| 20 | CK | 3004.11ab | 6.735a | 0.003363d |
| | TC | 3092.66a | 6.716a | 0.003381c |
| | CIP | 3089.98a | 6.600c | 0.005281a |
| | SMM | 2840.05b | 6.574c | 0.004606b |
| | AM | 3143.32a | 6.640b | 0.003666c |

注：CK，无抗生素；TC，四环素污染土壤（100mg/kg）；CIP，环丙沙星污染土壤（100mg/kg）；SMM，磺胺间甲氧嘧啶污染土壤（100mg/kg）；AM，复合污染土壤（100mg/kg TC+100mg/kg CIP+ 100mg/kg SMM）。

　　土壤类型影响抗生素的微生态效应。例如，作者在微宇宙土壤培养条件下对比多西环素和磺胺二甲嘧啶暴露 3d 对两种类型土壤微生物群落代谢结构的影响，发现抗生素仅影响青紫泥中微生物的群落代谢结构，对小粉土的微生物群落代谢结构无明显影响。

　　抗生素对种植不同农作物的土壤的微生物群落代谢有不同影响，如在同一类型土壤（小粉土）中，种植萝卜时抗生素对土壤中微生物群落的影响比在种植小白菜时更短，这可能与种植萝卜的土壤中抗生素降解更快有关。

　　3）土壤耐药细菌

　　土壤是环境中抗生素的重要汇。抗生素对土壤微生物有多重影响，包括给微生物带来选择压力，诱发多种耐药细菌产生，促进抗性基因在微生物、植物和动物间表达与传播。抗生素对土壤微生物的选择压力在 ng/kg 水平即可发生。参考培养基体系中金黄色葡萄球菌的相关研究，多种抗生素在亚致死浓度水平上（低于 mg/L）即可调控金黄色葡萄球菌的关键基因，促进被膜形成。

　　作者利用青菜盆栽试验，分析 100mg/kg 的抗生素暴露下，土壤中抗生素耐药细菌数量的变化。如图 3-19 所示，抗生素的短期胁迫（7d）大幅增加土壤耐药菌数量，与对照相比，四环素处理使四环素耐药菌数量增加 416.7%；但随抗生素进入土壤时间的延长，在土壤自我恢复效应的作用下，耐药菌的数量逐步下降并恢复至正常水平。相比单一抗生素污染，复合抗生素污染更易导致土壤耐药细菌数量上升。

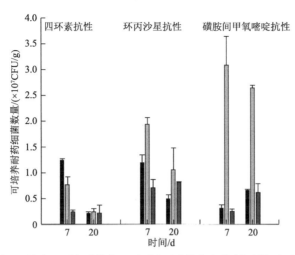

图 3-19 抗生素处理土壤中四环素耐药菌、环丙沙星耐药菌和磺胺间甲氧嘧啶耐药菌可培养数量
黑色柱表示单一抗生素污染土壤，灰色柱表示复合抗生素污染土壤，灰黑色柱表示对照土壤

相似地，Fang 等（2014）在实验室条件下，通过分析多次施用磺胺嘧啶和金霉素残留粪肥对土壤中抗生素耐药性的影响指出，土壤细菌群落对磺胺嘧啶和金霉素的耐药性随抗生素施用处理次数的增加而显著增加。

4）抗生素敏感/耐受土壤的微生物群落组成

有研究指出，重复多次施用磺胺嘧啶和金霉素残留猪粪，只会对土壤微生物群落的代谢多样性产生短暂的抑制，但能持久地改变土壤微生物群落结构。作者研究也证实，在青菜盆栽条件下，四环素、环丙沙星和磺胺间甲氧嘧啶暴露引起土壤细菌群落组成发生显著变化，并且响应抗生素暴露的土壤细菌类群存在一定的种群偏好性。如图 3-20 所示，因抗生素处理而丰度发生显著变化的细菌主要分布在变形菌门、放线菌门、厚壁菌门、酸杆菌门、装甲菌门、浮霉菌门、绿弯菌门。抗生素暴露 7d 时，土壤中有 3/4 受抗生素抑制的敏感菌是变形菌门的成员。

此外，土壤中受抗生素污染而丰度显著增加的耐药菌跟抗生素的种类密切相关。以暴露 7d 时采集的土壤样品为例，丰度显著增加的四环素耐药菌仅出现在变形菌门、厚壁菌门和放线菌门中，其中 50% 的丰度上调细菌属于变形菌纲。例如，相比无抗生素污染土壤，四环素污染土壤中黄色杆菌丰度大幅提高，而黄色杆菌在环丙沙星和磺胺间甲氧嘧啶土壤中并未检出。与四环素不同，大多数变形菌纲细菌的丰度并不因环丙沙星和磺胺间甲氧嘧啶进入土壤而显著增加。这可能是因为环丙沙星和磺胺间甲氧嘧啶耐药菌较少为变形菌纲的细菌成员，或者其不易因环丙沙星和磺胺间甲氧嘧啶产生耐药性。放线菌门细菌节杆菌在环丙沙星处理的土壤中大量富集，而该菌被发现可以利用 2-甲基喹啉。2-甲基喹啉与环丙沙星具有类似的化学结构，据此推测节杆菌是潜在的环丙沙星降解菌。磺胺耐药菌显然没有很明显的种群偏好性，分布比较广泛。

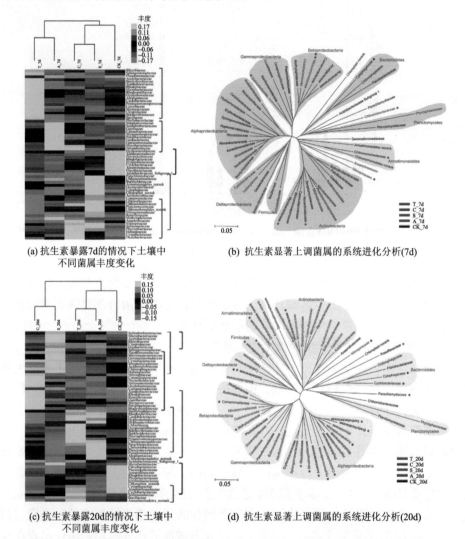

(a) 抗生素暴露7d的情况下土壤中
不同菌属丰度变化

(b) 抗生素显著上调菌属的系统进化分析(7d)

(c) 抗生素暴露20d的情况下土壤中
不同菌属丰度变化

(d) 抗生素显著上调菌属的系统进化分析(20d)

图 3-20　不同抗生素处理下土壤细菌群落的分层聚类分析和系统发育分析（科水平上）

T：四环素；C：环丙沙星；S：磺胺间甲氧嘧啶；A：三种抗生素复合；CK：无抗生素；7d：抗生素进入土壤7d；
20d：抗生素进入土壤20d

### 3.2.4　抗生素对土壤氮素循环的影响

#### 1. 抗生素对土壤氮素转化过程的影响

在农田生态系统中，抗生素作为一种外来物质，会扰乱土壤微生物的群落结构，促使土壤微生态发生变化。土壤氮素循环转化主要依赖于土壤微生物，因而土壤中的抗生素残留也会对土壤氮素转化产生一定的影响。作者在青菜盆栽条件下，采用土壤化学分析方法、MicroResp™ 方法和荧光定量 PCR（qPCR）测定不同处理下土壤基本养分指标、养分转化相关基因和土壤微生物代谢多样性，研究 100mg/kg 四环素、环丙沙星、磺胺间甲氧嘧啶单一和复合污染对土壤氮素转化的影响（Ma et al., 2014）。结果发现，抗生素对土壤总碳、总氮含量的影响不大，但会显著影响土壤氮的转化利用，不同抗生素处理下土壤氮形态变化差异明显。从不同处理养分转化功能基因（固氮基因 nifH；硝化基因 narG；反硝化基因 nirS、nirK；氨氧化基因 amoA；几丁质酶基因 chiA）丰度差异上看，几乎所有测定的养分转化功能基因（除固氮基因 nifH 外）的丰度均因抗生素的带入（7d）而产生不同程度的下降，表明土壤氮素转化细菌受抗生素的强烈抑制；但随暴露时间延长，抗生素的抑制作用减小。与单一抗生素污染相比，复合抗生素污染对氮素转化细菌的抑制效应更为持久。综上，抗生素会对土壤养分转化过程及其功能微生物产生显著影响，尤其是在多种抗生素共存的条件下，土壤微生态的自我恢复更慢，其影响更为持久。

目前，关于抗生素污染胁迫下氮循环转化过程的研究不少，包含多种类型的抗生素，如表 3-35 所示。

**表 3-35　抗生素污染胁迫下氮循环转化相关研究报道中涉及的抗生素**

| 氮循环过程 | 抗生素 |
| --- | --- |
| 固氮作用 | 青霉素钠、氨苄西林、土霉素、磺胺二甲嘧啶、恩诺沙星、磺胺间甲氧嘧啶 |
| 氨化作用 | 氨苄西林、四环素、土霉素、金霉素、磺胺嘧啶、磺胺二甲嘧啶、诺氟沙星、恩诺沙星、氧氟沙星、磺胺间甲氧嘧啶 |
| 硝化作用 | 青霉素、四环素、土霉素、金霉素、红霉素、罗红霉素、氯霉素、磺胺嘧啶、磺胺二甲嘧啶、磺胺甲噁唑、诺氟沙星、恩诺沙星、氧氟沙星、链霉素、磺胺间甲氧嘧啶 |
| 反硝化作用 | 土霉素、金霉素、泰乐菌素、磺胺嘧啶、磺胺二甲嘧啶、磺胺甲噁唑、环丙沙星、恩诺沙星、磺胺间甲氧嘧啶 |

1）固氮作用

固氮作用是固氮功能微生物在特定条件下将空气中的氮气转化为铵和其他含氮化合物的过程。参与固氮的功能微生物大多是原核生物，并且大多是细菌，包括自生固氮菌、共生固氮菌和联合固氮菌。固氮酶的活性通常采用乙炔还原法测定。大量关于固氮酶基因的研究都是通过测定编译铁蛋白的 nifH 基因来确定微生物的丰度和表达量。如表 3-36 所示，在实验室培养条件下的研究，大多报道抗生素对固氮作用的抑制作用，但在某些实际生产中，如青菜盆栽条件下，抗生素胁迫不一定能对土壤中的固氮微生物（nifH）造成明显影响，这在作者的研究中得到证明（Ma et al.，2014）。

**表 3-36　抗生素对固氮作用的影响**

| 类型 | 抗生素 | 浓度 | 对固氮作用的影响 | 方法 |
|---|---|---|---|---|
| $\beta$-内酰胺类 | 青霉素钠 | 10mg/mL、15mg/mL、20mg/mL | 抑制 | 纸片法 |
| | 氨苄西林 | 5μg/mL、50μg/mL、100μg/mL、300μg/mL | 不敏感 | 纸片法、普通培养法 |
| 四环素类 | 土霉素 | 0mmol/kg、0.05mmol/kg、0.2mmol/kg、0.8mmol/kg | $nifH$ 基因先降低后增加再降低 | 土壤染毒 |
| 磺胺类 | 磺胺二甲嘧啶 | 0mmol/kg、0.05mmol/kg、0.2mmol/kg、0.8mmol/kg | $nifH$ 基因先增加后降低 | 土壤染毒，恒温培养箱避光培养 |
| 氟喹诺酮类 | 恩诺沙星 | 0mmol/kg、0.05mmol/kg、0.2mmol/kg、0.8mmol/kg | $nifH$ 基因先降低后增加再降低 | 土壤染毒 |

### 2）氨化作用

氨化作用又称氮矿化作用，是有机氮化物在氨化菌的作用下分解转化为铵态氮（氨气等）的过程。土壤中的有机物需要经过氨化微生物的氨化作用转化成矿化氮才能被植物吸收利用。表 3-37 列举了抗生素对氨化作用的影响。不同类型抗生素对氨化作用表现出不同的影响，其中大部分表现为低浓度激发、高浓度抑制。

**表 3-37　抗生素对氨化作用的影响**

| 类型 | 抗生素 | 浓度/（mg/kg） | 对氨化作用的影响 | 方法 |
|---|---|---|---|---|
| $\beta$-内酰胺类 | 氨苄西林 | 50～400 | 抑制 | 富集培养 |
| 四环素类 | 四环素 | 0～20 | 铵态氮含量先增加后降低 | 培养箱恒温培养 |
| | 土霉素 | 0～200 | $apr$ 基因先增加后降低；高浓度下表现为抑制 | 土壤染毒；恒温培养箱培养 |
| | 金霉素 | 0～20 | 铵态氮含量先增加后降低 | 培养箱恒温培养 |
| 磺胺类 | 磺胺嘧啶 | 0.2～50 | 浓度越高，培养时间越长，抑制作用越强 | 室内好气培养，培养箱恒温培养 |
| | 磺胺二甲嘧啶 | 0～50 | $apr$ 基因先增加后降低 | 土壤染毒；培养箱恒温培养 |
| 氟喹诺酮类 | 诺氟沙星 | 0～20 | 铵态氮含量先增加后降低 | 培养箱恒温培养 |
| | 恩诺沙星 | 0～10 | $apr$ 基因先降低后增加再降低 | 土壤染毒；恒温培养箱培养 |
| | 氧氟沙星 | 0～200 | 激发效应，10mg/kg、25mg/kg 促进作用明显 | 恒温培养箱培养 |

3）硝化作用

硝化作用分为 2 个阶段：第一阶段是亚硝化过程，铵根离子在氨单加氧酶的作用下氧化成羟胺，然后在羟胺氧化还原酶的作用下氧化为亚硝酸根离子；第二阶段是硝化过程，即亚硝酸根离子在亚硝酸氧化还原酶的作用下氧化为硝酸根离子。这一过程所需要的酶对应的功能基因包括 amoA、hao 和 nxrA。对功能基因的丰度进行检测，可表征功能微生物的数量和丰度变化，并以此确定土壤系统中硝化作用的变化。表 3-38 列出了抗生素对硝化作用的影响。β-内酰胺类、四环素类和氟喹诺酮类在较高浓度时抑制硝化作用，低浓度时并无显著影响，甚至起促进作用。

表 3-38　抗生素对硝化作用的影响

| 类型 | 抗生素 | 浓度 | 对硝化作用的影响 | 方法 |
|---|---|---|---|---|
| β-内酰胺类 | 青霉素等 | 1～50mg/kg | 在茶园土上，随浓度变化不明显；在水稻土上，低浓度促进，高浓度抑制 | 恒温恒湿培养箱，土壤染毒 |
| 四环素类 | 四环素 | 1～200mg/kg | 抑制，高浓度较敏感，氨氧化细菌（AOB）、硝化细菌（NOB）丰度下降，amoA 和 16S rRNA 浓度水平下降 | OECD（2000）标准方法，温室盆栽，反应器模拟实验 |
| | 土霉素 | 10～200mg/kg | 抑制，低浓度无影响，高浓度降低 amoA 基因丰度 | 堆肥试验，反应器模拟实验 |
| | 金霉素 | 0.1μg/L、1μg/L、5μg/L | 抑制 | 厌氧反应器 |
| 大环内酯类 | 红霉素 | 50～200mg/kg | 抑制，AOB 和 NOB 完全失活 | 反应器模拟实验 |
| | 罗红霉素 | 0～500mg/kg | 抑制，AOB 和 NOB 呼吸速率下降 | 室内模拟实验 |
| 氯霉素类 | 氯霉素等 | 50～500mg/kg | 在茶园土上，不随浓度变化；在水稻土上，浓度越高，抑制越明显 | 室内模拟实验，土壤染毒 |
| 磺胺类 | 磺胺嘧啶 | 1～500mg/kg | 高浓度较敏感，抑制 AOB 生长 | 室内模拟实验 |
| | 磺胺二甲嘧啶 | 0～50mg/kg | 促进，氨氧化古菌（AOA）、AOB 上升，浓度越高，激活作用越明显 | 田间试验，培养箱恒温培养 |
| | 磺胺甲噁唑 | 0.1～10mg/kg | 抑制 AOB 代谢，浓度越高，抑制效果越强 | 反应器模拟实验 |
| 氟喹诺酮类 | 诺氟沙星 | 1～200mg/kg | 低浓度激活，高浓度抑制 | OECD（2000b）标准方法 |
| | 恩诺沙星 | 0.01～400mg/kg | 抑制 | 室内模拟实验，恒温培养箱 |
| | 氧氟沙星 | 0～200mg/kg | 低浓度激活，高浓度抑制 | 恒温培养箱培养 |

续表

| 类型 | 抗生素 | 浓度 | 对硝化作用的影响 | 方法 |
|---|---|---|---|---|
| 氨基糖苷类 | 链霉素 | 1～10mg/kg | 茶园土壤中，浓度越高，抑制越明显；水稻土，低促高抑，浓度越高，抑制作用越强，当达到50mg/L时，硝化过程被完全抑制 | 土壤染毒，室内模拟培养，好氧生物膜反应器实验 |

#### 4）反硝化作用

反硝化作用又称脱氮作用，是反硝化微生物将硝酸根还原为氮气的过程。反硝化中间过程的每一步都是由特定的酶独立完成的，分别为硝酸盐还原酶、亚硝酸盐还原酶、一氧化氮还原酶和氧化亚氮还原酶，相应地，分别由 *Nar*、*Nir*、*Nor* 和 *Nos* 基因来编码。土壤反硝化作用主要由生物反硝化主导。表 3-39 列出了抗生素对反硝化作用的影响，大多表现为高浓度抑制。

**表 3-39　抗生素对反硝化作用的影响**

| 类型 | 抗生素 | 浓度 | 对反硝化作用的影响 | 方法 |
|---|---|---|---|---|
| 四环素类 | 土霉素 | 0.05～2000μg/kg | *narG*、*nirS* 基因先降低后增加再降低，*nirK*、*nosZ* 基因先上升后下降；低、中浓度对 *nirS*、*nirK* 基因有促进作用，高浓度抑制 | 土壤染毒，恒温恒湿培养箱 |
|  | 金霉素 | 0.01～100μg/kg | 抑制，浓度越高，抑制作用越明显 | 厌氧摇瓶及反应器模拟实验，恒温培养箱培养 |
| 大环内酯类 | 泰乐菌素等 | 0～100μg/kg | 低浓度抑制，*nirK* 基因降低；高浓度促进，*nirK*、*nirS*、*nosZ* 基因升高 | 恒温培养箱培养 |
| 磺胺类 | 磺胺嘧啶 | 6～600μg/L | *nirK*、*nirS* 和 *nosZ* 基因先上升后下降 | 实验室模拟培养 |
|  | 磺胺二甲嘧啶 | 0～50μg/kg | *narG*、*nirS* 基因先增加后降低；*nirK*、*nirS*、*nosZ* 基因增加；浓度越高，激活越明显 | 土壤染毒，田间试验，恒温培养箱培养 |
|  | 磺胺甲噁唑 | 0.1～100μg/kg | 浓度越高，抑制越明显；低浓度无明显差异 | 厌氧摇瓶及反应器模拟实验，反应器模拟实验 |
| 氟喹诺酮类 | 环丙沙星 | 0～100mg/L | 无明显变化 | 厌氧摇瓶及反应器模拟实验 |
|  | 恩诺沙星 | 0mmol/kg、0.05mmol/kg、0.2mmol/kg、0.8mmol/kg | *narG*、*nirS* 基因随浓度增加呈先降低后增加再降低趋势 | 土壤染毒 |

## 2. 抗生素对土壤氧化亚氮排放的影响

氧化亚氮（$N_2O$）是一种重要的温室气体，也是平流层中主要的臭氧消耗物质之一。在过去的 40 年中，全球人类引起的 $N_2O$ 排放量增加了 30%，农业产生的 $N_2O$ 排放量贡献了高达 87% 的增长，其中，施肥产生的直接土壤排放是农业 $N_2O$ 排放量增加的主要来源。

土壤中 $N_2O$ 排放过程中涉及较多土壤微生物过程。抗生素作为一种杀菌剂，可对土壤中硝化、反硝化菌的代谢和繁殖产生影响，而 $N_2O$ 作为土壤氮循环的一个中间产物，与硝化、反硝化作用密切相关，因而土壤中残留的抗生素影响 $N_2O$ 排放。报道指出，环境抗生素污染在一定程度上加剧 $N_2O$ 产生，如金霉素、磺胺二甲嘧啶和磺胺甲噁唑等抗生素增加废水处理与沉积物中的 $N_2O$ 排放。Semedo 等（2018）通过土壤培养试验发现，向土壤中添加 1mg/kg 四环素可使 $N_2O$ 的排放量增加 12 倍。作者在盆栽试验条件下，对比 1mg/kg 和 10mg/kg 恩诺沙星污染土壤中的 $N_2O$ 排放情况，也发现土壤 $N_2O$ 排放通量和累积排放量随土壤中恩诺沙星浓度增加而增加（图 3-21）。抗生素胁迫下的 $N_2O$ 排放与抗生素对 $N_2O$ 还原微生物的影响密切相关，尤其是 II 型 *nosZ* 基因携带菌。作者研究发现，伴随有机肥进入土壤的恩诺沙星显著降低 *nosZ* 基因及 $N_2O$ 还原菌在土壤中的丰度，明显抑制土壤 $N_2O$ 还原，其中 II 型 *nosZ* 基因携带者对抗生素更为敏感。相似地，张敬沙（2018）的研究指出，四环素胁迫下 $N_2O$ 产量增加与 II 型 *nosZ* 基因丰度下降紧密相关，而 I 型 *nosZ* 基因丰度不受影响，其中携带 II 型 *nosZ* 基因的芽孢杆菌属（厚壁杆菌）和细菌杆菌属（三角变形杆菌）特别容易受到四环素的影响。

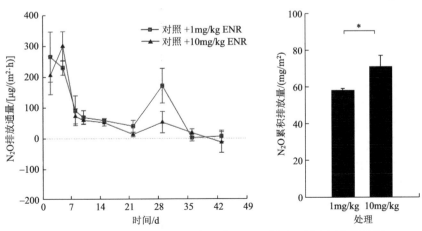

图 3-21　恩诺沙星（ENR）污染土壤 $N_2O$ 的排放通量和累积排放量

*表示在 $P<0.05$ 水平下显著

植物在陆地生态系统的抗逆、污染土壤自我净化和温室气体排放中具有重要的调节作用。合理的植物覆盖和作物管理可以提高土壤细菌群落与微生物氮循环基因对抗生素胁迫的耐受性,通过直接和间接作用增强土壤微生物 $N_2O$ 还原,缓解抗生素诱导的 $N_2O$ 累积。作者研究发现,种植蔬菜诱导土壤从 $N_2O$ 排放源转变为吸收库,萝卜栽培降低小粉土 $N_2O$ 排放的效果优于小白菜,同时种植萝卜减轻恩诺沙星对土壤 $N_2O$ 排放的影响,缓解恩诺沙星对 *nosZ* 基因携带者的抑制(图3-22)。

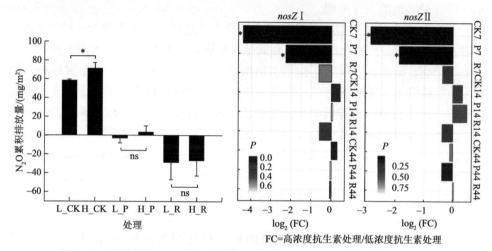

FC=高浓度抗生素处理/低浓度抗生素处理

图 3-22　种植植物对恩诺沙星污染土壤 $N_2O$ 排放和 *nosZ* 基因丰度的影响

种植处理:CK,对照;P,青菜;R,萝卜。恩诺沙星浓度:L,1mg/kg;H,10mg/kg。采样时间:7,7d;14,14d;44,44d。ns 表示无显著性差异;*表示在 $P<0.05$ 水平下显著

## 3.3　农田施用有机肥的氮素流失风险

### 3.3.1　水田施用有机肥的氮素流失效应

采用田间试验研究有机肥施用对径流水氮素流失的影响。试验共设 5 个处理:①对照(N0);②N 150kg/hm²(N150);③N 210kg/hm²(N210);④商品有机肥 3000kg/hm²+N 150kg/hm²(M+N150);⑤商品有机肥 3000kg/hm²+N 210kg/hm²(M+N210)。氮肥以尿素(N 46%)形式施入。磷肥、钾肥和有机肥均作为基肥一次性施入,其中,磷肥以过磷酸钙($P_2O_5$ 12%)形式施入,施用量为 630kg/hm²;钾肥以氯化钾($K_2O$ 60%[①])形式施入,施用量为 150kg/hm²;有机肥于移栽前一周施入,与耕层混匀。氮肥分基肥和追肥施用,分配比例分别为 60% 和 40%。

稻田径流主要受降雨强度等因素的影响。图 3-23 展示了水稻生长季稻田径流

---

① 表示氯化钾含量折算为 $K_2O$ 的含量。

水中 NH$_4^+$-N、NO$_3^-$-N 及总无机氮浓度的动态变化,其间,在移栽后第 26d 和第 50d 分别追施分蘖肥和穗肥。

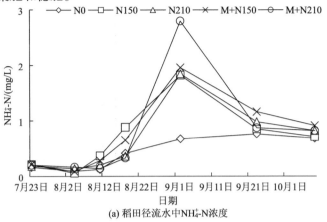

(a) 稻田径流水中NH$_4^+$-N浓度

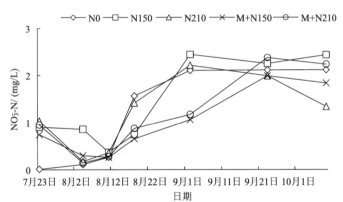

(b) 稻田径流水中NO$_3^-$-N浓度

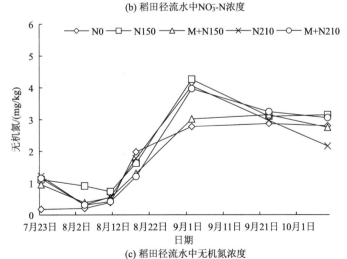

(c) 稻田径流水中无机氮浓度

图 3-23　施用有机肥对稻田地表径流水无机氮浓度的影响

由图 3-23 可知，在水稻生长期间，施用有机肥处理的稻田径流水中 $NO_3^--N$ 的浓度要低于相应的化肥处理，而 $NH_4^+-N$ 浓度在各处理间差异不明显。水稻生长前期，径流水中的无机氮主要以 $NO_3^--N$ 形式存在；水稻分蘖期，稻田径流水的 $NH_4^+-N$ 和 $NO_3^--N$ 浓度都有较大提高。随着分蘖肥的施入，移栽后 55d，径流水中无机氮的浓度增加。此后，随着时间推移，径流量和径流液中的无机氮浓度均下降。径流水中 $NO_3^--N$ 浓度的上升可能是搁田使得稻田环境由厌氧转为好氧，一部分 $NH_4^+-N$ 转化为 $NO_3^--N$，而 $NO_3^--N$ 很难被土壤矿物固持，极易随径流损失。从整个水稻生长季稻田径流水中无机氮浓度的动态变化看，增施有机肥能降低水稻生长前期稻田径流水中无机氮的浓度。与单施化肥的处理相比，有机无机配合施用下，稻田径流水中无机氮的浓度下降 2%～58.2%。在水稻生长后期，由于一部分有机氮源矿化，水中的可溶性氮浓度增加，有机无机配施处理的流失量有所增加。但从水稻全生育期稻田氮素的径流流失率来看（表 3-40），M+N150 处理为 0.70%，M+N210 处理为 0.82%，相应的化肥处理 N150 和 N210 分别为 0.85%和 0.88%，有机无机配合施用处理的流失率低于全化肥处理。

表 3-40    有机无机配施对稻田径流渗漏迁移无机氮损失的影响

| 处理 | 径流水 | | 渗漏水 | |
|---|---|---|---|---|
| | 流失量/（kg/hm²） | 流失率/% | 淋失量/（kg/hm²） | 淋失率/% |
| N0 | 0.87 | — | 1.97 | — |
| N150 | 2.15 | 0.85 | 3.91 | 1.29 |
| M+N150 | 2.35 | 0.70 | 3.99 | 0.96 |
| N210 | 2.72 | 0.88 | 4.82 | 1.36 |
| M+N210 | 2.09 | 0.82 | 4.90 | 1.08 |

注：—表示此处无数据，因为流失率和淋失率都是以 N0 为参照标准计算获得的。

稻田土壤渗漏水中，氮素的淋失形态以 $NO_3^--N$ 为主。从试验结果分析，渗漏水中 $NO_3^--N$ 浓度最高时达 3.06mg/L，为 N210 处理，出现在分蘖期，即第一次追肥后。试验条件下，前一茬作物种植油菜，冬、春季降水量少，土壤通透性状况较好，有利于土壤矿化和硝化作用的进行及 $NO_3^--N$ 的形成与积累，在种稻灌水后，这些可溶性氮极易随水下渗。渗漏水中 $NH_4^+-N$ 的浓度变化在水稻生长期不大，说明土壤中 $NH_4^+-N$ 的淋溶迁移较少，这主要是因为土壤对 $NH_4^+-N$ 具有很强的吸附和保持能力。

水稻追肥后，渗漏水中无机氮的浓度有不同程度的上升。对水稻生长期稻田土壤渗漏水中无机氮浓度进行动态监测（图 3-24），渗漏水中的无机氮浓度随着施肥量的增加而增加。N210 处理的无机氮浓度变幅为 0.96～5.21mg/L，N150 处理为 0.82～2.75mg/L。在水稻生长前期，化肥处理的渗漏水中无机氮浓度高于有机无机配合施用处理，化肥处理的无机氮浓度变幅为 1.67～5.21mg/L，有机无机配合施肥处理的无机氮浓度变幅为 1.06～5.01mg/L；在水稻生长中后期，化肥处理的渗漏水中无机氮浓度变幅为 0.82～1.72mg/L，有机无机配合施肥处理的渗漏水中无机氮浓度变幅为 0.98～1.87mg/L，略高于化肥处理。这可能是由于，在水稻生长前期，有机肥施入土壤后激发了土壤微生物的活性，有机物料在矿化过程中使部分无机氮转化成微生物态氮，从而减少了化肥氮的淋失；在水稻生长中后期，这部分被微生物固定的氮进一步转化为无机氮，从而增加了淋溶损失。从水稻全生育期稻田无机氮淋失率分析，M+N150 处理为 0.96%，M+N210 处理为 1.08%，相应的化肥处理 N150 和 N210 分别为 1.29% 和 1.36%（表 3-40），说明有机无机配合施用可降低无机氮的损失率。

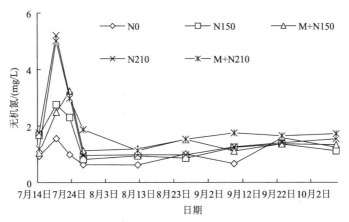

图 3-24　施用有机肥对稻田地下渗漏水中无机氮浓度的影响

　　硝态氮带负电荷，不能被土壤胶体吸附，因而极易发生渗漏损失，是农田土壤氮素损失的主要形式之一（俞巧钢等，2008）。本试验条件下，稻田水体中氮的损失以硝态氮为主，增施有机肥能降低水稻生长前期稻田水体中无机氮的浓度，部分施入的化肥氮源被土壤微生物利用而固持，可有效地减少氮素损失。在水稻生长后期，有机肥中的氮素能缓慢释放，增加了土壤中氮化合物的含量，稻田水体中的无机氮浓度有所增加。在相同施肥水平下，施用适量有机肥，可减轻土壤氮素损失，降低对地下水体的污染。

　　有机无机配施，可有效降低氮素的径流及淋溶损失。在施氮量 150kg/hm² 的基础上配施有机肥，氮素经田间径流的流失率由 0.85% 降至 0.70%，经渗漏的淋失率由 1.29% 降至 0.96%；当施氮量提高到 210kg/hm² 后，施用有机肥对减少氮素流失的效果不明显。这说明有机无机配施，即用一部分有机氮肥代替速效性的无机氮，可以减少土壤氮素流失，从而降低其对水环境的污染。

### 3.3.2　旱地施用有机肥氮素流失效应

通过旱地径流田间小区试验，探讨有机肥施用对土壤氮素流失的影响。供试油菜为浙江典型的油料作物品种'沪油 15'。设计如下处理：①N0，对照（不施肥）；②N10，施用尿素，施用量（以氮计）150kg/hm²；③N14，施用尿素，施用量（以氮计）210kg/hm²；④M10，尿素施用量（以氮计）90kg/hm²，有机肥施用量（以氮计）60kg/hm²，总施用量（以氮计）150kg/hm²；⑤M14，尿素施用量（以氮计）150kg/hm²，有机肥施用量（以氮计）60kg/hm²，总施用量（以氮计）210kg/hm²。

有机无机平衡配施，用有机肥氮素部分替代化肥氮，是当前农业生产上大力推广的施肥策略。与等氮量化肥处理相比，有机肥的施用降低了油菜地不同时期径流水中铵态氮和硝态氮的浓度，无机氮流失风险下降，径流水中的无机氮浓度在 2 月下降 6.5%～10.6%，在 3 月下降 7.5%～30.0%，在 4～5 月下降 1.9%～14.5%（表 3-41）。这是因为，有机肥中的氮素能缓慢释放，降低了土壤中硝态氮和铵态氮的含量（李世清和李生秀，2000）。

**表 3-41　不同处理下土壤径流水中的无机氮浓度** （单位：mg/L）

| 时间 | 处理 | 铵态氮 | 硝态氮 | 无机氮 |
|---|---|---|---|---|
| 2 月 | N10 | 0.30a | 5.11c | 5.40c |
|  | N14 | 0.39a | 6.64a | 7.03a |
|  | M10 | 0.26b | 4.58d | 4.83d |
|  | M14 | 0.32c | 6.25b | 6.57b |
| 3 月 | N10 | 0.49c | 0.85c | 1.34c |
|  | N14 | 1.01a | 1.39a | 2.40a |
|  | M10 | 0.41d | 0.83d | 1.24d |
|  | M14 | 0.54b | 1.14b | 1.68b |
| 4～5 月 | N10 | 0.20b | 0.34c | 0.54c |
|  | N14 | 0.32a | 0.51a | 0.83a |
|  | M10 | 0.21b | 0.32c | 0.53c |
|  | M14 | 0.32a | 0.39b | 0.71b |

从流失量和流失率分析（表 3-42），当施氮水平同为 150kg/hm² 时，采用有机肥替代部分化肥，无机氮的流失量降低 8.0%，流失率下降 0.19 个百分点；当施氮水平同为 210kg/hm² 时，无机氮流失量降低 16.5%，流失率下降 0.37 个百分点。这说明当施肥水平高时，采用有机肥替代部分化肥，更有助于减少土壤氮素流失，进而降低对河流水体的污染。

表 3-42 不同处理下土壤氮素流失量

| 处理 | 流失量/（kg/hm²） | | | | 流失率/% |
|---|---|---|---|---|---|
| | 2 月 | 3 月 | 4～5 月 | 合计 | |
| N10 | 1.86 | 0.99 | 0.38 | 3.23 | 1.93 |
| N14 | 2.42 | 1.79 | 0.59 | 4.80 | 2.12 |
| M10 | 1.67 | 0.92 | 0.38 | 2.97 | 1.74 |
| M14 | 2.26 | 1.25 | 0.50 | 4.01 | 1.75 |

如表 3-43 所示，等氮量下，有机肥施用显著增加了油菜的产量，M10 处理的产量比 N10 处理增加 8.2%，M14 处理的产量比 N14 处理增加 13.7%。

表 3-43 对油菜产量的影响 （单位：kg/hm²）

| 处理 | 产量 |
|---|---|
| N0 | 780.0e |
| N10 | 3607.5d |
| N14 | 4684.5b |
| M10 | 3904.5c |
| M14 | 5325.0a |

总的来看，采用有机无机配施策略，可有效减少养分流失，能在相同的施氮量下，使油菜的产量增加 8.2%～13.7%。有机氮部分替代无机氮后，有机肥的施入为土壤微生物提供了大量的碳源，使相当一部分氮被固定到微生物体内。在生育后期，油菜需要从土壤中吸收大量的氮素维持生长，这时单施化肥处理土壤溶液中的氮素浓度已较低，较难满足油菜生长对养分的需求，而以有机氮部分替代无机氮的处理，被微生物固定的氮可逐渐释放出来供油菜生长所用。在有机肥和无机肥配施比例合理的情况下，土壤 C/N 提高，微生物活动增强，对氮的固持作用增强，使得油菜生长前期氮素流失减少；到了油菜生育后期，土壤中的有效态氮含量降低，被微生物固定的氮素逐渐释放，可起到供肥均衡持久的效果，从而满足油菜各生育期对氮素的需求，保证油菜高产，同时也提高了氮肥利用率。

### 3.3.3 硝化抑制剂 DMPP 对有机肥氮素流失的调控

#### 1. DMPP 与有机肥配施对土壤铵态氮含量的影响

采用土壤好气培养方法，试验设置 5 个处理：①CK，不施肥土壤；②OF，土壤+7500mg/kg 有机肥；③OF+1% 3,4-二甲基吡唑磷酸盐（DMPP），土壤+7500mg/kg

有机肥+相对于有机氮素 1%的 DMPP；④OF+2%DMPP，土壤+7500mg/kg 有机肥+相对于有机氮素 2%的 DMPP；⑤OF+3%DMPP，土壤+7500mg/kg 有机肥+相对于有机氮素 3%的 DMPP。其中，有机肥含氮量为 1.58%，每个处理设置 3 个重复。

从总体上看，随着培养时间延长，各个处理土壤中的铵态氮含量呈现先增加后逐渐减少最后趋于平稳的动态变化过程（图 3-25）：14d 时，施肥处理的土壤铵态氮含量达最高峰值；14～21d 时，土壤铵态氮含量快速下降；21d 后，土壤铵态氮含量保持稳定。整个培养过程中，CK 处理的土壤铵态氮含量保持稳定，无明显变化；单施有机肥处理的土壤铵态氮含量高于 CK；添加 DMPP 后，土壤铵态氮含量明显高于单施有机肥的处理，并且其随着 DMPP 用量的增加而增加，当 DMPP 用量达到 3%时，培养 14d 时，土壤中的铵态氮含量最高，达到 66.8mg/kg，但与 2% DMPP 用量下的差别不显著。值得注意的是，3% DMPP 用量处理下，培养 21d 时，土壤铵态氮含量仍相对较高，直至 28d 时才与其他处理接近，说明 3% DMPP 处理下土壤铵态氮维持较高浓度的时间较长，其硝化过程的结束时间较其他处理推迟一周。

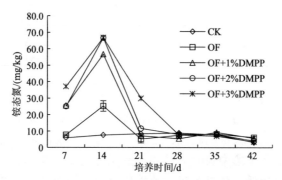

图 3-25　不同 DMPP 添加水平对土壤铵态氮含量的影响

有机肥施入土壤后，随着培养时间延长，有机氮素逐渐被矿化分解形成有效态氮。同时，有机物料的投入也会诱导产生激发效应，引起土壤中原有稳定态氮素的矿化，这些新形成的带正电荷的铵态氮易被土壤黏粒矿物固定吸附。DMPP 抑制氨氧化细菌的活性，使得铵态氮不能被及时氧化为硝态氮，受此影响，土壤中的铵态氮不断积累。因此，培养前期施加 DMPP 处理的土壤铵态氮含量急剧上升。有机肥为土壤中的微生物提供了充足的碳源和氮源，14d 后，土壤微生物大量繁殖，氨氧化细菌的数量也随之增加，但 DMPP 的抑制活性却逐渐下降，铵态氮不断被氧化，含量逐渐降低，28d 后，施加抑制剂处理的土壤铵态氮含量降低到与仅施有机肥的 OF 处理相近的水平。

## 2. DMPP 与有机肥配施对土壤硝态氮含量的影响

由图 3-26 可知，整个培养期间，硝态氮的动态变化趋势与铵态氮相反。随着培养时间延长，土壤中的硝态氮含量先下降后上升最后保持稳定。14d 前，土壤硝态氮含量呈下降趋势，至 14d 时到达波谷；14~21d，土壤硝态氮含量逐渐上升，21d 后趋于稳定，并且各处理间的差异不断缩小。前 14d 土壤中的硝态氮含量降低，可能是有机肥中含有大量的有机质，使得土壤中的硝态氮产生了较强的反硝化作用，硝态氮通过气态途径损失（Kim et al., 2008；孙志梅等, 2008；Carrasco and Villar, 2001）。同时，由于 DMPP 有效地抑制了铵态氮氧化为硝态氮，土壤中的硝态氮难以大量形成，致使土壤硝态氮含量降低。14d 后，DMPP 的作用活性减弱，铵态氮逐渐被氧化为硝态氮，土壤中的硝态氮得以补充，并且补充量大于损失量，硝态氮含量逐渐增加，在后期与不施抑制剂的 OF 处理达到相近水平。

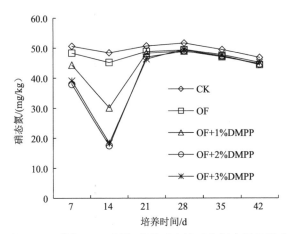

图 3-26　不同 DMPP 添加水平对土壤硝态氮含量的影响

各处理间比较，CK 处理的土壤硝态氮动态变化较为平稳；单施有机肥的 OF 处理与 CK 的变化趋势相同，但其硝态氮含量略低，说明施用有机肥会降低土壤中的硝态氮含量，可能与有机质易引起硝态氮反硝化有关；添加 DMPP 的 3 个处理的土壤硝态氮含量低于 CK 处理和单施有机肥的 OF 处理，并且差异显著，随着 DMPP 施用量的增加，土壤中的硝态氮含量不断减少，但是 3%DMPP 与 2%DMPP 用量间的差异不显著。

## 3. DMPP 与有机肥配施对土壤亚硝态氮含量的影响

由图 3-27 可知，随着土壤培养时间延长，CK 处理的亚硝态氮含量逐渐降低，至 21d 时降到最低水平，之后逐渐上升，28d 后保持稳定；施用有机肥的 OF 处理的土壤亚硝态氮含量明显高于其他处理，7～14d，随着培养时间延长，土壤亚硝态氮含量逐渐增加，至第 14d 时亚硝态氮含量达到最大值，之后亚硝态氮含量逐渐降低，28d 后趋稳。与 OF 相比，添加 DMPP 的 3 个处理的土壤亚硝态氮含量明显降低，14d 时出现波谷，此时 OF+1%DMPP、OF+2% DMPP、OF+3% DMPP 处理的土壤亚硝态氮含量分别相当于 OF 处理的 42.1%、45.1%、45.6%，14d 后这 3 个处理的土壤亚硝态氮含量逐渐上升，至 21d 出现峰值，28d 后保持平稳。各处理中，CK 处理的亚硝态氮含量最低，而单施有机肥处理的亚硝态氮含量最高，这说明有机肥中的有机质会增加土壤中的亚硝态氮含量（崔敏等，2006）。也就是说，高有机质环境下，存在潜在的亚硝酸盐积累风险，对土壤和水体生态系统健康可能会有一定的影响。

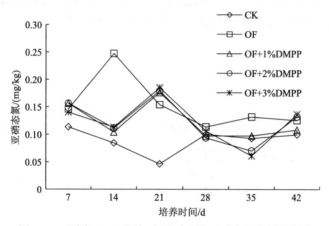

图 3-27　不同 DMPP 添加水平对土壤亚硝态氮含量的影响

由于铵态氮的氧化受到抑制，硝化作用的中间产物亚硝态氮的含量也随之降低，但是与铵态氮和硝态氮相比，亚硝态氮的含量极低，对土壤中氮素的动态变化贡献量不大。亚硝态氮作为硝化作用的中间产物，化学性质极不稳定，不能作为稳定形态的产物长时间存在于土壤，形成的亚硝态氮很快会在亚硝酸氧化细菌的作用下转化为稳定的硝态氮。因此，亚硝态氮不是施用有机肥后土壤中氮素存在的主要形态。

### 4. DMPP 与有机肥配施对土壤表观硝化率的影响

表 3-44 为土壤培养各阶段铵态氮的表观硝化率。整个培养阶段，CK 的表观硝化率水平一直很高；添加有机肥的 OF 处理的表观硝化率较 CK 有所下降，这表明有机物料的投入对铵态氮的硝化有一定的抑制作用；添加 DMPP 的三个处理，铵态氮的表观硝化率在 21d 内发生降低，并且随着 DMPP 用量的增加，铵态氮的表观硝化率不断降低，尤其是在 14d 时，表观硝化率的降低最为明显。与仅施有

机肥的 OF 处理相比，14d 时，OF+1% DMPP、OF+2% DMPP、OF+3% DMPP 处理的表观硝化率分别降低了 45.80%、65.98%、66.34%，差异显著；21d 后，与 OF 处理相比，添加 DMPP 的 3 个处理的铵态氮表观硝化率无明显差异。这说明，在本试验条件下，DMPP 对氮素硝化抑制作用的持效期在 21d 左右，14d 时效果最佳，21d 后效果变化不明显。OF+1% DMPP 处理与 OF+2% DMPP 处理的表观硝化率差异显著，在 21d 内，当 DMPP 用量从 1%提高到 2%时，铵态氮表观硝化率降低了 5.21%~37.23%；但当 DMPP 用量从 2%提高到 3%时，铵态氮表观硝化率只降低了 1.06%~24.10%。综合考虑经济效益和抑制效果，试验条件下的 DMPP 用量以有机肥中氮素含量的 1%~2%较为适宜。

表 3-44　抑制剂添加水平对土壤表观硝化率的影响　　（单位：%）

| 处理 | 不同时间的表观硝化率 | | | | | |
|---|---|---|---|---|---|---|
| | 7d | 14d | 21d | 28d | 35d | 42d |
| CK | 89.26 | 86.15 | 85.67 | 85.14 | 86.12 | 93.55 |
| OF | 85.84 | 63.87 | 90.08 | 86.52 | 84.87 | 87.42 |
| OF+1%DMPP | 63.32 | 34.62 | 86.79 | 89.78 | 83.32 | 88.37 |
| OF+2%DMPP | 60.02 | 21.73 | 79.87 | 85.66 | 85.28 | 91.39 |
| OF+3%DMPP | 51.19 | 21.50 | 60.62 | 86.33 | 86.97 | 92.64 |

### 5. DMPP 与有机肥配施对土壤无机态氮总量的影响

有机态氮素在土壤中的矿化是一个复杂而又漫长的过程，受到土壤温度、湿度、pH、微生物和有关酶活性等因素的综合影响。表 3-45 为土壤培养各阶段无机态氮含量的变化。整个培养过程中，各处理的无机态氮含量呈现先升高后降低的趋势，14d 左右无机态氮含量最高，之后逐渐下降，至 42d 培养结束时，各处理的无机态氮含量低于培养初期，这说明短期内随着培养时间延长，土壤中无机态氮含量呈现出净损失的趋势。结合硝态氮的动态变化分析可知，这可能是，随着土壤中硝化反应的进行，硝态氮得到积累，在高有机质含量的条件下，硝态氮产生了较强的反硝化作用（Kim et al.，2008；Oguz et al.，2006），造成土壤中总无机态氮的损失。此外，由于高 C/N 有机肥的投入引起了部分土壤微生物对土壤中有效态氮素的固定，土壤中的无机态氮含量下降。CK 处理下，各培养阶段无机态氮总量变化不明显。OF 处理下，加入有机肥后产生的正激发效应引起土壤中原有有机质的矿化，造成 14d 时无机态氮含量有所增加，但 14d 后的无机态氮总量低于 CK 处理，这证明施加有机肥后在短期内会引起土壤无机态氮含量的下降，生产实践中应注意有机无机配合施用。添加 DMPP 的 3 个处理，14d 时无机态氮含量明显高于 CK 与 OF 处理，这是由于 DMPP 抑制了土壤中的铵态氮转化为硝态氮，从而降低了硝态氮通过反硝化途径的氮素损失，其中，OF+1% DMPP 处理无机态氮含量的增加量高于另外 2 个处理（OF+2% DMPP 和 OF+3% DMPP）。与 OF+1% DMPP 及 OF+2% DMPP 相比，28d 前，OF+3% DMPP 处理的无机态氮含量始终维持在相对较高水平，说明在施用有机肥的条件下，较高用量的 DMPP 有利于无机态氮在土壤中的停留。42d 培养结束后，OF+1% DMPP 处理的土壤无机态氮损失量低于 OF+2% DMPP 和 OF+3% DMPP 处理，说明施用有机肥的条件下，短期内添加 1% DMPP 更有利于降低土壤中无机态氮的损失。

表 3-45　DMPP 添加水平对土壤无机态氮含量的影响（单位：mg/kg）

| 处理 | 不同时间土壤无机态氮含量 | | | | | |
|---|---|---|---|---|---|---|
| | 7d | 14d | 21d | 28d | 35d | 42d |
| CK | 56.69 | 56.17 | 59.16 | 60.64 | 57.41 | 49.97 |
| OF | 56.24 | 70.66 | 54.18 | 56.98 | 55.70 | 50.74 |
| OF+1%DMPP | 69.96 | 86.95 | 55.60 | 54.51 | 56.41 | 50.58 |
| OF+2%DMPP | 63.13 | 84.29 | 58.79 | 57.01 | 55.52 | 48.65 |
| OF+3%DMPP | 76.26 | 85.25 | 76.36 | 57.34 | 54.82 | 48.69 |

综合铵态氮、硝态氮和亚硝态氮的动态变化，可以看出，施加 DMPP 的处理明显增加了土壤中铵态氮的含量，降低了硝态氮和亚硝态氮的含量。这证明，在施用有机肥的条件下，DMPP 对土壤中的硝化作用有一定的抑制作用。由铵态氮含量迅速升高，而亚硝态氮和硝态氮含量有所下降的结果可以看出，DMPP 主要是通过抑制硝化反应的第一步，即抑制铵态氮转化为亚硝态氮发挥作用的。已有部分研究证明，DMPP 主要是通过抑制氨氧化细菌的活性来抑制铵态氮氧化为亚硝态氮的，但其具体的生化作用机理还有待进一步研究。本试验条件下，DMPP 的最佳抑制效果出现在 14d 左右，施加 DMPP 处理的土壤铵态氮含量比不添加 DMPP 的处理高出 2～3 倍，硝态氮含量降低 50%～67%，可有效降低硝态氮被淋洗的风险，从而减少硝酸盐对地下水体的污染，提高植物对氮素的利用率。这与 Carrasco 和 Villar（2001）得出的结论一致，他们的研究发现，向猪粪中添加 DMPP，可以有效地增加植物对氮素的利用率，与单纯施用猪粪相比，添加 DMPP 后，植物体对氮素的吸收增加了 11%。

随着 DMPP 用量的增加，其对土壤中硝化作用的抑制效果增强。这可能是由于，当 DMPP 用量增加时，单位体积土壤内的 DMPP 数量增多，DMPP 与土壤中氨氧化细菌的接触面积增大，可以更有效地抑制氨氧化细菌的活性。然而，这一效果并不是无限增加的。Barth 等（2008）发现，当 1kg 土壤中的 DMPP 用量达到 7mg/kg 时，硝化抑制效果不再增加。本试验条件下，当 DMPP 的用量由 2%增加到 3%时，土壤铵态氮的含量不再明显增加，说明其对施用有机肥后土壤中硝化作用的抑制效果不再明显增加。

### 6. DMPP 与有机肥配施对土壤氮素渗漏损失的影响

采用盆栽试验研究有机肥添加抑制剂（DMPP）对土壤氮素渗漏损失的影响。试验共设计 5 个处理：①CK，不施肥；②U，常规尿素；③DU，DMPP+尿素；④MU，有机肥+尿素；⑤MDU，有机肥+尿素+DMPP。每个处理重复 4 次。将肥料一次性施入土壤表层，7d 后种植苋菜苗，每个处理种植 4 株苋菜。试验在温度为 18~22℃的人工气候室内进行。

1）对土壤铵态氮淋失的影响

铵态氮容易被土壤黏土矿物的晶格固定，不易随水流发生流失。如图 3-28 所示，在第 5d 时，渗漏水中铵态氮的浓度较高，这主要是施肥后肥料中的氮快速转化为铵态氮，土壤中的铵态氮浓度较高，可能超过了土壤对铵态氮的饱和吸附能力，致使铵态氮发生部分淋溶。淋溶液中的铵态氮浓度总体表现为添加抑制剂的处理高于相应未添加抑制剂的处理。15d 后，土壤铵态氮浓度逐渐下降，添加抑制剂的处理与未添加抑制剂的处理淋溶液中的铵态氮浓度差异不显著。

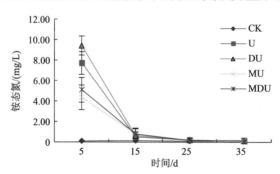

图 3-28　渗漏水中铵态氮的浓度变化

2）对土壤硝态氮淋失的影响

硝态氮带负电荷，不容易被土壤颗粒吸附，极易随水流发生迁移流失。从图 3-29 可知，在第 5d 之前，土壤中的氮素大部分未转化为硝态氮，各处理的硝态氮淋失浓度差异不大。第 15d 时，硝态氮淋溶浓度达到高峰，常规尿素处理的硝态氮浓度达 15.08mg/L，有机肥处理的硝态氮浓度达 6.90mg/L，而添加抑制剂的尿素和有机肥处理的硝态氮浓度分别为 8.93mg/L 和 4.82mg/L，分别较相应的未添加抑制剂的处理降低 40.8%和 30.1%。在 35d 内，添加抑制剂处理的硝态氮浓度均低于未添加抑制剂的处理，这说明抑制剂可有效降低硝态氮的淋溶损失。

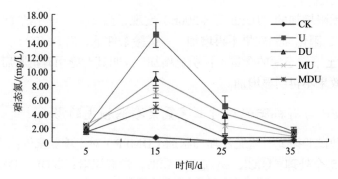

图 3-29　渗漏水中硝态氮的浓度变化

3）对土壤亚硝态氮淋失的影响

从图 3-30 可知，在第 5d 时，亚硝态氮的浓度最高，常规尿素和有机肥处理的亚硝态氮浓度分别为 11.72mg/L 和 10.38mg/L，而添加抑制剂处理的常规尿素和有机肥，其亚硝态氮浓度分别为 6.00mg/L 和 4.49mg/L，分别较相应的未添加抑制剂的处理降低 48.8%和 56.7%。第 5～第 25d，渗漏水中的亚硝态氮浓度逐渐下降，第 25～第 35d，各施肥处理的亚硝态氮浓度与不施肥处理相近，说明土壤中的硝化反应在 25d 内基本完成。

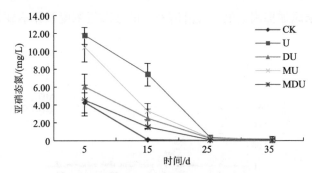

图 3-30　渗漏水中亚硝态氮的浓度变化

4）对土壤无机氮淋失的影响

从表 3-46 可以看出，无机氮的淋失主要发生在前 15d。15d 内，常规尿素处理渗漏水中的无机氮浓度为 21.40～22.95mg/L，有机肥处理的浓度为 10.98～17.11mg/L；添加抑制剂处理后，渗漏水中的无机氮浓度明显下降，DMPP+尿素处理渗漏水中的无机氮浓度为 12.01～17.18mg/L，有机肥+尿素+DMPP 处理的浓度为 7.07～10.93mg/L。在前 15d，与未添加抑制剂的处理相比，渗漏水中的无机氮浓度分别下降了 19.7%～47.7%和 35.6%～36.1%。

表 3-46 渗漏水中的无机氮浓度 （单位：mg/L）

| 处理 | 不同时间的无机氮浓度 | | | |
| --- | --- | --- | --- | --- |
| | 5d | 15d | 25d | 35d |
| CK | 5.77 | 0.81 | 0.10 | 0.35 |
| U | 21.40 | 22.95 | 5.47 | 1.54 |
| DU | 17.18 | 12.01 | 4.32 | 1.19 |
| MU | 17.11 | 10.98 | 2.59 | 1.09 |
| MDU | 10.93 | 7.07 | 0.76 | 0.66 |

从图 3-31 可以看出，添加抑制剂后，无机氮的淋失量下降。常规尿素和有机肥添加抑制剂后，无机氮的淋失分别减少了 32.4%和 38.9%，这可能是因为添加抑制剂延缓了铵态氮向硝态氮的转化，土壤中的铵态氮含量增加，减少了无机氮素随水流运动发生的淋溶损失。

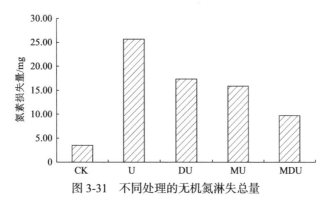

图 3-31 不同处理的无机氮淋失总量

# 3.4 农田施用有机肥的抗生素抗性基因扩散风险

## 3.4.1 土壤抗生素抗性基因

ARGs 是自然且古老的，不依赖于抗生素时代的到来，由自然界中的微生物应对竞争和逆境而产生的。学者认为，抗生素时代之前的水平基因转移是任何种属细菌间的双向转移，抗生素的应用所形成的选择压力则可能打破这种双向转移的平衡，增加其在耐药菌中的转移，从而加速抗生素耐药性的发生和扩散。另外，ARGs 的古老和自然特性亦让科学家关注到前抗生素时代在整个 ARGs 起源和进化中的重要性，包括生物间相互关系的改变。总的来说，人类活动和自然环境变化都会影响环境 ARGs 及其宿主的组成、分布和分子特征，而这种变迁进化可能在一定程度上又加剧了抗生素耐药性危机。

　　土壤连接微生物、植物和动物,是地球上与人类生存和健康联系最为密切的生态系统之一,同时也是最大的 ARGs 储存库。其中,农田土壤与人类抗生素耐药性的关联最为密切,受人为干扰也较为频繁。人类施用畜禽粪有机肥、沼液、污泥、农药等,一方面可能通过外源带入或形成选择压力等增加 ARGs 丰度,另一方面外源碳源、养分等的输入也可改变土壤微生物群落结构,促进土壤中耐药菌和 ARGs 数量增加。随后,生长在土壤中的植物及其叶际、内生微生物从土壤中获得 ARGs,这些 ARGs 及其宿主进一步通过食物链进入人类和动物,同时亦可随农产品加工、保存和运输在全球范围内传播扩散。

　　施肥是维持和提升土壤生产力最有效的方式之一。近年来,随有机肥替代化肥行动的推进,有机肥在农田中的应用越来越广泛。通过施肥方式进入农田系统的有机肥对农田土壤的 ARGs 数量和丰度产生一定的影响,也是农田土壤 ARGs 累积的主要原因。冉继伟等(2022)收集 2000~2020 年发表的文献,通过整合分析研究施肥对农田土壤 ARGs 的影响,发现与不施肥相比,有机肥施用显著增加了土壤中 ARGs 的数量和相对丰度,增幅分别达 110% 和 91%,而施用化肥整体上与不施肥无显著差异。Knapp 等(2010)收集了荷兰 5 个地区跨度长达 68 年(1940~2008 年)的施用过粪肥的农田土壤样品,发现所有 ARGs 丰度皆随时间呈递增趋势,特别是四环素类 ARGs 丰度的增幅在 1970~2008 年上涨了 15 倍以上。除了土壤微生物,向种植生菜的农田土壤中施用含有抗生素的粪肥 65d 后,生菜及蚯蚓中的 152 种 ARGs 的整体水平也可显著增高。

　　有机肥对土壤 ARGs 的影响受到气候、ARGs 类型、施用年限、pH、有机肥类型等诸多因素的干扰。施肥对土壤中 ARGs 的影响在不同气候带下有所差异,如施肥介导的亚热带地区农田土壤中 ARGs 相对丰度的增幅是暖温带地区的 2.6 倍,这可能和与气候密切相关的微生物区系有关联。施肥的影响在不同 ARGs 类型之间存在差异,如施用有机肥的土壤中磺胺类、多重耐药类和大环内酯类 ARGs 相对丰度的增幅显著高于氟喹诺酮类、四环素类和氨基糖苷类。不同土壤类型下,微生物的群落结构不同,也可导致有机肥施用对 ARGs 的影响不同,这可能与有机肥引入的耐药细菌与土壤土著微生物之间的竞争有关。Parente 等(2019)报道了施用年限对 ARGs 的影响,指出施用家禽粪便长达 30 年的土壤中的 ARGs 相对丰度显著高于施用家禽粪便 1 年的土壤。pH 是影响土壤微生物群落结构和多样性的重要因素,同时也会影响土壤 ARGs。一般来说,有机肥施用下酸性土壤中 ARGs 数量的增幅高于碱性土壤。有研究指出,在酸性土壤条件下,有机肥中残留的抗生素对微生物有选择作用,可促使土壤中耐药细菌和 ARGs 增殖传播。

　　环境 ARGs 污染在一定程度上增加了人类病原菌获得耐药性的风险。因此,管理和维护土壤,特别是有机肥施用农田土壤耐药基因组(耐药组)的平衡和健康具有重要意义。

### 3.4.2　施用有机肥对水旱轮作稻田中 ARGs 的影响

水旱轮作是亚洲各国普遍采用的稻田耕作制度，也是我国南方主要的耕作制度之一。受频繁的干湿交替、厌氧和好氧环境转变、水热及氧化还原条件强烈变化的影响，水旱轮作系统土壤微生物群落结构与其他湿地或旱地种植系统有所不同。作者以周期性干湿交替环境——水旱轮作稻田为研究对象，开展不同有机肥施用下土壤 ARGs 变化的研究，对正确认识和控制稻田土壤 ARGs 的扩散具有重要意义。

#### 1. 试验设计

利用水旱轮作下的有机肥长期定位试验，研究分析连续 2 年不同有机肥用量对稻田土壤中部分 ARGs 相对丰度和土壤微生物群落的影响，量化 5 种四环素类 ARGs（$tetA$、$tetB$、$tetC$、$tetG$ 和 $tetW$）、2 种磺胺类 ARGs（$sul1$ 和 $sul2$）和 1 种遗传元件（$intI1$）的变化，并探讨成因。

田间试验点位于浙江省绍兴市越城区孙端镇某试验农场，该地属亚热带季风气候，年平均气温为 18.1℃，年平均降水量为 1200～1400mm。有机肥中含有 131.2mg/kg Cu、309.5mg/kg Zn、122.3mg/kg Pb、42.2mg/kg As、24.27mg/kg 金霉素、0.24mg/kg 磺胺嘧啶和 0.26mg/kg 甲氧苄啶。试验共设置 5 个处理：①CK，不施肥；②CF，全化肥；③M1，施有机肥 2250kg/hm$^2$；④M2，施有机肥 4500kg/hm$^2$；⑤M3，施有机肥 9000kg/hm$^2$。每个处理设置 3 个重复，每个小区面积为 15m$^2$，各小区随机排列。

试验自 2013 年 7 月开始，至 2014 年 12 月结束，轮作模式为水稻-小麦-水稻，共种植 3 季。有机肥作为基肥在每季作物种植前与耕层土壤混施。试验结束后，每个小区采集 3 个以上的表层（0～20cm）土壤样品混合为一个样品。用于 DNA 提取和 ARGs 分析的土壤样品在-20℃下储存。新鲜样品采集后立即进行 MicroResp™分析。

#### 2. 稻田土壤 ARGs 和微生物群落代谢模式变化

与不施肥的对照相比，全化肥施用对水旱轮作模式下稻田土壤中 ARGs 丰度的影响很小，甚至没有影响。有机肥施用可增加稻田土壤中 ARGs 的相对丰度，并且其增幅与施肥量有关。对于连续施用 2 年有机肥后的水稻土壤，高用量（9000kg/hm$^2$）有机肥处理的 ARGs 丰度显著高于其他处理，是不施肥处理组（CK）的 37.8 倍，而中、低用量有机肥处理（M2、M1）土壤中 ARGs 的丰度虽略有增加，但并不强烈[图 3-32（a）]。利用主成分分析（PCA）研究不同处理的 ARGs 组成分布，结果见图 3-32（b），各处理中，仅施用 9000kg/hm$^2$ 有机肥土壤的 ARGs 组成分布与不施肥（CK）、全化肥（CF）处理的土壤存在显著差异，9000kg/hm$^2$

有机肥处理（M3）主要增加了土壤中磺胺类抗性基因 *sul1*、*sul2*，四环素类抗性基因 *tetA*、*tetG* 和 *tetW*，以及整合子基因 *intI1* 的相对丰度。

将有机肥施用量从 4500kg/hm² 提高到 9000kg/hm²，几乎所有检测到的 ARGs 的相对丰度都急剧增加，但采用 MicroResp™ 方法分析不同土壤微生物群落水平生理特征谱（CLPP）发现，M2 与 M3 处理土壤微生物群落水平生理特征并无明显差异。ARGs 宿主细菌种群是微生物生物量的一个非常小的组成部分，因此土壤微生物群落中 ARGs 宿主的变化可能对整个微生物群落的影响较小。此外，基因水平转移是 ARGs 增加的另一机制。伴随有机肥施用进入土壤的养分和污染物（如重金属）可能促进了 ARGs 在土著微生物间的转移，从而诱导更多土著耐药宿主的产生。

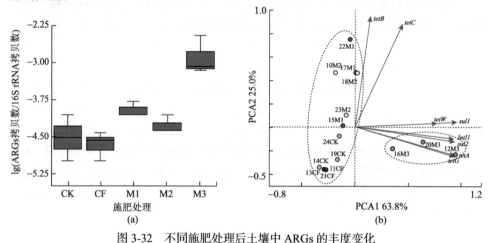

图 3-32　不同施肥处理后土壤中 ARGs 的丰度变化

据报道，施用无抗生素残留的粪肥虽然会增加土壤中磺胺类 ARGs 的丰度，但这种效应较为短暂，可快速恢复至背景水平。然而，如果有机肥中带有抗生素等污染物，施用相关有机肥导致的土壤 ARGs 增加往往可长期维持，难以恢复至背景状态。在作者的试验中，暂未发现不同处理土壤中抗生素残留量的差异，但试验证实，高用量有机肥施用引发的土壤 ARGs 水平增加与土壤中 Cu 和 Zn 的积累高度相关。9000kg/hm² 有机肥处理的土壤 Cu、Zn 总浓度和有效态浓度均显著（$P<0.05$）高于其他处理，而其他处理的 Cu、Zn 总浓度差异不显著（表 3-47）。

表 3-47　不同有机肥施用处理下土壤中重金属的残留浓度　（单位：mg/kg 干基）

| 处理 | 全量 | | | | DTPA-有效态含量 | | | |
|---|---|---|---|---|---|---|---|---|
| | Cu | Zn | Pb | As | Cu | Zn | Pb | As |
| CK | 29.01b | 52.73c | 26.87a | 10.87a | 6.69c | 6.03c | 1.15a | 6.69c |
| CF | 29.22b | 61.59b | 27.70a | 11.29a | 7.05c | 6.51c | 1.16a | 7.05c |

续表

| 处理 | 全量 | | | | DTPA-有效态含量 | | | |
|------|------|------|------|------|------|------|------|------|
| | Cu | Zn | Pb | As | Cu | Zn | Pb | As |
| M1 | 29.80b | 57.18bc | 27.85a | 10.32a | 7.07c | 6.58c | 1.15a | 7.07c |
| M2 | 30.93b | 59.55bc | 28.60a | 10.29a | 8.23b | 8.86b | 1.25a | 8.23b |
| M3 | 32.85a | 64.91a | 29.03a | 11.46a | 9.33a | 11.56a | 1.25a | 9.33a |

注：表中的数据均基于干基得到。

### 3.4.3　施用有机肥对牧草土壤 ARGs 的影响

很多国家都鼓励将固体废弃物作为有机肥农用。据悉，超过一半的欧盟成员将市政污水污泥用作肥料。根据欧盟《废物框架指令》2008 年的统计结果，欧洲国家的城市堆肥和源分离设施数量正在增加，几乎有一半以上的堆肥产物在农业上使用。

目前，常用的有机肥原料包括粪便、污泥、厨余垃圾等。以粪便、污泥等为原料的有机肥不合理利用被报道具有系列负面效应，主要包括重金属、抗生素、激素等有机和无机污染物残留，以及引发环境抗生素耐药性扩散传播等生物安全问题。粪便与污泥来源的有机肥被认为是抗生素、抗生素耐药菌和 ARGs 的重要储存库，作为肥料应用，容易增强 ARGs 在土壤中的持久性并促进其传播。与粪肥和污泥相比，关于有机生活垃圾堆肥（如厨余垃圾）如何影响田间尺度下土壤中 ARGs 传播扩散的研究有限。与粪便和污水污泥相比，厨余垃圾中的微生物群落直接接触抗生素的机会略低，因此被认为向土壤传播 ARGs 或相关抗生素残留物的风险略低。然而，也有研究指出，厨余有机肥中富含乳酸菌，这些乳酸菌有可能成为 ARGs 的储存库。此外，一些属于肠杆菌的潜在抗生素耐药病原体（如大肠杆菌、沙门氏菌）也常在食物垃圾中被发现。

作者借助一个在英国苏格兰地区的牧草定位试验，对比连续施用粪便有机肥、污泥有机肥和厨余有机肥对牧草土壤四环素类 ARGs 与磺胺类 ARGs 的影响，并检测了 I 类整合子整合酶基因（intI1）的变化，该基因可以表征土壤中 ARGs 水平转移潜力及人为污染水平。

田间试验于 2011～2012 年在苏格兰北部的 Glensaugh 试验农场进行，当地海拔为 120～450m，年平均气温为 7.5℃，年降水量为 1040mm。土壤质地为砂壤土（砂粒占 66.16%、粉粒占 29.25%、黏粒占 4.59%），pH（$CaCl_2$）为 5.1，有机质含量为 7.62%。试验地主要种植牧草，试验地如图 3-33 所示。

图 3-33　草地施用不同类型有机肥对 ARGs 影响研究的试验田

共设置 4 个施肥处理：（CF）全化肥对照；（S）污泥有机肥，用量为 2.25t/hm²；（M）粪便有机肥，用量为 10t/hm²；（Com）厨余有机肥，用量为 13t/hm²。每个处理设置 3 个重复，每个小区的大小为 15m×15m，各处理随机排列。

于 2011 年 4 月（春季）、2011 年 8 月（秋季）和 2012 年 3 月（春季）分 3 次施用有机肥，分别在施肥前、第一次施肥后 11 周、第二次施肥后 18 周和第三次施肥后 17 周采集土壤样品，用于分析 ARGs。

采用荧光定量 PCR 方法对 7 个四环素类 ARGs（*tetA*、*tetB*、*tetC*、*tetG*、*tetM*、*tetQ* 和 *tetW*）、2 个磺胺类 ARGs（*sul1* 和 *sul2*）和 1 个整合子整合酶基因（*intI1*）进行分析。引物序列信息如表 3-48 所示。所有标准曲线的 qPCR 效率为 93.7%～110.4%，$R^2$ 高于 0.990，表明检测方法稳健且可重复。使用外标曲线得到每个样本中所有目标基因的绝对拷贝数。此外，通过将每个样品中检测到的 ARGs 拷贝数归一化为 16S rDNA 基因的拷贝数来计算 ARGs 的相对丰度，以考虑样品之间不同的微生物丰度、基质效应和 DNA 提取效率。

表 3-48　引物序列和退火温度

| 目标基因 | 引物名称 | 引物序列（5′→3′） | qPCR 和 PCR 退火温度/℃ |
|---|---|---|---|
| 16S rRNA | 341F | CCTACGGGAGGCAGCAG | 65, 60 |
| | 518R | ATTACCGCGGCTGCTGG | |

| 目标基因 | 引物名称 | 引物序列（5′→3′） | qPCR 和 PCR 退火温度/℃ |
|---|---|---|---|
| *sul1* | *sul1*-F | CGCACCGGAAACATCGCTGCAC | 71.6, 65 |
| | *sul1*-R | TGAAGTTCCGCCGCAAGGCTCG | |
| *sul2* | *sul2*-F | TCCGGTGGAGGCCGGTATCTGG | 66.4, 60 |
| | *sul2*-R | CGGGAATGCCATCTGCCTTGAG | |
| *tetQ* | *tetQ*-F | AGAATCTGCTGTTTGCCAGTG | 60, 58 |
| | *tetQ*-R | CGGAGTGTCAATGATATTGCA | |
| *tetW* | *tetW*-F | GAGAGCCTGCATATGCCAGC | 58.8, 58 |
| | *tetW*-R | GGGCGTATCCACACTGTTAAC | |
| *tetM* | *tetM*-F | ACAGAAGCTTATTATATAAC | 60, 58 |
| | *tetM*-R | TGGCGTGTCTATGATGTTCAC | |
| *tetA* | *tetA*-F | GCTACATCCTGCTTGCCTTC | 60, 58 |
| | *tetA*-R | CATAGATCGCCGTGAAGAGG | |
| *tetB* | *tetB*-F | GGCAGGAAGAATAGCCACTAA | 63, 58 |
| | *tetB*-R | AGCGATCCCACCACCAG | |
| *tetC* | *tetC*-F | CTTGAGAGCCTTCAACCCAG | 60, 58 |
| | *tetC*-R | ATGGTCGTCATCTACCTGCC | |
| *tetG* | *tetG*-F | TTATCGCCGCCGCCCTTCT | 60, 58 |
| | *tetG*-R | TCATCCAGCCGTAACAGAAC | |
| *intI1* | *intI1*-F | GGCTTCGTGATCICCTGCTT | 62, 60 |
| | *intI1*-R | CATTCCTGGCCGTGGTTCT | |

对试验使用的 3 种有机肥分别编号为 Com、S 和 M，其基本信息如下。Com，厨余有机肥，是一种商品化的厨余有机肥，是将厨余垃圾与植物残体进行堆肥制备而成的有机肥；S，污泥有机肥，是城市污水处理厂污泥样品经过无害化处理制成的污泥固体；M，粪便有机肥，是牛粪与秸秆的堆肥物。

本研究中，草地背景土壤中检出的 ARGs 相对丰度总和为 $1.35\times10^{-4}$，*intI1* 和四环素类 ARGs 的比例远超磺胺类 ARGs，三者比例分别为 66.49%、22.97%和10.54%（图 3-34）。所有有机肥中的 ARGs 相对丰度均高于背景土壤。污泥有机肥中 ARGs 相对丰度最高，检出的 ARGs 相对丰度总和为 $2.35\times10^{-2}$；其次是粪便有机肥，检出的 ARGs 相对丰度总和为 $2.09\times10^{-3}$；最后为厨余有机肥。ARGs 在不同有机肥中的分布情况存在差异：在污泥有机肥中，四环素类 ARGs 和 *intI1* 占比高于磺胺类 ARGs，而磺胺类 ARGs 在粪便有机肥中占比最高，达到了 77.7%。厨余有机肥以磺胺类 ARGs 为主，占比为 81.8%，厨余有机肥中大多数四环素类ARGs 的相对丰度显著低于粪便有机肥。

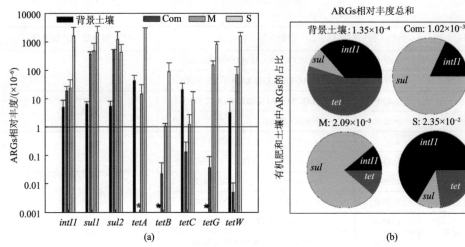

图 3-34　背景土壤和有机肥中 ARGs 的分布和相对丰度

星号表明低于检测限

　　无论是否引入外源 ARGs，Glensaugh 农场草地土壤中的 ARGs 均呈明显的衰减趋势。有机肥的施用在一定程度上减缓土壤 ARGs 相对丰度的下降。与粪便有机肥或污泥有机肥相比，厨余有机肥在诱导土壤 ARGs 增加方面的作用较为有限。粪便有机肥和厨余有机肥对四环素类 ARGs 的衰减没有明显影响，但污泥有机肥的应用大幅削弱了土壤中四环素类 ARGs 的衰减。同时，有机肥对现有土壤 ARGs扩散传播的促进作用很大程度上取决于施用的有机肥中的 ARGs 库及土壤细菌群落内的 ARGs 组成。有机肥施用对土壤 ARGs 动态变化的影响与有机肥中的 ARGs占比一致，但与伴随施肥进入土壤的 ARGs 的绝对量无关。

　　不同施肥处理下，土壤 ARGs 的变化趋势如图 3-35 和图 3-36 所示。

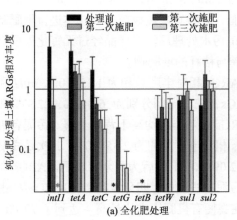
(a) 全化肥处理

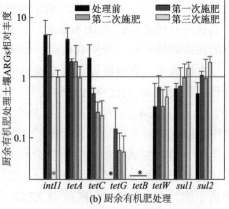
(b) 厨余有机肥处理

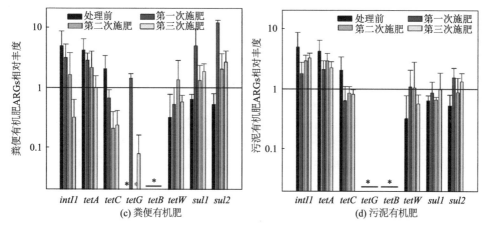

图 3-35　施肥对土壤 ARGs 丰度的影响

星号表示低于检测限

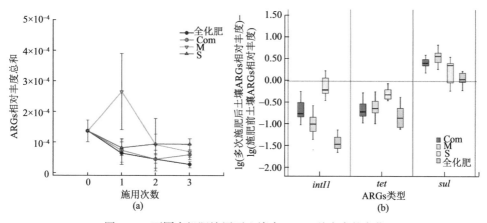

图 3-36　不同有机肥施用下土壤中 ARGs 总丰度的变化

*intI1*、*tetA*、*tetC* 和 *tetG* 随时间推进持续衰减，仅有 *sul2* 基因的相对丰度呈先上升后下降的趋势。由于全化肥处理中 *intI1* 和四环素类 ARGs 强烈衰减，全化肥处理土壤中 ARGs 的总相对丰度（即一个样品中分析的 ARGs 的相对丰度之和）随着时间的推移而降低。

在 3 种有机肥施用处理中，施用厨余有机肥对土壤 ARGs 变化的影响最小，其中 *tetA*、*tetC* 和 *tetW* 的相对丰度变化与全化肥基本相似，但是厨余有机肥仍可增加土壤中的 ARGs。磺胺类 ARGs 对于人类农业活动较为敏感。相比全化肥处理，在连续 3 次施用厨余有机肥后，土壤中 *intI1* 和磺胺类 ARGs 的相对丰度显著增加。

施用粪便有机肥被认为可通过外源引入更多耐药细菌和 ARGs，或者通过水平转移诱导更多土壤细菌转变成耐药细菌，从而增加土壤中抗生素耐药细菌或ARGs 的数量。相比四环素类 ARGs，磺胺类 ARGs 与粪便有机肥施用之间的相关性更高。这与粪便有机肥中磺胺类 ARGs 占比最高有关。如图 3-36 所示，施用粪便有机肥的土壤中，磺胺类 ARGs 相对丰度的增幅明显高于四环素类 ARGs，但粪便有机肥对土壤中 tetA 和 tetC 的影响不大。tetW 和 tetG 的相对丰度在第一次或前两次施肥后增加，但在试验结束时已下降至与全化肥处理土壤相同的水平。与背景土壤相比，在第一次施肥后，粪便有机肥施用土壤中 sul1 和 sul2 的相对丰度大幅增加，虽然第 2 次和第 3 次施肥后有机肥对 sul1 和 sul2 的影响大大减小，但二者在试验结束时仍未能下降至背景水平。此外，施肥也减缓了 intI1 的衰减。有研究人员发现，即便因施肥进入土壤中的外源四环素类 ARGs 的丰度等于或大于磺胺类 ARGs，粪便有机肥的施用也不会明显增加土壤中四环素类 ARGs 相对丰度（Fahrenfeld et al.，2014；Yang et al.，2010）。这让我们担心，长期重复施用粪便有机肥是否会完全改变土壤中的 ARGs 分布，如未来 Glensaugh 草地土壤中磺胺类 ARGs 的占比是否会高于四环素类 ARGs。

在 3 种有机肥中，污泥有机肥对土壤 ARGs 衰减的抑制最为强烈。连续 3 次施用污泥有机肥后，土壤中四环素类 ARGs 和 intI1 的相对丰度显著高于其他处理，但磺胺类 ARGs 增幅不明显。四环素类 ARGs 与污泥有机肥施用之间的相关性高，与污泥有机肥中四环素类 ARGs 占比较高相一致。不同四环素类 ARGs 的变化模式差异很大。在第一次施用污泥有机肥的土壤中的 tetA 和 tetC 的相对丰度仍低于未处理土壤，但进一步施用导致其相对丰度增加。与此相反，污泥施用土壤中 tetW 相对丰度的增加较为短暂。有机肥的施用是土壤中产生新的四环素类 ARGs 的原因。tetB 和 tetG 的相对丰度在未经处理的土壤中低于检测限。虽然污泥有机肥中 tetB 的丰度很高，但施肥土壤中并未检测到 tetB，这可能与有机肥中 tetB 及其宿主在土壤环境的定植和转移能力有关。

规范有机肥的施用有助于控制或减少人为活动导致的土壤 ARGs 水平上升。有机无机配施也可能有助于控制人为农业活动带来的土壤 ARGs 水平上升。当然，土壤微生物群落中固有耐药组的多样性差异也会影响施肥效果。因此，开展跨土壤类型、气候区域等的研究对进一步评估施肥等农业活动对土壤固有耐药组的演化发展具有重要意义。

# 参 考 文 献

崔敏, 冉伟, 沈其荣. 2006. 水溶性有机质对土壤硝化作用过程的影响. 生态与农村环境学报, 22(3): 45-50.

郭星亮. 2011. 重金属 Cu、Zn 对堆肥过程中微生物群落代谢和水解酶活性的影响. 杨凌: 西北农林科技大学.

黄治平, 徐斌, 张克强, 等. 2007. 连续四年施用规模化猪场猪粪温室土壤重金属积累研究. 农业工程学报, (11): 249-254.

李世清, 李生秀. 2000. 有机物料和氮肥相互作用对土壤微生物体氮的影响. 微生物学通报, 27(3): 157-162.

冉继伟, 肖琼, 黄敏, 等. 2022. 施肥对农田土壤抗生素抗性基因影响的整合分析. 环境科学, (3): 1688-1696.

阮琳琳, 林辉, 马军伟, 等. 2018. 土壤中单一及复合抗生素的降解及微生物响应. 中国环境科学, 38(3): 1081-1089.

孙志梅, 武志杰, 陈利军, 等. 2008. 硝化抑制剂的施用效果、影响因素及其评价. 应用生态学报, 19(7): 1611-1618.

徐秋桐, 顾国平, 章明奎. 2016. 适宜水分和养分提高土壤中磺酸二甲嘧啶降解率. 农业工程学报, 7: 132-136.

杨元根, Paterson E, Campbell C. 2002. 重金属 Cu 的土壤微生物毒性研究. 土壤通报, 33(2): 137-141.

俞巧钢, 马军伟, 姜丽娜, 等. 2008. 稻田土壤氮素损失及环境污染的控制对策. 浙江农业学报, 20(5): 333-338.

张敬沙. 2018. 兽用抗生素磺胺二甲嘧啶对稻麦农田 $CH_4$、$N_2O$ 和 $NH_3$ 排放关联因子的影响. 南京: 南京农业大学.

Barth G, von Tucher S, Schmidhalter U. 2008. Effectiveness of 3,4-dimethylpyrazole phosphate as nitrification inhibitor in soil as influenced by inhibitor concentration, application form, and soil matric potential. Pedosphere, 18(3): 378-385.

Carrasco, Villar J M. 2001. Field evaluation of DMPP as a nitrification inhibitor in the area irrigated by the Canal d'Urgell (Northeast Spain)//Horst W J, Schenk M K, Bürkert A, et al. Plant Nutrition: Food Security and Sustainability of Agro-Ecosystems through Basic and Applied Research. New York: Springer Dordrecht.

Crane M, Boxall A B A, Barrett K. 2009 Veterinary Medicines in the Environment. London: CRC Press.

Fahrenfeld N, Knowlton K, Krometis L A, et al. 2014. Effect of manure application on abundance of antibiotic resistance genes and their attenuation rates in soil: field-scale mass balance approach. Environmental Science & Technology, 48(5): 2643-2650.

Fang H, Han Y, Yin Y, et al. 2014. Variations in dissipation rate, microbial function and antibiotic resistance due to repeated introductions of manure containing sulfadiazine and chlortetracycline to soil. Chemosphere, 96: 51-56.

Ghosh A K, Bhattacharyya P, Pal R. 2004. Effect of arsenic contamination on microbial biomass and its activities in arsenic contaminated soils of Gangetic West Bengal, India. Environment International, 30(4): 491-499.

Hu X, Zhou Q, Luo Y. 2010. Occurrence and source analysis of typical veterinary antibiotics in manure, soil, vegetables and groundwater from organic vegetable bases, northern China. Environmental Pollution, 158(9): 2992-2998.

Huang X P, Mo C H, Yu J, et al. 2017. Variations in microbial community and ciprofloxacin removal in rhizospheric soils between two cultivars of *Brassica parachinensis* L. Science of the Total

Environment, 603-604: 66-76.

Kim M, Jeong S, Yoon S J, et al. 2008. Aerobic denitrification of *Pseudomonas putida* AD-21 at different C/N rations. Journal of Bioscience and Bioengineering, 106(5): 498-502.

Knapp C W, Dolfingui J, Ehlert P A I, et al. 2010. Evidence of increasing antibiotic resistance gene abundances in archived soils since 1940. Environmental Science & Technology, 44(2): 580-587.

Li J, Wang J T, Hu H W, et al. 2016. Copper pollution decreases the resistance of soil microbial community to subsequent dry-rewetting disturbance. Journal of Environmental Sciences, 39: 155-164.

Ma J W, Lin H, Sun W C, et al. 2014. Soil microbial systems respond differentially to tetracycline, sulfamonomethoxine and ciprofloxacin entering soil under pot experimental conditions alone and in combination. Environmental Science and Pollution Research, 21:7436-7448.

OECD. 2000. OECD guideline for the testing of chemicals-Soil microorganisms: nitrogen transformation test. Paris: OECD.

Oguz M T, Robinson K G, Layton A C, et al. 2006,Volatile fatty acid impacts on nitrite oxidation and carbon dioxide fixation in activated sludge. Water Research, 40(4): 665-674.

Parente C E T, Azeredo A, Vollú R E, et al. 2019. Fluoroquinolones in agricultural soils: multi-temporal variation and risks in Rio de Janeiro upland region. Chemosphere, 219: 409-417.

Semedo M, Song B, Sparrer T, et al. 2018. Antibiotic effects on microbial communities responsible for denitrification and N$_2$O production in grassland soils. Frontiers in Microbiology, 9: 2121.

Sheik C S, Mitchell T W, Rizvi F Z, et al. 2012. Exposure of soil microbial communities to chromium and arsenic alters their diversity and structure. Plos One, 7(6): e40059.

Wang J M, Lin H, Sun W C, et al. 2016. Variations in the fate and biological effects of sulfamethoxazole, norfloxacin and doxycycline in different vegetable-soil systems following manure application. Journal of Hazardous Materials, 304: 49-57.

Yang H, Byelashov O A, Geornaras I, et al. 2010. Presence of antibiotic-resistant commensal bacteria in samples from agricultural, city, and national park environments evaluated by standard culture and real-time PCR methods. Canadian Journal of Microbiology, 56(9): 761-770.

Zerulla W, Pasda G, Hähndel R, et al. 2001. The new nitrification inhibitor DMPP for use in agricultural and horticultural crops—an overview. Plant Nutrition, 92: 754-755.

# 第 4 章
## 基于污染物阻控的
## 有机肥生产技术

　　以畜禽养殖粪便为原料生产的畜禽有机肥是目前有机肥市场的主流产品。近年来，有机肥产业迎来前所未有的发展机遇期，但是大量推广应用有机肥的同时所产生的问题也随之凸显：大部分有机肥企业或养殖场的畜禽粪便无害化和肥料化处理工艺粗放，无害化目标单一（以实现脱臭、腐熟、杀虫和灭菌为主）；部分有机肥品质没有保障，重金属和抗生素等污染物残留普遍，施用后产生的环境风险和农产品安全隐患已影响到农民使用有机肥的积极性，制约其推广应用。在日益增加的环境压力下，国家和民众的环保意识不断增强，农民对有机肥产品的质量要求逐步提高。同时，为更好地适应利用有机肥发展高端、精品农业的需求，不少有机肥企业也都希望改进现有生产工艺，提高后端有机肥产品的品质。在上述因素的共同作用下，有机肥产业对污染控制技术的需求不断增加。通过有机肥生产工艺改进，控制畜禽粪便中污染物向环境的释放，将有力带动有机肥产业的整体进步，提升相关企业的竞争力，同时也有助于打造资源节约型、环境友好型的现代农业发展新模式，为高端、精品、特色、安全农业发展奠定基础。

　　堆肥是畜禽粪便无害化和肥料化处理的重要方式，也是大部分商品有机肥生产的重要环节。本章重点阐述了畜禽粪便堆肥发酵中重金属、抗生素、抗生素抗性基因和部分典型有害生物的去除、活性钝化技术及其影响因素，同时在附录 2和附录 3 中分别提供了有机肥中重金属和兽用抗生素污染控制技术规范，以期为畜禽有机肥中上述污染物的控制提供参考。

# 4.1　重金属污染阻控

## 4.1.1　有机肥中重金属的钝化

　　畜禽粪便是有机肥中重金属的主要来源，其中最常见的是 Cd、Pb、Cr、As、Hg、Cu、Zn 和 Ni 8 种重金属。畜禽粪便中重金属的存在形态包括水溶态、可交换态、有机结合态及残渣态，其中，有机结合态和残渣态是不易被植物吸收的稳定态。畜禽粪便中重金属的形态与其进入土壤后的生物有效性有很大关系。从重金属在环境中的毒性、活性及生物有效性来看，水溶态、可交换态的环境风险较高；残渣态的迁移性很小，很难被生物利用，环境风险较低。

　　好氧堆肥等畜禽粪便无害化处理对有机肥中的重金属有一定的影响。虽然堆肥中微生物矿化、有机质损失等产生的浓缩效应会增加堆肥产物中的重金属残留总量，但从重金属有效性上看，堆肥技术能够促进重金属从有效性较高的形态向有效性较低的形态转变，实现重金属的固化和稳定化。作者研究指出，猪粪经过42d 的好氧堆肥处理后，Cu 有效态含量下降 50% 以上。相似地，Chen 等（2019）

研究指出，经过 240d 的堆肥，堆料中可提取态 Pb 的比例从 8.4%下降至 3.5%，可提取态 Cd 的比例从 21.8%下降至 2.5%，可提取态 Cu 的比例从 7.6%下降至 4.8%；相应地，残渣态 Pb 的比例从 14.8%上升至 24.2%，残渣态 Cd 的比例从 22.9%上升至 46.6%，残渣态 Cu 的比例从 21.6%上升至 33.3%。

堆肥中重金属的钝化与腐殖质的形成紧密关联。畜禽粪便中的有机质腐殖化形成固相大分子物质——腐殖酸，这些腐殖酸会吸附重金属，从而降低易溶态重金属的含量，增加稳定的结合态重金属的含量。Clemente 和 Bernal（2006）从畜禽粪便堆肥中提取腐殖质，发现所提取出的腐殖质具有显著钝化土壤中重金属的作用。在水相环境中，重金属和腐殖质之间的作用以络合反应为主，而在固相环境中，腐殖质与重金属主要发生吸附反应。一般来说，重金属离子和腐殖质官能团会形成配位键，这种化学吸附较为稳定，但是堆肥过程中所生成的腐殖质对重金属离子的吸附强度在不同的环境条件下也有所差异。例如，在不同的 pH 下，腐殖质中与重金属键合的官能团不同，各个官能团的电离程度也不同。在碱性条件下，重金属更易与羧基、酚羟基结合；在酸性条件下，氢离子占据腐殖质的酸结合位点，抑制重金属的络合行为，降低络合物的稳定常数；在中性条件下，羧基是主要的络合官能团。

## 4.1.2　适用于堆肥的重金属钝化剂

在堆肥过程中添加钝化材料对土壤重金属钝化有显著效果。钝化剂通过吸附重金属或与重金属离子发生反应，降低有机肥中重金属的可移动性与生物有效性。通过添加钝化剂或其他方式对有机肥中的重金属进行固定化后，再将其施用于农田，土壤理化性质（pH、有机质、阳离子交换能力、土壤类型和土壤质地等）的变化也会对重金属的生物有效性产生相应的影响。部分研究显示，不仅是堆肥过程可以固定有机肥中的重金属，有机肥的施用还可以通过提高土壤 pH 和增加土壤表面负电荷等作用对土壤中的重金属产生钝化效果。Zhou 等（2018）在盆栽条件下向猪粪堆肥中添加生物腐殖酸和生物炭，发现施用添加这些钝化剂的堆肥也可有效降低油菜中的 Cu、Pb、Cd 含量，并且油菜增产 19.39%~34.35%。本节列举总结了现阶段在堆肥中使用效果良好的重金属钝化剂，以期为堆肥中重金属钝化材料的深入研究和有机肥的安全生产提供助益。

### 1. 无机钝化剂

无机钝化剂包括石灰性物质和其他具有较大吸附性能的无机物质。其中，石灰性物质主要是指粉煤灰、石灰、钙镁磷肥等碱性物质。添加这类物质可以显著提高堆肥的 pH，促进重金属形成硅酸盐、碳酸盐和氢氧化物沉淀。石灰是废水处理中常用的碱性材料，用于脱水、避免异味和消除病原微生物。同时，作为提高土壤 pH 的常用物质，石灰也可以最大限度地减少酸性土壤中植物对重金属的吸收。有研究指出，向堆肥中添加石灰，可以抑制堆肥过程中 pH 的下降，并提供适量的钙，增强堆肥微生物的代谢活性，促进温度升高和有机物矿化。Singh 和 Kalamdhad（2013）将石灰作为添加剂用于水葫芦-牛粪-锯末堆肥，证实添加石灰显著降低了水葫芦堆肥过程中重金属的生物利用性和浸出性，30d 堆肥产物中可浸出 Pb、Cd、Cr 的浓度分别下降了 82.5%、70.2%、49.3%。具有较强吸附性能的无机物质包括膨润土、沸石、硅藻土、海泡石、磷矿粉、蒙脱石、凹凸棒土、硫化钠等，这些物质往往具有较大的比表面积，并且具有较大的静电力和离子交换能力，可有效降低重金属的交换态含量，减少堆肥施用后重金属从土壤向植物中的转移，在畜禽粪便中应用，对 Cu 的钝化效率在 23.7%～87.8%，对 Cd 的钝化效率在 6.7%～87.4%。无机钝化剂对重金属的钝化机制主要包括吸附作用、生成沉淀、与重金属进行离子交换，以及通过刺激微生物活性与促进腐殖质形成间接提高重金属的稳定性等。无机钝化剂具有容易获得、材料成本低、原理简单、操作简便等优点，但无机钝化剂与重金属的结合以物理吸附为主，在一定条件下易解吸。

## 2. 有机钝化剂

有机钝化剂包括生物炭、竹炭、植物基活性炭、腐殖酸富含有机碳的材料。生物炭是目前受到较多关注的有机钝化剂。各种物理化学改性措施常被用于改良生物炭，以进一步增强其钝化重金属的性能。有报道指出，沉淀是生物炭去除重金属的重要机制之一，生物炭中的矿物元素会与重金属结合，形成难溶性的沉淀物。此外，重金属还可通过离子交换作用吸附于生物炭表面，这种作用与生物炭的表面形态和官能团类型、数量相关。生物炭不仅可以直接吸附、络合、沉淀重金属，而且可以通过影响堆体中微生物群落代谢和结构，间接降低重金属有效态含量。

## 3. 生物钝化剂

在畜禽粪便堆肥中接种微生物菌剂也能促进重金属的钝化，这类微生物菌剂被称为生物钝化剂。例如，微生物可通过细胞或分泌物的还原、吸附、生物矿化等作用固定重金属，也可通过促进堆肥腐殖质形成间接增加堆肥本身对重金属的钝化效率。细菌由于繁殖速度快、抗逆性强，被广泛应用于去除废水和土壤中的重金属。真菌对重金属也具有良好的吸附性能，可通过主动吸附、胞内和胞外沉淀等方式钝化重金属。白腐真菌、芽孢杆菌等已被用于促进堆肥中重金属的钝化。刘艳婷等（2020）在猪粪好氧堆肥中添加黄孢原毛平革菌，结果显示，Zn 和 Cu 的钝化率分别达 59.4% 和 69.7%。在堆肥中使用微生物菌剂作为重金属钝化剂时，最终的有机肥产品大多是无害的，不会产生二次污染。

### 4.1.3 钝化剂在有机肥重金属污染阻控中的应用

#### 1. 吸附剂的应用效果

按照表 4-1 的处理设计开展试验，评估各种吸附剂的实际应用效果。将吸附剂与鸡粪原料和其他辅料混合均匀后，进行静态堆肥发酵，共持续 28d。在发酵前和发酵结束时采集堆肥的混合样品，测定重金属全量和有效态含量。随后，将不同处理制备成的有机肥施用于土壤，种植苋菜，在苋菜收获时，采集土壤和苋菜样品，测定土壤中重金属的有效态含量和苋菜中的重金属含量。

表 4-1　钝化剂试验的处理设计

| 处理 | 钝化剂类型和用量 |
|---|---|
| CK | 不添加任何钝化剂 |
| T1 | 添加 7.5%凹凸棒土 |
| T2 | 添加 7.5%海泡石 |
| T3 | 添加 1%活性炭 |

试验中，重金属的含量变化及钝化效果如表 4-2 所示。从广谱性和钝化效果上看，活性炭的钝化效果优于凹凸棒土和海泡石，与堆肥原料相比，制成的有机肥中重金属有效态含量显著下降。据测算，活性炭的钝化效率在 22.00%～45.20%，对 Pb 的钝化效果最佳。

表 4-2　不同处理下堆肥过程中重金属有效态含量变化及其钝化效果

| 处理 | 采样时间 | Cu | Zn | Pb | As |
|---|---|---|---|---|---|
| CK | 堆前/（mg/kg） | 61.32 | 54.93 | 52.83 | 7.39 |
| | 堆后/（mg/kg） | 63.97 | 67.13 | 45.62 | 4.42 |
| | 钝化效果/% | −4.32 | −22.21 | 13.65 | 40.19 |
| T1 | 堆前/（mg/kg） | 48.10 | 44.15 | 22.39 | 1.50 |
| | 堆后/（mg/kg） | 51.49 | 38.02 | 27.28 | 2.72 |
| | 钝化效果/% | −7.05 | 13.88 | −21.84 | −81.33 |
| T2 | 堆前/（mg/kg） | 64.41 | 33.50 | 23.82 | 1.81 |
| | 堆后/（mg/kg） | 45.95 | 35.56 | 30.75 | 4.92 |
| | 钝化效果/% | 28.66 | −6.15 | −29.09 | −171.82 |

续表

| 处理 | 采样时间 | Cu | Zn | Pb | As |
|---|---|---|---|---|---|
| T3 | 堆前/（mg/kg） | 67.24 | 34.29 | 22.79 | 3.00 |
| | 堆后/（mg/kg） | 47.35 | 26.39 | 12.49 | 2.34 |
| | 钝化效果/% | 29.58 | 23.04 | 45.20 | 22.00 |

注：钝化效果=（堆前重金属有效态含量−堆后重金属有效态含量）/堆前重金属有效态含量×100%。

　　在苋菜种植中，相比对照处理，施用所有经钝化剂处理的有机肥均能显著降低苋菜种植土壤 Cu、Zn、Pb 的有效态含量，其中，活性炭处理的有机肥还能显著降低土壤 As 的有效态含量（表4-3）。

表4-3　不同处理下苋菜盆栽土壤重金属的有效态含量（单位：mg/kg）

| 处理 | 有效态 Cu | 有效态 Zn | 有效态 Pb | 有效态 As |
|---|---|---|---|---|
| CK | 2.93a | 4.05a | 4.77a | 0.38a |
| T1 | 2.64b | 3.42b | 4.43b | 0.36ab |
| T2 | 2.57b | 3.23b | 4.22c | 0.39a |
| T3 | 2.67b | 3.53b | 4.49b | 0.32b |

注：同列数据后无相同字母的表示处理间差异显著（$P<0.05$），下同。

　　与常规有机肥相比，施用经活性炭处理的有机肥能同时降低苋菜植株中的 Cu、Zn 和 As 含量（表4-4）。

表4-4　不同有机肥处理的苋菜重金属含量　　（单位：mg/kg）

| 处理 | Cu | Zn | Pb | As |
|---|---|---|---|---|
| CK | 0.61a | 17.17a | — | 0.041a |
| T1 | 0.73a | 14.87b | — | 0.045a |
| T2 | 0.53b | 15.61ab | — | 0.046a |
| T3 | 0.47b | 9.85c | — | 0.035b |

注：表中给出的重金属含量均以苋菜干重计。—表示未检出。

　　综上，活性炭是一种优良的有机肥重金属钝化剂，将其添加到畜禽粪便中进行共堆肥，不仅可以显著降低有机肥产品中的重金属有效态含量，施用到土壤中，还可以显著降低土壤中的重金属有效性，并减少重金属在蔬菜中的累积。

## 2. 石灰性物质的应用效果

　　按照表4-5的设计开展试验，评估轻质碳酸钙在有机肥生产上的应用效果。堆肥原料为猪粪与菇渣的混合物，由当地有机肥料厂提供。每堆堆肥原料为 4t（湿基）左右，每个处理设 3 个重复，堆肥周期为 42d。每隔 1 周采样 1 次，直到堆肥结束。采样时，采集堆体不同部位的样品，并进行混合，以保证采样的代表性。测定重金属全量和有效态含量。

**表 4-5　添加轻质碳酸钙的堆肥试验设计**

| 处理 | 钝化剂类型和用量 |
|---|---|
| PC | 不添加任何钝化剂，对照 |
| PC-lime | 1t 堆料添加 150kg 轻质碳酸钙 |

各处理堆料的基本理化性质如表 4-6 所示。

**表 4-6　不同处理初始堆料的基本理化性质和重金属浓度**

| 参数 | PC | PC-lime |
|---|---|---|
| 湿度/% | 66.96 | 63.79 |
| pH | 6.55 | 7.61 |
| 电导率/（mS/cm） | 4.55 | 4.35 |
| 总碳/% | 42.20 | 36.66 |
| 总氮/% | 2.95 | 2.46 |
| Cu/（mg/kg） | 416.89 | 410.42 |
| Zn/（mg/kg） | 1348.06 | 1120.35 |
| As/（mg/kg） | 2.35 | 2.26 |
| Pb/（mg/kg） | 3.11 | 3.56 |
| Cr/（mg/kg） | 8.00 | 7.49 |
| Cd/（mg/kg） | 0.33 | 0.33 |

添加轻质碳酸钙有助于堆肥起爆。从 0～42d 的堆体温度平均值来看，PC-lime 处理（pH 呈碱性）的堆体温度总体高于 PC 处理（对照），平均堆体温度增加 3.6℃。PC 处理的情况下 60℃以上的高温期持续 11d，而 PC-lime 处理的情况下 60℃以上的高温期持续 19d。图 4-1 显示了 2 个处理堆肥过程中 Cu、Zn、As、Cd、Cr 和 Pb 全量的变化。堆肥中，As、Cd、Pb、Cr 全量随堆肥的进行总体呈上升趋势，轻质碳酸钙的添加有助于抑制 As 和 Cr 的累积，但 PC-lime 处理的 Cu 全量总体高于对照（PC）。向猪粪堆肥中添加轻质碳酸钙，降低了整个堆肥过程中 As、Cd、Cr、Pb 的有效态含量，降低了堆肥早期 Cu 和 Zn 的有效态含量，提高了堆

肥后期 Cu 和 Zn 的有效态含量。总的来说,轻质碳酸钙在降低堆肥早中期重金属有效性方面的作用要优于堆肥末期。

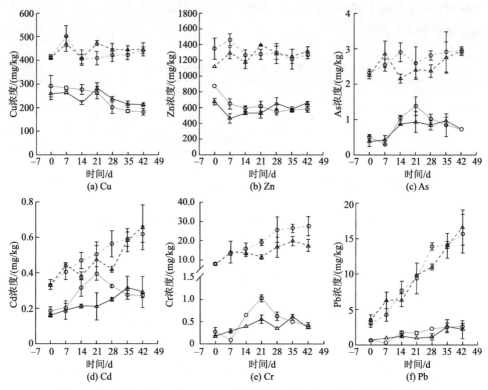

图 4-1　堆肥过程中 PC 和 PC-lime 处理重金属全量及其有效态含量的变化

虚线表示全量,实线表示有效态含量;圆形图例表示 PC 处理,三角形图例表示 PC-lime 处理

### 3. 活性炭-凹凸棒土钝化剂的应用效果

凹凸棒土和活性炭都是比较典型的吸附材料,均可实现对水体中重金属的吸附去除,其中,活性炭的吸附性能通常优于凹凸棒土。然而,市场上活性炭的价格比凹凸棒土高(活性炭的价格为 600～900 美元/t,而凹凸棒土的价格仅为 150～800 美元/t)。将凹凸棒土和活性炭进行复配组合,能降低吸附剂的成本。

作者将凹凸棒土和活性炭按照 5∶1 的比例复配,制成组合钝化剂 AACC。AACC 整体性质更接近于凹凸棒土,但与活性炭和凹凸棒土相比,在 pH、官能团等方面均发生变化,如 pH 偏向中性。物化性质变化详见表 4-7。

表 4-7　AACC、凹凸棒土和活性炭的物化性质

| 参数 | 活性炭 | 凹凸棒土 | AACC |
|---|---|---|---|
| BET 比表面积/（m²/g） | 10.70 | 5.19 | 4.74 |

续表

| 参数 | 活性炭 | 凹凸棒土 | AACC |
|---|---|---|---|
| 容积密度/（g/cm$^3$） | 0.72 | 0.95 | 0.96 |
| 粒度/μm | 4～55 | 1～28 | 1～38 |
| 平均孔径/nm | 6.82 | 9.21 | 10.65 |
| 孔容/（cm$^3$/g） | 0.02 | 0.01 | 0.01 |
| pH | 5.7 | 9.9 | 7.1 |
| 电导率/（mS/cm） | 2.03 | 0.09 | 1.29 |
| 总碳含量/% | 70.25 | — | 13.63 |
| 总氮含量/% | 0.65 | | 0.11 |
| Cu/（mg/kg） | 34.24 | — | 5.71 |
| Zn/（mg/kg） | 36.16 | 7.12 | 11.96 |
| As/（mg/kg） | 5.70 | 0.63 | 1.48 |
| Pb/（mg/kg） | 2.07 | — | 0.35 |
| Cr/（mg/kg） | 85.84 | 7.49 | 20.55 |
| Cd/（mg/kg） | 1.06 | — | 0.17 |
| Hg/（mg/kg） | 0.04 | 0.05 | 0.05 |

注：—表示没有检出。

　　以凹凸棒土、活性炭和 AACC 为材料开展重金属与抗生素吸附试验，结果显示，活性炭对 Cu、Zn 和恩诺沙星的吸附能力高于凹凸棒土，而凹凸棒土吸附对氨基苯砷酸和四环素的能力高于活性炭。相比凹凸棒土和活性炭，AACC 对 Cu、Zn、对氨基苯砷酸和四环素的吸附性能提高，但对恩诺沙星的吸附能力下降（表 4-8）。

表 4-8　AACC、凹凸棒土、活性炭对 Cu、Zn、对氨基苯砷酸和抗生素的吸附率（单位：%）

| 材料 | Cu | Zn | 对氨基苯砷酸 | 四环素 | 恩诺沙星 |
|---|---|---|---|---|---|
| 活性炭 | 94.8 | 61.0 | 0 | 10.0 | 37.5 |
| 凹凸棒土 | 60.2 | 0.1 | 10.5 | 21.7 | 0 |
| AACC | 95.4 | 66.0 | 15.8 | 37.3 | 0 |

　　按照表 4-9 的设计开展试验，评估 AACC 在实际有机肥生产上的应用效果。堆肥原料及流程参照本节石灰性物质的应用试验。

表 4-9　AACC 堆肥试验设计

| 处理 | 钝化剂类型和用量 |
|---|---|
| PC | 不添加任何钝化剂,对照 |
| PC-AACC | 1t 堆料添加 240kg AACC |

图 4-2 显示了 PC 和 PC-AACC 处理堆肥过程中 Cu、Zn、As、Cd、Cr、Pb 有效态含量和全量的变化。随堆肥进行,重金属全量总体呈上升趋势,但 AACC 的添加明显减缓了 As、Cd、Cr、Pb 含量的增加,AACC 处理堆肥终产物中 As、Cd、Cr、Pb 全量比 PC 对照处理堆肥产品分别下降 15.5%、17.7%、30.3%、32.0%。向猪粪堆肥中添加 AACC 可降低整个堆肥过程中所有重金属的有效态含量,其中,42d 堆肥产品中 Cu、Zn、As、Cd、Cr 和 Pb 的有效态含量比对照分别下降 8.02%、7.72%、7.24%、17.13%、27.36% 和 11.82%。

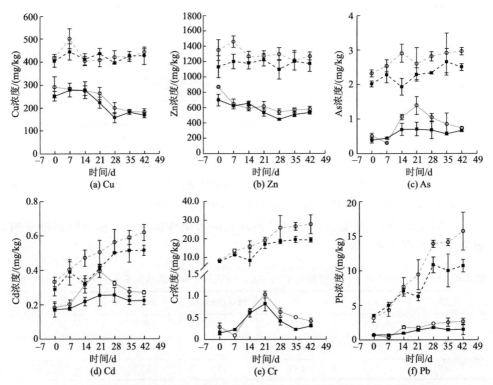

图 4-2　堆肥过程中 PC 和 PC-AACC 处理重金属全量及其有效态含量的变化
虚线表示全量,实线表示有效态含量;圆形图例表示 PC 处理,长方形图例表示 PC-AACC 处理

# 4.2 抗生素污染阻控

## 4.2.1 抗生素污染对堆肥进程的影响

堆肥是畜禽粪便无害化和肥料化处理的重要方式，也是大部分商品有机肥生产的重要环节。在堆肥过程中，粪便中残留的抗生素与微生物相互作用，既会被微生物降解，又会影响堆肥中的微生物群落结构和功能，从而直接或间接地改变堆肥的物质转化。大部分抗生素在畜禽粪便中的残留会影响堆肥进程，如阻碍堆肥早期升温，降低微生物代谢活性，抑制有机质分解转化，延缓堆肥腐熟等。

磺胺类药物是全球销售量最大的兽用抗生素之一，年销售量仅次于四环素。磺胺二甲嘧啶和磺胺间甲氧嘧啶在国内养殖场的畜禽粪便中检出频率较高，在鸡粪中的残留量为 0.08～6.00mg/kg。作者利用添加和不添加磺胺药（SMZ 和 SMM 按 1：1 比例混合）的好氧堆肥试验，分析抗生素对堆肥过程中鸡粪理化性质和微生物群落代谢特征的影响。

### 1. 磺胺类抗生素添加对堆肥影响的试验设计

畜禽粪便原料以鸡粪为主，含有垫料，基本理化性状如下：含水率为 61.05%，pH 为 7.76，电导率（EC）为 3000μS/cm，C/N 为 17.89，有机质为 61.21%，总氮为 1.98%，总磷为 1.45%，总钾为 2.23%，$NH_4^+$-N 为 755.75mg/kg，$NO_3^-$-N 为 181.79mg/kg。磺胺二甲嘧啶和磺胺间甲氧嘧啶均由 Sigma-Aldrich 公司提供，纯度＞98%。

设置 2 个处理：CK，不添加抗生素；SA，添加 2.00mg/kg 磺胺二甲嘧啶和 2.00mg/kg 磺胺间甲氧嘧啶。原料堆肥前，先反复翻堆混匀，以保证原料的均一性。堆体粪便用量为 1.5t 左右，堆肥周期为 28d，平均室温为 25℃，定期翻堆。每隔 1 周采样 1 次，直到堆肥结束。采集堆体不同部位的样品进行混合，以保证采样代表性。每个处理设 3 次重复。

取新鲜样本，测定含水率、pH、EC；取风干样品，测定总碳、总氮等养分指标。采用烘箱干燥法测含水率；按 1：10 的固液比浸提后，分别用 pH 计和电导仪测定 pH 和 EC；采用元素分析仪测总碳、总氮含量；$NH_4^+$-N 含量采用靛酚蓝比色法测定；$NO_3^-$-N 含量采用酚二磺酸比色法测定；采用钒钼黄比色法测总磷含量；利用精密数字温度计测定堆温。

MicroResp$^{TM}$ 技术是研究原位土壤、堆肥微生物群落水平生理特征（CLPP）的一种较为灵敏、快捷的测定方法。将甲酚红（12.5mg/L）、氯化钾（150mmol/L）和碳酸氢钠（2.5mmol/L）混合，制成指示剂。配制 3% 的纯化琼脂，加入 2 倍胶体积的指示剂，制成指示琼脂。将指示琼脂添加到检测板的微孔中，然后把配制好的检测微孔板存放于含碱石灰的干燥器中待用。将待测肥料均匀添加到深孔板中，加入水和 15 种碳源底物，将配制好的检测板倒扣在深孔板上，25℃培养 6h，利用酶标仪读取 570nm 波长下检测板的吸光值。测定检测板在样品培养前和培养 6h 后的吸光值，通过吸光值差异计算 $CO_2$ 产生率。

### 2. 磺胺类抗生素添加对堆体温度和微生物群落的影响

对于堆肥系统而言，温度变化在一定程度上可以反映堆肥系统中的微生物活性，是堆肥反应进程的直观表现。SA 处理在堆肥早期（前 2 周）的平均堆体温度比对照组低 6℃，对照组的堆体温度在堆肥第 5d 即可上升至 55℃，10d 左右即可超过 60℃，而 SA 处理的堆体温度在 14d 内均未超过 50℃。

对两组处理堆肥的基础 $CO_2$ 呼吸进行对比[图 4-3（a）]。除堆肥 7d 外，堆肥 0~14d，CK 处理的基础 $CO_2$ 呼吸基本高于 SA 处理。因此，可认为添加磺胺类抗生素抑制了堆肥早期的微生物代谢，导致堆肥达到高温的时间延长。堆肥过程中，微生物通过代谢呼吸提高堆体温度，而堆体温度升高反过来又会抑制微生物活动。因此，堆肥初期（0~7d）堆体温度骤升引发的大量微生物死亡和代谢抑制可以导致同期堆肥基础 $CO_2$ 呼吸的剧烈下降。在堆肥早期，CK 处理的堆体温度高于 SA 处理，进而导致 CK 处理的堆体基础 $CO_2$ 呼吸低于 SA 处理，这可能是堆肥前 7d，SA 处理的堆体基础 $CO_2$ 呼吸高于 CK 处理的直接原因。堆肥 21d 以后，CK 处理和 SA 处理堆肥的基础 $CO_2$ 呼吸差异缩小，表明高浓度磺胺类抗生素对堆体发酵的抑制会随着其进入堆肥时间的延长而减弱。堆肥过程中，磺胺类抗生素的降解可能是其抑制作用减弱的一个重要原因。

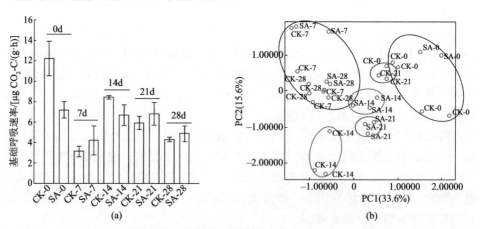

图 4-3　磺胺类抗生素添加对微生物群落水平生理特征的影响

（a）展示不同堆肥阶段的基础 $CO_2$ 呼吸；（b）展示不同时间下 CK 处理和 SA 处理堆肥中 MicroResp™ 数据的主成分分析

利用 PCA 图观察不同堆肥进程下磺胺类抗生素添加对微生物群落水平生理特征的影响[图 4-3（b）]，结果表明，堆体中的微生物群落代谢特征随着堆肥的进行不断变化。在堆肥早期（0～7d）和堆肥末期（28d），SA 处理和 CK 处理下堆肥微生物群落代谢特征差异较小；在堆肥中期（14～21d），两组处理堆肥的微生物群落代谢特征差异明显增大，这说明磺胺类抗生素对堆肥微生物群落结构的影响主要反映在堆肥中期。在堆肥的 14～28d，CK 处理微生物群落代谢特征的时间变化趋势明显大于 SA 处理。堆肥微生物群落代谢的变化可以在一定程度上反映堆肥微生物活动的差异，以及微生物群落结构的变化。堆肥后期，SA 处理对微生物群落代谢特征的影响减小，进一步反映抗生素诱导产生的堆肥微生物群落结构和功能改变是短暂的，会随着堆肥进程而逐步减弱其至消失。

### 3. 磺胺类抗生素添加对堆肥物质转化的影响

不同处理堆体中的基本养分、pH 和 EC 在堆肥进程下的变化情况如图 4-4 所示。CK 处理下有机质、总磷、铵态氮和硝态氮含量随时间的变化幅度明显大于 SA 处理，说明添加磺胺类抗生素在一定程度上抑制堆肥的养分转化。SA 处理堆肥的有机质含量明显高于 CK 处理，这一结果显示，高浓度的磺胺类抗生素抑制堆体微生物对碳源的利用，导致 SA 处理的有机质降幅减小，与 SA 处理下基础呼吸速率下降的结果一致。

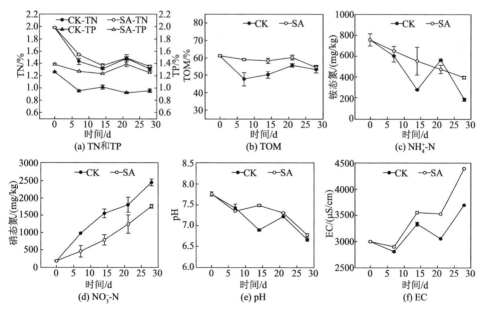

图 4-4　磺胺类抗生素添加对堆肥中 pH、EC 和基本养分的影响

TN：总氮；TP：总磷；TOM：有机质

在堆肥过程中，水溶性的铵态氮一部分转化为 $NH_3$ 挥发，另一部分通过硝化作用形成硝态氮。尽管 SA 处理和 CK 处理堆肥的 TN 含量在时间曲线上没有明显差异，但 CK 处理堆肥的硝态氮含量显著高于 SA 处理堆肥，表明高浓度的磺胺类抗生素对堆体中微生物的硝化作用产生明显抑制。CK 处理与 SA 处理在堆肥过程中的电导率时间曲线也不同，SA 处理堆肥的电导率总体更高。

### 4.2.2　堆肥抗生素降解动力学

#### 1. 堆肥对抗生素的降解作用

1) 堆肥化处理对畜禽粪便中抗生素的降解效率

畜禽粪便经过堆肥处理后，其中原本残留的抗生素能得到一定程度的去除，从而降低其施用后的生态环境风险。堆肥对抗生素的去除效率在不同原料、工艺条件、抗生素类型间差异较大，可在 0～100% 变动。表 4-10 列举了堆肥化处理对畜禽粪便中几种抗生素的降解率，其中，四环素类抗生素的降解率为 38.2%～100%，磺胺类抗生素的降解率为 0～100%。堆肥对大环内酯类抗生素的去除能力较强，降解率基本在 90% 以上，但现有的堆肥技术对氟喹诺酮类抗生素的去除能力有限，甚至可能导致氟喹诺酮类抗生素在堆肥产物中富集。

表 4-10　堆肥化处理对畜禽粪便中抗生素的降解率

| 抗生素类型 | 研究区域 | 堆肥材料 | 堆肥工艺 | 抗生素降解率 | 参考文献 |
| --- | --- | --- | --- | --- | --- |
| 四环素类 | 浙江慈溪（中国） | 鸡粪+木屑 | 中试堆肥 28d，翻堆供氧 | 金霉素：100% | 作者研究 |
| | 浙江衢州（中国） | 猪粪+菇渣 | 中试堆肥 42d，翻堆供氧 | 四环素类：51.4%（土霉素：38.2%；四环素：57.2%；多西环素：81.3%；金霉素：46.5%） | 作者研究 |
| | 广东清源（中国） | 猪粪+鸡粪+木屑 | 中试堆肥 117d，翻堆供氧 | 四环素类：73.4%（金霉素：59.6%；多西环素：44.6%；土霉素：79.7%；四环素：53.7%） | Zhang et al., 2019 |
| | 香港九龙塘（中国） | 猪粪+木屑 | 20L 反应器堆肥 56d，强制通风供氧 | 金霉素：100% | Selvam et al., 2012b |
| | 北京（中国） | 猪粪+菇渣 | 中试堆肥 52d | 金霉素：74%；土霉素 92%；四环素：70% | Wu et al., 2011 |
| | 雪兰莪州（马来西亚） | 肉鸡粪便 | 12L 塑料桶堆肥 40d，人工翻堆通风 | 多西环素：99.8% | Ho et al., 2013 |
| | 卡尔斯鲁厄（德国） | 鸡粪+木屑 | 容器堆肥 35d | 金霉素：>99% | Winckler and Grafe, 2001 |

续表

| 抗生素类型 | 研究区域 | 堆肥材料 | 堆肥工艺 | 抗生素降解率 | 参考文献 |
|---|---|---|---|---|---|
| 磺胺类 | 浙江慈溪（中国） | 鸡粪+木屑 | 中试堆肥28d，翻堆供氧 | 磺胺间甲氧嘧啶：100%；磺胺二甲嘧啶：100% | 作者研究 |
| | 浙江衢州（中国） | 猪粪+菇渣 | 中试堆肥42d，翻堆供氧 | 磺胺类：76.0%（磺胺嘧啶：82.2%；磺胺甲嘧啶：7.9%；磺胺氯吡嗪：56.5%；磺胺间甲氧嘧啶：64.1%；磺胺二甲嘧啶：89.6%） | 作者研究 |
| | 广东清源（中国） | 猪粪+鸡粪+木屑 | 中试堆肥117d，翻堆供氧 | 磺胺类：45.1%（磺胺嘧啶：44.5%；磺胺甲嘧啶：78.1%；磺胺间甲氧嘧啶：19.8%；磺胺喹喔啉：72.2%） | Zhang et al.，2019 |
| | 香港九龙塘（中国） | 猪粪+木屑 | 20L反应器堆肥56d，强制通风供氧 | 磺胺嘧啶：100% | Selvam et al.，2012b |
| | 雪兰莪州（马来西亚） | 肉鸡粪便 | 12L塑料桶堆肥40d，人工翻堆通风 | 磺胺嘧啶：>99.9% | Ho et al.，2013 |
| | 卡尔斯鲁厄（德国） | 鸡粪+木屑 | 容器堆肥35d | 磺胺二甲嘧啶：0% | Winckler and Grafe，2001 |
| 氟喹诺酮类 | 浙江慈溪（中国） | 鸡粪+木屑 | 中试堆肥28d，翻堆供氧 | 恩诺沙星：60.4%；氧氟沙星：28.2%；诺氟沙星：-17.2%；沙拉沙星：-190.2% | 作者研究 |
| | 浙江衢州（中国） | 猪粪+菇渣 | 中试堆肥42d，翻堆供氧 | 氟喹诺酮类：84.8%(氧氟沙星：41.9%；培氟沙星：47.7%；环丙沙星：100%；诺氟沙星：89.7%） | 作者研究 |
| | 广东清源（中国） | 猪粪+鸡粪+木屑 | 中试堆肥117d，翻堆供氧 | 氟喹诺酮类：-49.7%（环丙沙星：-49.7%；氧氟沙星：0；恩诺沙星：-25.3%；培氟沙星：-748.9%） | Zhang et al.，2019 |
| | 香港九龙塘（中国） | 猪粪+木屑 | 20L反应器堆肥56d，强制通风供氧 | 环丙沙星：17.1%~31.0% | Selvam et al.，2012b |
| | 北京（中国） | 鸡粪+木屑 | 桶式堆肥42d，人工翻堆供氧 | 诺氟沙星：71.5%；环丙沙星：56.4%；恩诺沙星：65.94%；洛美沙星：54.45%；沙拉沙星：62.58% | 孟磊等，2015 |
| | 雪兰莪州（马来西亚） | 肉鸡粪便 | 12L塑料桶堆肥40d，人工翻堆通风 | 诺氟沙星：>99.9%；恩诺沙星：99.9% | Ho et al.，2013 |
| 大环内酯类 | 浙江衢州（中国） | 猪粪+菇渣 | 中试堆肥42d，翻堆供氧 | 大环内酯类：91.5%（替米考星：93.2%；泰乐菌素：89.1%） | 作者研究 |

续表

| 抗生素类型 | 研究区域 | 堆肥材料 | 堆肥工艺 | 抗生素降解率 | 参考文献 |
|---|---|---|---|---|---|
| 大环内酯类 | 广东清源（中国） | 猪粪+鸡粪+木屑 | 中试堆肥 117d，翻堆供氧 | 大环内酯类（泰乐菌素、红霉素）：100% | Zhang et al.，2019 |
| | 雪兰莪州（马来西亚） | 肉鸡粪便 | 12L 塑料桶堆肥 40d，人工翻堆通风 | 泰乐菌素：>99.9%；红霉素：99.9%；替米考星：99.3% | Ho et al.，2013 |
| | 盛冈市（日本） | 羊粪+秸秆 | 反应器堆肥 28d，强制通风供氧 | 泰乐菌素：>97% | Kamei-Ishikawa et al.，2020 |
| | 卡尔斯鲁厄（德国） | 鸡粪+木屑 | 容器堆肥 35d | 泰乐菌素：>96% | Winckler and Grafe，2001 |

注：部分抗生素的降解率之所以为负，是因为受堆肥的富集作用影响，至堆肥结束时残留浓度反而增加。

2）鸡粪堆肥中磺胺类抗生素的降解过程

利用 4.2.1 节所述磺胺类抗生素添加对堆肥影响的试验设计，研究鸡粪堆肥过程中磺胺二甲嘧啶和磺胺间甲氧嘧啶的降解行为。

图 4-5 描述了堆肥过程中 CK 处理鸡粪内源残留磺胺二甲嘧啶的降解行为，发现 0.21mg/kg 的磺胺二甲嘧啶在 7d 内即可 100%降解。

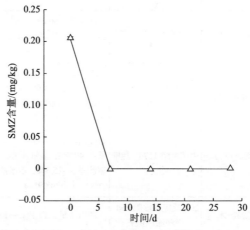

图 4-5　鸡粪堆肥原料中内源残留磺胺二甲嘧啶（SMZ）的降解曲线

通过外源添加磺胺间甲氧嘧啶和磺胺二甲嘧啶将 SA 处理堆肥原料中的磺胺间甲氧嘧啶和磺胺二甲嘧啶残留量分别提高至 2.68mg/kg 和 1.77mg/kg。图 4-6 描述了鸡粪堆肥中磺胺间甲氧嘧啶和磺胺二甲嘧啶降解的时间曲线。尽管 SA 处理下堆肥中的磺胺二甲嘧啶残留量大幅增加，但好氧堆肥仍能有效去除鸡粪中的磺胺二甲嘧啶。堆肥 7d 后，磺胺二甲嘧啶残留量从 1.77mg/kg 降低至 0.84mg/kg，降解率为 52.5%。与内源磺胺二甲嘧啶在 CK 处理中的降解类似，剩余的 0.84mg/kg

磺胺二甲嘧啶在堆肥第 14d 时（高温初期）被完全去除。SA 处理下，鸡粪中的磺胺间甲氧嘧啶在堆肥 7d 时降解率达 79.0%，14d 内 100%降解，残留浓度低于检出限（10μg/kg）。鸡粪堆肥中磺胺间甲氧嘧啶的快速降解可能是试验条件下鸡粪原料中无法检出磺胺间甲氧嘧啶的一个重要原因。推荐通过堆肥强化养殖源有机肥中磺胺类抗生素的去除，减少其在农田土壤中的累积。

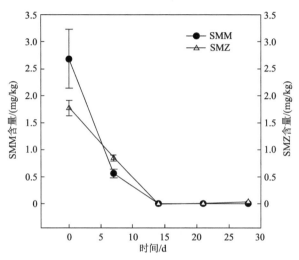

图 4-6　鸡粪堆肥中磺胺间甲氧嘧啶（SMM）和磺胺二甲嘧啶（SMZ）的降解曲线

### 2. 堆肥中抗生素降解的动力学模型

对抗生素降解动力学模型的了解有助于直观、准确地评估堆肥中抗生素的降解转化情况。常用于描述堆肥中抗生素降解动力学的方程包括零级动力学方程、一级动力学方程、二级动力学方程等，表述如下：

$$-\mathrm{d}C / \mathrm{d}t = kC^n \tag{4-1}$$

式中，$C$ 为时间 $t$ 时的污染物浓度，mg/kg；$t$ 为反应时间（d，h，…）；$k$ 为降解速率常数（$\mathrm{d}^{-1}$，$\mathrm{h}^{-1}$，…）；$n$ 为反应级数。

当 $n=0$ 时，式（4-1）转换为零级动力学方程：

$$C = -kt + C_0 \tag{4-2}$$

式中，$C_0$ 为化学物起始浓度，mg/kg。

当 $n=1$ 时，式（4-1）可转换为一级动力学方程：

$$\ln\left(\frac{C}{C_0}\right) = -kt \tag{4-3}$$

一级动力学方程常用于描述好氧堆肥过程中抗生素的降解规律。

通过式（4-4）可计算抗生素的降解半衰期（$t_{1/2}$）：

$$t_{1/2} = \ln(2) / k \qquad (4\text{-}4)$$

当 $n=2$ 时，式（4-1）转换为二级动力学方程：

$$\frac{1}{C} = kt + \frac{1}{C_0} \qquad (4\text{-}5)$$

Wang 等（2016a）在研究猪粪堆肥中的抗生素降解时，对比了零级动力学方程、一级动力学方程和二级动力学方程在描述不同类型抗生素降解规律时的效果，发现一级动力学方程在描述堆肥中环丙沙星降解时具有更高的拟合度（$R^2 > 0.92$）。

作者在研究不同处理下猪粪中试堆肥（试验地在浙江衢州某有机肥厂，4t）过程中抗生素的降解时，利用简单一级动力学模型对磺胺类、四环素类、氟喹诺酮类、大环内酯类抗生素进行拟合，也证实简单一级动力学模型能较好地描述上述抗生素的降解过程，$R^2$ 均在 0.9 以上（表 4-11）。

表 4-11　猪粪堆肥中不同类型抗生素的降解速率常数（$k$）和半衰期（$t_{1/2}$）

| 抗生素类型 | 处理 | 一级动力学反应方程 | | |
|---|---|---|---|---|
| | | $k/\text{d}^{-1}$ | $t_{1/2}/\text{d}$ | $R^2$ |
| 磺胺类 | 对照 | 0.102 | 6.789 | 0.985 |
| | 加轻质碳酸钙 | 0.116 | 6.001 | 0.950 |
| | 加 AACC | 0.120 | 5.767 | 0.947 |
| 四环素类 | 对照 | 0.076 | 9.144 | 0.985 |
| | 加轻质碳酸钙 | 0.114 | 6.059 | 0.983 |
| | 加 AACC | 0.129 | 5.340 | 0.998 |
| 氟喹诺酮类 | 对照 | 0.037 | 18.533 | 0.991 |
| | 加轻质碳酸钙 | 0.032 | 21.393 | 0.912 |
| | 加 AACC | 0.043 | 15.789 | 0.990 |
| 大环内酯类 | 对照 | 0.042 | 16.543 | 0.974 |
| | 加轻质碳酸钙 | 0.063 | 11.090 | 0.969 |
| | 加 AACC | 0.044 | 15.753 | 0.971 |

也有学者指出，由于抗生素提取回收率等问题（如堆肥物料对抗生素的吸附作用导致抗生素提取量比实际残留量低），简单一级反应动力学在一些条件下无法准确描述抗生素的降解状况。Wu 等（2011）采用简单一级动力学模型对好氧

发酵过程中金霉素的降解进行拟合时，$R^2$ 仅为 0.86。在这种情况下，可对一级动力学模型进行修正：

$$C=C_0 \times e^{-k\lambda t} \tag{4-6}$$

$$\lambda=\lambda_0 \times e^{-at} \tag{4-7}$$

$$t_{1/2} = -\ln\{1-a[\ln 2 - \ln(k\lambda_0)]\}/a \tag{4-8}$$

式中，$\lambda$ 为可降解部分和总目标产物的浓度比；$\lambda_0$ 为 $t=0$ 时的 $\lambda$ 值；$a$ 为可利用系数。

### 4.2.3　堆肥中抗生素降解的影响因素

#### 1. 温度

温度是环境介质中影响抗生素降解的关键因素。有研究指出，高温期是堆肥过程中抗生素降解的重要阶段，很多抗生素的降解都随着温度的升高而增强，但是畜禽粪便中的抗生素被有机质保护，热稳定性较高。作者对比研究猪粪中抗生素在 6℃、30℃、40℃、50℃、60℃条件下存放 5d 的去除率，如图 4-7 所示，只有当温度达到 60℃时，猪粪中抗生素的去除率才能显著增加。相比 30℃常温处理，60℃高温处理 5d，猪粪中抗生素的残留总量下降 64.8%，其中，磺胺嘧啶、磺胺间二甲

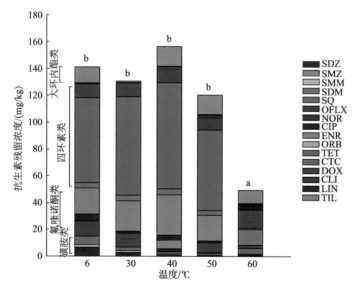

图 4-7　不同温度处理下猪粪中的抗生素残留浓度

柱上无相同字母的表示处理间总的抗生素残留浓度差异显著（$P<0.05$）

SDZ：磺胺嘧啶；SMZ：磺胺二甲嘧啶；SMM：磺胺间甲氧嘧啶；SDM：磺胺间二甲氧嘧啶；SQ：磺胺喹噁啉；
OFLX：氧氟沙星；NOR：诺氟沙星；CIP：环丙沙星；ENR：恩诺沙星；ORB：奥比沙星；TET：四环素；
CTC：金霉素；DOX：多西环素；CLI：克林霉素；LIN：林可霉素；TIL：替米考星

氧嘧啶、磺胺间甲氧嘧啶、四环素、金霉素、多西环素、氧氟沙星、环丙沙星和恩诺沙星的残留浓度分别下降90.1%、88.0%、74.8%、78.6%、78.1%、68.4%、61.9%、60.4%和38.5%。此外，在60℃下，猪粪中总的抗生素残留浓度总体随培养时间的延长呈线性下降趋势。因此，高温可以有效降低猪粪中抗生素的残留，但温度建议在60℃以上，并且高温维持时间越长，去除效果越好。宋相通等（2022）对比分析了传统高温好氧发酵和超高温好氧发酵对污泥中诺氟沙星、氧氟沙星及其降解产物的去除性能，发现超高温好氧发酵可以更有效地去除氧氟沙星及其降解产物，使得诺氟沙星和氧氟沙星的生态风险较传统高温好氧发酵分别降低3.1%和30.5%。

非生物降解和生物降解（微生物转化）在堆肥的抗生素去除中都发挥着重要作用。四环素类抗生素的分解温度为170℃，而好氧发酵过程中堆体温度在55℃以上维持的时间一般只有1周，不足以使70%以上的抗生素去除，所以堆肥过程中抗生素的降解往往是微生物与高温协同作用的结果。除嗜热型微生物外，大多数环境微生物在60℃时已死亡或进入休眠，受此影响，畜禽粪便中抗生素的去除率并不完全遵循随温度增加而增加的规律。作者在研究鸡粪中抗生素降解的温度响应时证实了上述现象的存在。如图4-8所示，对比鸡粪中磺胺类抗生素和氟喹诺酮类抗生素在6℃、30℃、40℃、50℃、60℃条件下存放5d后的残留浓度并计算去除率，虽然从40℃开始，鸡粪中磺胺类抗生素和氟喹诺酮类抗生素的去除率随温度增加而增加，但30℃条件下两种抗生素的降解却最为强烈。在30℃条件下，鸡粪中磺胺类抗生素和氟喹诺酮类抗生素的残留浓度甚至比60℃高温处理后的残留浓度还要分别低81.7%和16.7%。此外，温度对抗生素降解的影响与抗生素类型和物化环境也有关。例如，$\beta$-内酰胺类抗生素的热稳定性一般低于磺胺类抗生素和四环素类抗生素；金霉素、土霉素等四环素类抗生素在酸性条件下的热稳定性显著高于在碱性条件。

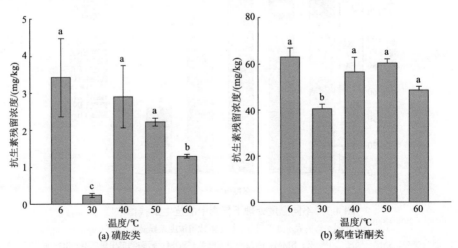

图4-8 温度对鸡粪中磺胺类抗生素和氟喹诺酮类抗生素降解的影响

柱上无相同字母的表示处理间差异显著（$P<0.05$）

## 2. pH

pH 对抗生素的吸附、水解和微生物降解等均有重要影响。抗生素残留环境 pH 的改变可通过改变 π-π 色散力作用、疏水作用和静电力作用影响抗生素的吸附量。例如，相比碱性条件，酸性条件下磺胺二甲嘧啶、磺胺氯哒嗪、磺胺噻唑等抗生素在土壤、堆肥等固体介质中的吸附量更大。pH 还会影响抗生素水解。研究发现，相比碱性条件，酸性条件（pH=4.3）不利于土壤中磺胺嘧啶的水解（Yang et al.，2009）。此外，pH 还可影响微生物膜表面电荷的性质和膜的通透性，改变环境中抗生素或与抗生素降解相关有机化合物的离子化状态，以及细胞对抗生素或营养物质的吸收状况，从而影响微生物对抗生素的降解。

在实际生产中，由于粪便来源和添加辅料的不同，堆肥物料的初始 pH 存在较大差异。作者对 pH 为 7.4 的猪粪（主要残留抗生素为磺胺嘧啶、磺胺二甲嘧啶、磺胺间甲氧嘧啶、磺胺甲氧哒嗪、氧氟沙星、环丙沙星、恩诺沙星、四环素、金霉素、多西环素、林可霉素、替米考星和克林霉素）进行调酸处理，将 pH 分别降低到 6.4、5.4 和 4.8，30℃存放 5d 后发现，所有经过酸化处理的猪粪中的抗生素残留量均显著低于未经酸化的对照，其中，pH 为 5.4 的处理组的抗生素残留总量降幅超过 50%（图 4-9）。

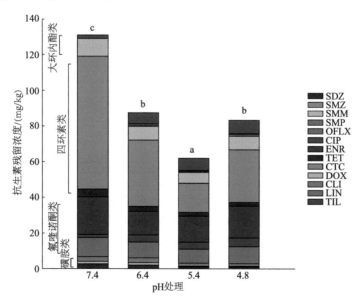

图 4-9　不同 pH 处理猪粪中的抗生素残留浓度

柱上无相同字母的表示处理间总的抗生素残留浓度差异显著（$P<0.05$）

酸化处理主要促进了猪粪中四环素类抗生素和磺胺类抗生素的降解，抑制大环内酯类抗生素的降解，对氟喹诺酮类抗生素降解无明显影响。将猪粪的初始 pH

从 7.4 调低到 5.4，磺胺类抗生素的去除率可提高 53%，四环素类抗生素的去除率可提高 85%（表 4-12）。

表 4-12　不同 pH 处理 5d 后猪粪中不同类型抗生素的残留量（单位：mg/kg）

| pH | 磺胺类 | 氟喹诺酮类 | 四环素类 | 大环内酯类 |
|---|---|---|---|---|
| 7.4[*] | 6.53 | 33.84 | 89.01 | 0.90 |
| 6.4 | 6.03 | 26.23 | 47.27 | 7.47 |
| 5.4 | 3.05 | 26.52 | 13.14 | 7.75 |
| 4.8 | 2.84 | 32.14 | 39.18 | 9.21 |

＊ 猪粪的初始 pH。

一般来说，堆肥对低浓度抗生素的去除能力较为有限。Qiao 等（2012）研究发现，初始浓度低于 0.12mg/kg 的抗生素在堆肥中的去除率仅为 25%，而初始浓度较高的抗生素的去除率可高于 90%。作者研究证明，调酸处理可在一定程度上提高猪粪中低浓度磺胺类抗生素的降解能力。例如，猪粪中初始残留浓度为 0.19mg/kg 的磺胺二甲嘧啶和残留浓度为 2.10mg/kg 的磺胺间甲氧嘧啶，在未调节 pH（pH 为 7.4）的情况下，5d 去除率为 26%～35%，但通过酸化将 pH 调到 5.4 以下时，二者的降解率可提高到 75%以上（表 4-13）。

表 4-13　不同 pH 处理猪粪中磺胺类抗生素的 5d 去除率（单位：%）

| pH | 磺胺嘧啶 | 磺胺甲氧哒嗪 | 磺胺间甲氧嘧啶 | 磺胺二甲嘧啶 |
|---|---|---|---|---|
| 7.4[*] | 60.8 | 60.8 | 35.1 | 26.2 |
| 6.4 | 66.5 | 55.3 | 54.5 | 55.2 |
| 5.4 | 85.3 | 75.0 | 77.5 | 76.3 |
| 4.8 | 86.0 | 77.3 | 78.1 | 78.2 |

＊ 猪粪的初始 pH。

生物降解是去除土壤、污泥、粪便等固体环境基质中磺胺类抗生素的主要途径。酸化驱动猪粪中抗生素的快速降解，与粪便中微生物群落的变化有密切关系。相比其他细菌，猪粪中厚壁菌门（Firmicutes）和变形杆菌门（Proteobacteria）对 pH 的变化较为敏感。酸化可大幅诱导猪粪中 Firmicutes 累积，使其成为优势菌门，同时降低 Proteobacteria 的丰度（相对丰度可从 50%降低至 4.2%），而 Firmicutes 部分细菌成员与磺胺类抗生素的降解有关。Liao 等（2016）在抗生素降解微生物驯化试验中发现，伴随磺胺类抗生素生物降解率的增加，Firmicutes 细菌的丰度大幅增加，而 Proteobacteria 细菌的丰度明显下降。

总的来看，通过调节 pH 来促进畜禽粪便中抗生素降解的方法简便、易行，应用于畜禽粪便储存或堆肥前处理中，有助于缓解粪便中抗生素残留的不利影响。

### 3. 辅料

辅料添加在畜禽粪便堆肥过程中很常见，多用于调节粪便的湿度和 C/N，使其达到最适宜微生物生长和代谢的条件，促进堆体温度迅速升高。大多数涉及畜禽粪便堆肥抗生素降解的研究都是在添加辅料的条件下进行的。据报道，稻草、锯末、菇渣、稻壳、生物炭、赤泥等都能促进堆肥中抗生素的降解，并抑制 ARGs 扩散。Qiu 等（2012）比较了不添加辅料、添加锯末和添加稻草 3 种情况下猪粪堆肥中磺胺类抗生素的去除效果，结果发现，添加辅料可以促进磺胺类抗生素的去除，而且添加稻草的效果比添加锯末的效果更好。在猪粪堆肥过程中添加稻草后，磺胺甲噁唑的去除率可达 100%。如表 4-11 所示，向堆肥中添加轻质碳酸钙、AACC 等也可促进抗生素的降解。作者研究证实，向猪粪中添加 AACC 提高了微生物群落对抗生素降解的贡献，促进了堆肥过程中潜在抗生素降解细菌多样性和丰度的增加，相应地，四环素类、磺胺类、氟喹诺酮类等多类型抗生素的降解速率常数增加，半衰期缩短。

基于抗生素的热解效应，堆肥温度的升高或高温时间延长通常被认为是堆肥辅料（如稻草、生物炭、赤泥等）促进堆肥抗生素降解的主要机制（Qiu et al., 2012）。实际上，部分辅料也可以在不影响温度的情况下促进粪便中抗生素的降解。作者向猪粪中添加木屑、菇渣和稻壳，然后在 30℃下存放 5d，测定抗生素残留浓度。结果显示，向猪粪中添加锯末，抗生素去除率增加了 14.9%～33.4%，在对照组中完全不能降解的磺胺嘧啶、土霉素和金霉素，在添加锯末后，降解率分别达到 73.3%、58.4%和 29.5%。辅料添加对猪粪中四环素类抗生素和磺胺类抗生素降解的影响大于其对氟喹诺酮类抗生素的影响。

需要注意的是，尽管相同类型抗生素的降解行为存在相似性，但辅料对抗生素降解的影响仍受到粪便来源的干扰。作者向鸡粪中添加与猪粪相同比例的木屑、菇渣和稻壳，但发现仅添加锯末的鸡粪处理中抗生素去除率增加（提高了 3.1%），菇渣和稻壳的添加反而在一定程度上抑制了抗生素浓度的下降，推测这与鸡粪和猪粪中抗生素的残留类型有关。在残留的抗生素中，四环素类抗生素和磺胺类抗生素在猪粪中的占比最高（分别为 60.6%和 21.5%），而鸡粪中氟喹诺酮类抗生素和磺胺类抗生素的占比最高（分别为 60.4%和 19.7%）。另外，猪粪和鸡粪的细菌群落组成差异也较大。在作者的研究中，供试猪粪中的优势细菌分布在 Firmicutes、Proteobacteria、拟杆菌门（Bacteroidetes）和放线菌门（Actinobacteria）；而鸡粪中的细菌以 Firmicutes 和 Proteobacteria 为主，二者合计占鸡粪总细菌的 90%以上。微生物群落组成的差异可能是相同辅料对不同来源畜禽粪便中抗生素降解影响不同的重要因素之一。畜禽粪便中的抗生素降解微生物在抗生素去除中发挥着重要作用。猪粪中黄单胞菌科（Xanthomonadaceae）和微球菌科（Micrococcaceae）的细菌丰度分别与磺胺类抗生素、氟喹诺酮类抗生素浓度呈显著负相关，假单胞科（Pseudomonadaceae）和海洋螺菌科（Oceanospirillaceae）的细菌丰度与大环内酯类抗生素的浓度呈显著负相关。上述微生物都可能在相应抗生素的降解中发挥作用。锯末、菇渣等辅料的添加在一定程度上促进这些潜在抗生素降解微生物的生长和繁殖，从而强化抗生素的生物降解。在作者的研究中，锯末和菇渣的添加在促进猪粪中抗生素降解的同时，也分别使得猪粪中的黄单胞菌科细菌丰度增加了 1.78 倍和 1.11 倍。

### 4. 光照

传统的粪便无害化处理，除晾晒外，均未考虑光照的影响，大部分粪便都在避光场所储存、加工，特别是堆肥，往往在遮光条件下进行。然而，光照是影响自然环境中抗生素残留量的重要因素之一，四环素、土霉素、红霉素在模拟日光下均能发生光降解。尽管土壤、粪便等固体介质中抗生素的光解程度有限，但光照仍可加速畜禽粪便中土霉素、金霉素、氧氟沙星、恩诺沙星等抗生素的去除。作者从不同来源采集猪粪、鸡粪，分析光照对不同粪便中主要残留抗生素降解的影响，结果发现，光照处理的猪粪样品的抗生素残留总量低于避光处理的猪粪样品，其四环素类抗生素、氟喹诺酮类抗生素和磺胺类抗生素的残留浓度可比避光处理时分别降低 50.6%、22.3%和 25.6%。

表 4-14 汇总了猪粪中残留的 15 种抗生素在 24h 光照和避光条件下培养 5d 后的残留浓度差异。猪粪中 66%的抗生素在 24h 光照处理下的去除效率要优于避光处理，并且该结果不因样品和光照时间的改变而改变。然而，畜禽粪便中残留的抗生素类型多样，光照对畜禽粪便中不同抗生素降解的影响仍有一定差异，如光照会抑制猪粪中替米考星和克林霉素的降解。

表 4-14　光照对猪粪中 15 种抗生素降解的影响

| 抗生素种类 | 化合物名称 | FC | |
|---|---|---|---|
| | | 猪粪（义乌） | 猪粪（常山） |
| 磺胺类 | 磺胺嘧啶 | 0.46 | 0.82 |
| | 磺胺间甲氧嘧啶 | 0.49 | 0.93 |
| | 磺胺间二甲氧嘧啶 | 0.50 | 0.69 |
| | 磺胺二甲嘧啶 | 0.49 | 1.02 |
| | 磺胺噻唑 | NA | 0.92 |
| | 磺胺氯哒嗪 | NA | 0.36 |
| 氟喹诺酮类 | 氧氟沙星 | 0.74 | 1.01 |
| | 恩诺沙星 | 0.78 | NA |
| | 环丙沙星 | 0.91 | NA |

续表

| 抗生素种类 | 化合物名称 | FC | |
| --- | --- | --- | --- |
| | | 猪粪（义乌） | 猪粪（常山） |
| 四环素类 | 多西环素 | 0.64 | 0.84 |
| | 金霉素 | 0.76 | 0.86 |
| | 四环素 | 0.77 | 1.00 |
| | 土霉素 | NA | 0.95 |
| 大环内酯类 | 克林霉素 | >1* | NA |
| | 替米考星 | 2.18 | NA |

注：FC 是光培养与避光培养下抗生素残留浓度的比例，若 FC>1，则表示光照抑制降解；若 FC<1，则表示光照促进降解。NA 表示原料样品未检出。下同。

\* 避光培养下的残留浓度低于检测限。

　　光照对粪便中抗生素降解的影响在不同来源粪便中也存在一定的差异。24h 光照处理促进来源于建德的鸡粪中磺胺类抗生素的降解，但却抑制义乌来源鸡粪中磺胺类抗生素的去除（表 4-15）。由于肠道环境、饲料配方和用药的不同，不同来源、类型的畜禽粪便在细菌群落组成、理化性质和抗生素分布上具有明显差异，这些生物和非生物差异均可能影响光照对抗生素降解的作用。光照促进畜禽粪便中抗生素降解的机制还有待进一步深入研究。

表 4-15　光处理对不同来源鸡粪中 14 种抗生素降解的影响

| 抗生素种类 | 化合物名称 | FC | |
| --- | --- | --- | --- |
| | | 鸡粪（义乌） | 鸡粪（建德） |
| 磺胺类 | 磺胺嘧啶 | 30.11 | 0.55 |
| | 磺胺二甲嘧啶 | 3.77 | 0.74 |
| | 磺胺间甲氧嘧啶 | NA | 0.79 |
| | 磺胺间二甲氧嘧啶 | 6.53 | 0.65 |
| | 磺胺噻唑 | NA | 0.00 |
| | 磺胺甲噁唑 | NA | 0.00 |
| | 磺胺喹噁啉 | 3.51 | NA |
| 氟喹诺酮类 | 氧氟沙星 | 0.71 | 0.94 |
| | 恩诺沙星 | 1.02 | 0.87 |
| | 环丙沙星 | 1.19 | 0.76 |
| | 培氟沙星 | NA | 0.97 |

续表

| 抗生素种类 | 化合物名称 | FC | |
| --- | --- | --- | --- |
| | | 鸡粪（义乌） | 鸡粪（建德） |
| | 多西环素 | 0.95 | 0.62 |
| 四环素类 | 土霉素 | 0.78 | NA |
| | 四环素 | NA | 0.93 |

光降解和化学降解都是抗生素去除的重要机制，光照可通过影响抗生素光解和化学降解改变粪便发酵对抗生素的去除效果。例如，光照诱导粪便中有机质分解产生自由基、过氧化物、单重态氧等，这些强氧化物质的产生会进一步加速抗生素的水解和光降解。除光降解和化学降解外，微生物降解也是减少畜禽粪便中大部分抗生素的主要机制之一。在光照诱导抗生素分解的过程中，抗生素首先依靠光降解和化学降解转化成中间产物，然后这些中间产物被粪便中的微生物进一步降解，因此光照可以通过光降解和生物降解之间的协同来促进抗生素的去除。此外，光照还可以通过影响畜禽粪便在生物发酵过程中微生物群落的变化来改变抗生素的去除效率。Lin 等（2010）报道，光照诱导底泥中的环丙沙星发生生物降解，但这种生物降解在避光条件下没有发生，暗示光照改变了底泥的微生物群落。在作者的研究中，光照被证实可诱导畜禽粪便细菌群落组成的变化，如增加猪粪中细菌的群落多样性。义乌猪粪样品在光照诱导下丰度显著增加的细菌种群包括棒杆菌科（Corynebacteriaceae）、微球菌科（Micrococcaceae）、芽孢杆菌科（Bacillaceae）等，而上述细菌与有机质尤其是难降解有机质的分解密切相关，如在科水平上，Corynebacteriaceae 细菌可降解木质素、单宁、激素等有机物；Micrococcaceae 细菌可强烈分解果胶、木聚糖，并且被报道具有生物降解磺胺类抗生素的能力；Bacillaceae 细菌具有较强的污染物分解能力，部分菌株被用于分解活性染料、纤维素、甲壳素，以及苯、甲苯、乙苯、二甲苯等芳香族污染物。

综上所述，光照对畜禽粪便中抗生素降解的促进作用可通过如下途径体现：①光照促进畜禽粪便中抗生素的光解和化学降解，这一作用也可减轻抗生素对细菌群落丰度和多样性的抑制；②光照通过实现抗生素光降解和生物降解之间的协同，促进抗生素的去除；③光照直接增加畜禽粪便中的细菌群落多样性，诱导产生更多更全面的分解酶系，进而增强对包括抗生素在内的有机质的分解转化。

5. 翻堆供氧

良好的通风能够提供好氧发酵过程中微生物所需的氧气。畜禽粪便堆肥中的供氧方式包括自然通风、强制通风和翻堆通风。有研究对比了自然通风、强制通风和翻堆通风下金霉素、泰乐菌素和莫能菌素的去除情况，发现强制通风和翻堆通风可提高堆肥中抗生素的降解速率。作者在实验室培养条件下，通过搅拌模拟翻堆对猪粪和鸡粪中抗生素降解的影响，结果表明，相比不搅拌的对照处理，搅拌处理下猪粪和鸡粪中抗生素的降解速率均显著增加，搅拌翻堆处理后猪粪和鸡粪中的抗生素残留总量相比对照分别降低了 19.5%和 13.1%，其中四环素类抗生素残留量下降最为明显。

## 4.2.4　抗生素生物处理技术

### 1. 微生物处理方法

为了全面解决抗生素污染问题，除避免抗生素的滥用外，如何去除环境体系中残留的抗生素也非常重要。针对抗生素残留污水的理化处理，研究人员已进行了大量的实践和探索，提出了包括高级氧化法、活性炭吸附法、低温等离子体技术和膜处理法等方法，但是这些方法在处理固态介质中的抗生素残留时存在局限性。近年来，生物处理技术因成本低、环境友好的优点在污染物去除中得到了广泛的应用。生物降解是畜禽粪污中抗生素去除的一种重要途径。微生物通过开环或改变官能团可实现对抗生素的生物脱毒。微生物强化技术作为抗生素污染治理修复的重要手段之一，在成本、管理，以及固态介质的抗生素残留处理上均有一定的优势，但是不同类型抗生素的生物降解性能存在较大差异。研究指出，在活性污泥中，四环素类抗生素的去除以吸附为主，微生物降解的作用有限，甚至不存在微生物降解。与此相反，微生物降解却是活性污泥等介质中磺胺类抗生素去除的主要机制，一些微生物能够将磺胺类抗生素作为碳源或氮源，另一些微生物则可通过共代谢降解磺胺类抗生素。另外，微生物降解也是氟喹诺酮类抗生素去除的途径之一，特别是在好氧条件下，其降解效率比厌氧条件下高。

### 2. 四环素类抗生素降解微生物

抗生素降解微生物是微生物强化技术的重要组成。$\beta$-内酰胺类、大环内酯类、四环素类、氟喹诺酮类、磺胺类、氯霉素类抗生素都有相应的特异性降解微生物报道。真菌（白腐真菌）和细菌均可参与抗生素的降解，但以细菌为主。目前，筛选获得的抗生素降解微生物的种属特征差异较大，以四环素类抗生素降解微生物为例，其种属类型多样，分布广泛，涵盖了革兰氏阳性菌和革兰氏阴性菌（表 4-16）。

表 4-16　四环素类抗生素降解微生物

| 细菌 | 化合物 | 抗生素降解 | | 参考文献 |
|---|---|---|---|---|
| | | 最大降解率/% | 培养条件 | |
| 烟草节杆菌<br>（*Arthrobacter nicotianae*）OTC-16 | 土霉素 | 98.5 | 土霉素 100mg/L，30℃，8d | Shi et al.，2021 |
| *Arthrobacter nicotianae* OTC-16 | 四环素 | 65.0 | 四环素 100mg/L，30℃，8d | Shi et al.，2021 |
| 蜡样芽孢杆菌<br>（*Bacillus cereus*）Oxy2 | 土霉素 | 84.8 | 土霉素 50mg/L，35℃，72h | 王志强等，2011 |
| *Bacillus cereus* TC-1 | 四环素 | 56.2 | 四环素 150mg/L，30℃，7d | 黄建凤等，2017 |
| 枯草芽孢杆菌<br>（*Bacillus subtilis*）TJ-6# | 土霉素 | 49.6 | 土霉素 50mg/L，30℃，5d | 成洁等，2017 |
| *Bacillus subtilis* TJ-6# | 四环素 | 62.8 | 四环素 50mg/L，30℃，5d | 成洁等，2017 |
| *Bacillus subtilis* TJ-6# | 金霉素 | 60.6 | 金霉素 50mg/L，30℃，5d | 成洁等，2017 |
| 木糖氧化无色杆菌<br>（*Achromobacter xylosoxidans*）<br>TJ-2# | 土霉素 | 58.3 | 土霉素 50mg/L，30℃，5d | 成洁等，2017 |
| *Achromobacter xylosoxidans* TJ-2# | 四环素 | 63.9 | 四环素 50mg/L，30℃，5d | 成洁等，2017 |
| *Achromobacter xylosoxidans* TJ-2# | 金霉素 | 65.5 | 金霉素 50mg/L，30℃，5d | 成洁等，2017 |
| 表皮葡萄球菌<br>（*Staphylococcus epidermidis*） | 四环素 | ≈70 | 四环素 100mg/L，30℃，10h | Park，2012 |
| 类芽孢杆菌属<br>（*Paenibacillus* sp.）YH2 | 土霉素 | 71.0 | 土霉素 300mg/L，30℃，72h | 于浩等，2017 |
| 短波单胞菌属<br>（*Brevundimonas* sp.）YH1 | 土霉素 | 72.9 | 土霉素 300mg/L，30℃，72h | 于浩等，2017 |
| 鞘氨醇杆菌属<br>（*Sphingobactrium* sp.）PM2-P1-29 | 四环素 | ≈50 | 四环素 20mg/L，30℃，27h | Ghosh et al.，2009 |
| 缺陷假单胞菌<br>（*Brevundimonas diminuta*）TD2 | 四环素 | 90+ | 四环素 100mg/L，30℃，5d | Xu et al.，2011 |
| 人苍白杆菌<br>（*Ochrobactrum anthropi*）TD3 | 四环素 | 90+ | 四环素 100mg/L，30℃，5d | Xu et al.，2011 |
| 肺炎克雷白杆菌<br>（*Klebsiella pneumoniae*）TTC-1 | 四环素 | 95.4 | 四环素 60mg/L，30℃，7d | 陶美，2018 |
| 克雷伯氏菌属<br>（*Klebsiella* sp.）SQY5 | 土霉素 | 94.4 | 土霉素 10mg/L，30℃，4d | Shao et al.，2018a |
| 阴沟肠杆菌<br>（*Enterobacter cloacae*） | 土霉素 | 90+ | 土霉素 100mg/L，30℃，6d | 陈海宁，2010 |
| 拉乌尔菌属（*Raoultella* sp.）XY-1 | 四环素 | 70.7 | 四环素 50mg/L，25℃，8d | 吴学玲等，2018 |

续表

| 细菌 | 化合物 | 抗生素降解 | | 参考文献 |
|---|---|---|---|---|
| | | 最大降解率/% | 培养条件 | |
| 无丙二酸柠檬酸杆菌<br>（*Citrobacter amalonaticus*） | 四环素 | 86.9 | 四环素 100mg/L，35℃，72h | Ma et al.，2012 |
| 解蛋白弧菌<br>（*Vibrio proteolyticus*）RO8 | 土霉素 | 50 | 土霉素 30mg/L，20℃，21d | Maki et al.，2010 |
| *Vibrio proteolyticus* RO5 | 土霉素 | 63 | 土霉素 30mg/L，20℃，21d | Maki et al.，2010 |
| *Citromicrobium bathyomarinum* RO7 | 土霉素 | 36 | 土霉素 30mg/L，20℃，21d | Maki et al.，2010 |
| 副球菌属（*Paracoccus* sp.）RO4 | 土霉素 | 37 | 土霉素 30mg/L，20℃，21d | Maki et al.，2010 |
| 假单胞菌属（*Pseudomonas* sp.）T4 | 土霉素 | 81.0 | 土霉素 50mg/L，40℃，7d | Qi et al.，2019 |
| 嗜麦芽寡养菌属（*Stenotrophomonas maltophilia*）DT1 | 四环素 | 95.5 | 四环素 50mg/L，30℃，7d | Leng et al.，2016 |
| 小陌生菌属（*Advenella* sp.）4002 | 四环素 | 57.8 | 四环素 50mg/L，30℃，6d | Zhang et al.，2015 |
| 苍白杆菌属<br>（*Ochrobactrum* sp.）KSS10 | 土霉素 | 75.9 | 土霉素 19.25mg/L，30℃，24h | Shao et al.，2018b |
| 鞘氨醇杆菌属<br>（*Sphingobacterium* sp.）Z-8 | 四环素 | ≈88 | 四环素 2mg/L，30℃，2d | Xu et al.，2011 |

从目前报道的四环素类抗生素降解细菌的 16S rRNA 基因序列系统进化分析可知，四环素类抗生素降解菌以变形菌门细菌居多，放线菌门细菌仅有 *Arthrobacter nicotianae* OTC-16。放线菌门的成员通常表现出更强的抗应激能力，如耐高温，因此 *Arthrobacter nicotianae* OTC-16 的环境适应性较强。目前节杆菌（*Arthrobacter*）属细菌除被报道能降解四环素类抗生素外，还被报道能降解尼古丁、2-甲基喹啉、五氯硝基苯、阿特拉津、磺胺嘧啶、1-萘酚、三嗪类、有机磷、生物碱和苯及其衍生物等。

抗生素降解微生物通常通过产生相应的降解酶修饰或破坏抗生素的分子结构而导致抗生素降解。以四环素类抗生素为例，大多数四环素类抗生素降解微生物通过产生漆酶（Suda et al.，2011）、锰过氧化物酶、谷胱甘肽 S-转移酶和四环素灭活单加氧酶等降解土霉素/四环素。作者发现，对 *Arthrobacter nicotianae* OTC-16 进行热失活处理后，该菌株失去降解土霉素的能力，这表明 OTC-16 细胞中一些热敏物质参与了该菌株对土霉素的生物转化。

相比光解、水解等化学降解，生物降解在脱毒方面的作用更加明显。例如，土霉素在水体中存在明显的自然降解，但土霉素自然水解产物的生态毒性远大于生物降解产物的毒性。作者以枯草芽孢杆菌、大肠杆菌和斜生栅藻为指示生物，发现土霉素经微生物（*Arthrobacter nicotianae* OTC-16）降解之后的产物的毒性较母体显著降低。相比之下，土霉素水解产物仍具有较高的生物毒性，对 3 种指示生物的细胞生长均表现出强烈的抑制作用。

### 3. 抗生素降解微生物的筛选

包括抗生素降解微生物在内的大部分污染物降解微生物都筛选于自然环境中。尽管自然界中存在着丰富的降解菌源，但细菌受制于自然环境条件下污染物分布不均、传质效率低等局限，其进化成高效降解菌需要漫长的过程。菌种驯化是从特定环境中分离、获取高效污染物降解菌的常用方法，一般采用特定的人工措施，如逐步提高人工培养环境中的污染物浓度，使得微生物逐步适应特定条件，定向选育具有较高耐受力和活动能力的微生物。

图 4-10 介绍了一种以制药厂生化池活性污泥为来源的抗生素降解微生物驯化、筛选和分离方案。在自然界中，不是所有的抗生素降解微生物都能以抗生素为唯一碳源，为了提高获得降解菌的概率，该方案使用了两种驯化富集培养基，其中，贫营养富集培养基以目标抗生素为唯一碳源，筛选能够以抗生素为唯一碳源的降解微生物，也是目前污染物降解微生物驯化筛选的首选培养基。但是在实际环境中，以抗生素为唯一碳源的降解微生物群体比例较小且难以培养，大部分降解微生物可能仅仅是参与脱毒、减少胁迫，因此该方案将含有抗生素的富营养富集培养基作为备选。基于上述筛选方案驯化土霉素降解菌，研究发现，富营养富集培养基中的土霉素降解率总是高于贫营养富集培养基。由此推测，在生化池活性污泥中，大部分土霉素降解菌的生态角色可能仅仅是脱毒，并非将其作为碳源。虽然污泥中存在大量的土霉素耐药细菌，但 99% 的耐药菌株无法降解土霉素，甚至还会抑制土霉素在水体中的自然降解。因此，采用含有抗生素的富营养富集培养基进行降解菌的分离筛选易造成假阳性，会导致后续复筛工作量增加。

### 4. 微生物强化技术在畜禽粪便抗生素去除中的应用

#### 1）微生物强化去除抗生素

微生物降解是堆肥、土壤等复杂环境介质中抗生素降解的主要机制。在生物修复领域，当污染环境中土著微生物对污染物的降解能力不足或缺乏时，可以通过外源接种某些具有特定功能的微生物来强化污染物的去除，即微生物强化技术。微生物强化技术在畜禽粪便抗生素去除中也有很好的应用效果。作者向猪粪或鸡粪中接种 *Arthrobacter nicotianae* OTC-16，结果发现，相比不接种的对照，接种处理的猪粪中土霉素和四环素的残留量分别降低了 91.54% 和 86.58%，并且降解率随接种量的增加而增加。沈东升等（2013）发现，向猪粪堆肥中接种土霉素降解菌，至 21d 堆肥结束时，土霉素降解率从 62.7% 提高到 82.0%。接种部分芽孢杆菌复合制剂也被证实能有效促进堆肥中抗生素的降解。张树清等（2006）在堆肥过程中加入一种芽孢杆菌生物复合制剂后，土霉素和金霉素的降解率较不加菌剂的对

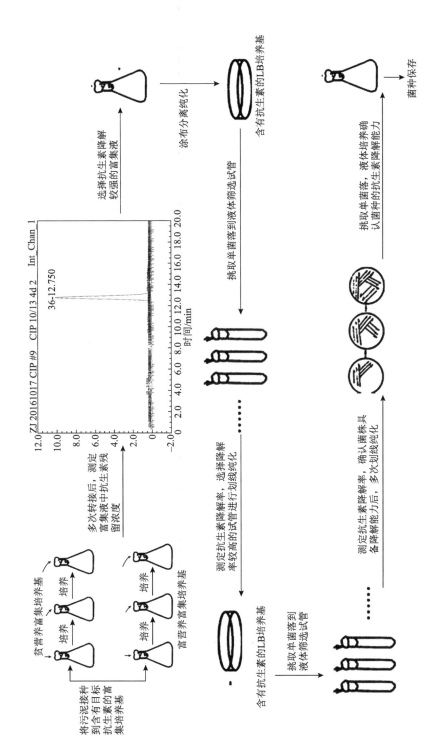

图 4-10　抗生素降解微生物的分离筛选方案

照组明显提升。除了接种细菌，接种白腐真菌也可有效促进畜禽粪便及其堆肥中抗生素的去除。试验发现，与对照相比，接种黄孢原毛平革菌（*Phanerochaete chrysosporium*，白腐真菌的一种）的猪粪抗生素降解率大幅提高，其中，磺胺噻唑、磺胺二甲嘧啶、土霉素、四环素和金霉素的残留浓度分别下降了81.76%、80.02%、90.74%、85.10%和84.70%，即使是效果相对较差的氟苯尼考和恩诺沙星，其残留浓度的降幅也超过50%。有研究表明，白腐真菌之所以能够降解各种结构的抗生素，与其能分泌细胞色素P450、漆酶、木质素过氧化物酶和锰过氧化物酶等有关。

2）抗生素降解微生物在有机肥生产中的作用

抗生素降解微生物的运用可以加速畜禽有机肥中抗生素的去除，但是在实际生产中，企业添加微生物菌剂的主要目的仍是促进堆肥升温腐熟。由于缺乏抗生素残留的相关标准，企业对单纯以抗生素降解为目的的微生物菌剂需求不强。因此，在现阶段，研究抗生素降解菌剂添加对堆肥升温、腐熟等进程的影响，研发兼具污染物削减和堆肥升温腐熟的多功能微生物菌剂更具实际价值。实际的畜禽粪便环境中往往有多种抗生素共存，单一微生物的纯培养往往难以实现对多污染物的矿化，而且单一菌种在实际应用中也面临着生存竞争等问题，因此包含多种微生物菌株的复合微生物菌剂是当前功能菌剂研发的重要方向。

目前，已有部分抗生素降解功能菌剂被报道可促进堆肥的升温腐熟。例如，接种抗生素降解微生物菌剂（复合微生物菌剂 Anti-1）处理的最高堆体温度可达55℃，而不接菌的对照处理升温缓慢，最高堆体温度低于50℃。

种子发芽指数（GI）能有效反映堆肥的腐熟度及其对植物的毒性。一般地，当 GI>50%时，认为堆肥基本腐熟，毒性在植物可承受范围内；当 GI≥80%时，认为堆肥已完全腐熟，没有毒性。接种抗生素降解功能菌剂也能促进堆肥腐熟，如复合微生物菌剂 Anti-1 接种处理组的猪粪有机肥，黄瓜和萝卜的 GI 均大于80%且均高于不接菌的对照。

采用固体核磁共振分析堆肥产物的有机质组成（表4-17），相比对照，复合微生物菌剂 Anti-1 接种处理的堆肥产物中，芳香碳含量增加，暗示稳定性有机质含量增加，纤维素、半纤维素等易分解物质含量下降。

表4-17　不同堆肥产物官能团的相对比例　　　（单位：%）

| 处理 | 官能团化学位移（chemical shift, $\delta$） | | | | |
| --- | --- | --- | --- | --- | --- |
| | 161~188 | 111~161 | 92~111 | 44~92 | 0~44 |
| | 羧基碳 | 芳香碳 | 异头碳 | 烷氧碳 | 烷基碳 |
| | | 稳定性有机质 | 木质素 | 纤维素和半纤维素 | |
| 对照（CK） | 4.70 | 12.25 | 12.70 | 68.99 | 11.84 |
| 菌剂处理（T） | 5.81 | 14.32 | 12.29 | 67.28 | 13.51 |

　　氨气和硫化氢是堆肥过程中所产生臭气的主要成分，与堆肥中微生物的代谢活动和有机质分解密切相关。有研究指出，向堆肥中接种微生物菌剂能改变微生物的代谢活动，减少氨气和硫化氢的产生，并促进二者的氧化分解，从而降低其排放，减少污染。如图 4-11 所示，接种抗生素降解菌剂对臭气减排有一定的贡献。堆肥过程中，硫化氢的排放速率随着堆肥进程直线下降，其中，接种抗生素降解菌剂处理堆肥中的硫化氢排放通量整体低于对照。与对照相比，添加菌剂的处理在高峰期的氨气排放通量亦减少。计算堆肥过程中臭气的总排放量，结果表明，接种抗生素降解菌剂显著降低了堆肥过程中氨气和硫化氢的累积排放量。

　　粪便堆肥中，土著细菌群落之间往往存在紧密的相互作用。作者通过构建和分析接种外源抗生素降解菌剂和对照堆肥中细菌互作网络的拓扑特征，发现接种菌剂大幅减少了细菌群落互作网络的复杂度和连通性，细菌之间的共生、协同作用减弱。换言之，堆肥中外源抗生素降解菌剂的进入可以打破原有土著细菌群落之间的平衡，为新的且更加健康的堆肥细菌群落的建立奠定基础。

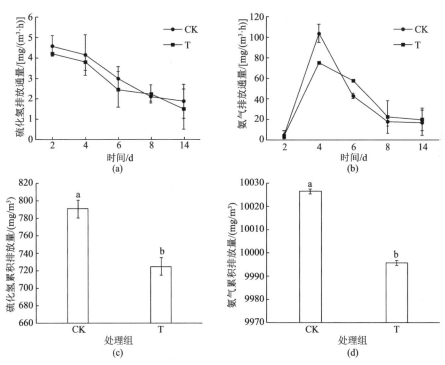

图 4-11　接种微生物菌剂对硫化氢和氨气排放通量和累积排放量的影响

柱上无相同字母的表示处理间差异显著（$P<0.05$）。CK：对照；T：接种菌剂

# 4.3　有害生物污染控制

## 4.3.1　畜禽粪便中的有害生物污染控制

　　以畜禽粪便为原料的有机肥中存在大量的有害生物，如大肠杆菌、沙门氏菌、肠道病毒、鞭毛虫、虫卵等。这些有害生物可随有机肥的施用进入农业环境，对土壤、水体甚至作物造成生物性污染，并有增加人畜共患病原菌的风险。我国属于病原菌中度污染区域，腹泻暴发比例在8%~20%。大部分未经处理的粪便直接堆放于露天环境或施用于农田，大大提高了畜禽粪便中病原微生物传递到环境中的风险。

　　为了控制畜禽粪便的不合理利用对水体、土壤、空气，以及人类健康的影响，世界各国家/地区和有关机构、组织都制定了相关的标准或法律。美国农业部规定，对于未经堆肥处理的粪便，其施用期与作物收获期必须间隔120d以上。德国法律规定，畜禽粪便不经处理不得排入地面或地下水源中，并且为确保堆肥中的病原微生物无环境风险，堆肥需满足相关法律要求。荷兰为了防止畜禽粪便污染，根据土壤类型和作物情况，规定了每公顷土地中畜禽粪便的施用量。我国在《粪便无害化卫生要求》（GB 7959—2012）、《畜禽粪便还田技术规范》（GB/T 25246—2010）和《畜禽养殖业污染物排放标准》（GB 18596—2001）中均对畜禽粪便无害化处理的相关指标与检测方法做出了明确的规定，包括pH、粪大肠菌、钩虫卵、蛔虫卵等。另外，在《粪便无害化卫生要求》（GB 7959—2012）中还规定，沙门氏菌不得检出。

　　然而，目前我国畜禽养殖场的畜禽粪便无害化处理效果仍有待提升。梁雨等（2019）于2018年冬季走访了天津市9个典型的集约化畜禽养殖场，发现3家集约化养牛场的粪便在固液分离后，固体粪便仅经过晾晒后即再重复利用为卧床垫料；在3家猪场中，有2家的粪便无害化处理仅进行了固液分离，就将分离后的固体粪便集中售卖给农户做农家肥施入农田；3家鸡场的粪便均未进行任何处理就直接售卖给农户施入农田。在这9家养殖场中，未经无害化处理的动物粪便中，牛粪中粪大肠菌群的浓度是$4.73\times10^{6}$~$3.18\times10^{7}$MPN/g，鸡粪中粪大肠菌群的浓度在$2.28\times10^{6}$~$5.48\times10^{8}$MPN/g，猪粪中粪大肠菌群的浓度达到$1.82\times10^{7}$~$5.17\times10^{9}$MPN/g。这些伴随粪便进入农田的致病微生物对人类健康及畜牧业的健康发展来说都具有极大的安全风险。

　　堆肥是目前有机肥生产中畜禽粪便无害化的重要环节。堆肥过程中的高温可将有害生物杀灭，从而达到去除虫卵、病原微生物、杂草种子等有害生物的目的。一般来说，当堆体温度达到50~65℃且至少维持6d即可将畜禽粪便中的杂草种子、寄生虫、植物和人畜病原菌等有害生物全部杀灭。但在实际生产中，仍会有一些耐高温的病原菌、杂草种子等在堆肥后存活下来。堆肥中病原体的再生和再污染问题已被广泛报道，这是堆肥面临的挑战。作者曾对比堆肥前后猪粪中磺胺耐药细菌的群落组成，发现堆肥虽然降低了大多数潜在的病原菌，但对一些致病的芽孢杆菌无效。这些芽孢杆菌能够形成孢子，待堆肥进入降温期后重新复苏并生长繁殖，甚至部分具有磺胺耐药性的炭疽芽孢杆菌在堆肥后还得到了富集，成为堆肥细菌群落中的优势菌群。

畜禽粪便中有害生物的灭活效率与堆体温度、微生物群落、pH 等存在紧密联系。延长堆肥高温期时间、利用蚯蚓等与粪便共堆肥、添加碱性调理剂等方法被证明能提高堆肥对病原菌的灭活作用。

### 4.3.2　堆肥灭活有害生物的影响因素

#### 1. 温度

堆体温度对有害生物存活的影响最大。高温处理时间与几种常见病菌、寄生虫卵死亡之间的关系如表 4-18 所示。对于植物致病菌，温度高于 50℃时，青枯菌的生物量减少，菌株无法生长。对于杂草种子，堆体温度高于 60℃就能将其有效灭活。有研究报道，粪便与园林有机物混合堆肥中，菟丝子、苔草、莎草、毒葛等杂草种子在 60℃以上的堆肥中全部死亡，但若堆体温度低于 38℃，杂草种子可以存活。堆肥对小袋虫、球虫、蛔虫、鞭虫、节虫等寄生虫的杀灭效果较好，腐熟的粪便堆肥中很少能见到虫体。总的来说，现有的高温堆肥技术在控制畜禽粪便中常规有害生物污染方面的效果较好。

尽管如此，部分商品有机肥中仍存在着未灭活的有害生物，这可能是因为在实际生产中，部分堆肥只是局部达到高温，大部分区域仍处于中温状态，高温持续时间较短，或者堆肥体系中存在大比例的耐热有害生物。在现有的高温堆肥过程中，堆体的最高温度对于某些耐性极强的杂草种子来说是不足以致死的。例如，地肤、藜、稗草等，在自然堆肥条件下，60℃以上的堆体温度持续 3d，即全部死亡，而田旋花则需要在 83℃的堆体温度维持 7d 以上才会死亡。延长堆肥的高温期或提高堆体温度可帮助杀死大部分有害生物。例如，肠出血性大肠杆菌在 50℃时的存活时间为 7～14d，随温度增加，其存活时间不断缩短。再如，在牛粪好氧堆肥中，堆体温度越高，彻底灭杀沙门氏菌所需的时间就越短。提高堆体温度、延长高温维持时间的常用方法有添加外源堆肥菌剂、增加翻堆次数以保持堆体均匀、调节堆料初始 C/N 等。事实上，对于没有翻堆/混合措施的静态堆肥（膜堆肥）来说，堆垛边缘和表面的温度很可能不足以高到能够杀死杂草种子和病原体，从而产生风险。也就是说，在堆肥的高温阶段进行翻堆、混合，对于确保所有材料都能达到高温以杀死杂草种子和病原体来说至关重要。此外，在堆肥前，将畜禽粪便在 70℃下先处理 30min 再进行高温堆肥也可大幅减少堆肥产物中的病原菌。超高温堆肥也是一项有潜力的畜禽粪便无害化措施，在一些耐性极强的有害生物的控制方面预计会有很好的效果。

表 4-18　几种常见病菌和寄生虫卵的杀灭温度与所需时间

| 病菌/寄生虫卵 | 杀灭温度/℃ | 时间 | 病菌/寄生虫卵 | 杀灭温度/℃ | 时间 |
|---|---|---|---|---|---|
| 大肠杆菌 | 55～60 | 30min | 蛔虫卵 | 60 | 30min |
| 痢疾病菌 | 55 | 60min | 钩虫卵 | 50 | 3d |
| 葡萄球菌 | 50 | 10min | 鞭虫卵 | 45 | 60min |
| 沙门氏伤寒菌 | 55～60 | 30min | 蝇蛆 | 51～56 | 1d |
| 牛结核杆菌 | 55 | 45min | 炭疽病菌 | 50～55 | 60d |
| 志贺氏杆菌 | 55 | 60min | 麦蛾卵 | 60 | 5d |
| 化脓性细菌 | 50 | 10min | 稻热病菌 | 51～52 | 10d |
| 结核分枝杆菌 | 66 | 20min | 田旋花种子 | 83 | 7d |

### 2. pH 和铵态氮的影响

pH 和游离氨的浓度也会影响堆肥过程中有害生物的灭活。pH 已被发现影响杂草种子、植物和人畜共患病原菌、植物病原菌休眠孢子的萌发和存活。相比酸性条件，碱性条件可有效灭活大肠杆菌。通过向堆体中添加适量尿素的方法增加铵态氮浓度，可以提高堆肥的植物毒性，从而有效杀灭杂草种子。同时，铵态氮浓度的增加被指出抑制青枯菌的生长。杨天杰等（2021）发现，铵浓度为 3.5mg/g 时，青枯菌的生物量下降了 52.1%。此外，向好氧堆肥体系添加石灰氮等碱性材料亦有助于灭活堆体中的金黄色葡萄球菌等人畜共患病原菌。

### 3. 其他环境因素的影响

非致死温度、光照、水分、挥发性酸、对营养物质的竞争等均会影响畜禽粪便堆肥中有害生物的存活。杂草种子对热死亡的敏感性受到堆肥水分含量的影响。与潮湿环境中的种子相比，干燥环境中的杂草种子能够在更高的温度下存活更长的时间。有研究指出，向牛粪堆肥中加水会大大增强其对杂草种子的破坏。与干堆肥相比，湿堆肥在杀死苍耳、牵牛花、猪草、向日葵、鹿茸、虎尾草、光滑雀麦方面的速度更快，效果更好。成熟堆肥中水分含量、颗粒大小等均会影响沙门氏菌、大肠杆菌 O157:H7 等的存活率。大颗粒堆肥样品中，大肠杆菌 O157:H7 的存活率比在小颗粒堆肥样品更高。对同一季节具有相同粒径的堆肥样品而言，病原体在较低的初始水分含量（20%）条件下比在相对较高的初始水分含量（40%）条件下存活得更好。另外，堆体中部和底部虽然可能达不到灭活病原菌所需的温度，但这些区域可在厌氧菌的作用下产生各种酸性物质，通过化学作用杀灭病原菌。

### 4. 昆虫/土壤动物与粪便共堆肥

研究指出，利用蚯蚓、黑水虻等与有机废弃物进行共堆肥，可以降低包括大肠杆菌、沙门氏菌、总大肠菌群和粪大肠菌群等各种致病菌的丰度。

#### 1）蚯蚓堆肥

蚯蚓又名地龙，是环节动物门寡毛纲的陆栖无脊椎动物。目前，全世界有蚯蚓 3000 余种，我国有 200 多种。通过普通堆肥-蚯蚓堆肥相结合的两步堆肥法，可提高畜禽粪便中大肠杆菌的灭活率。在这一过程中，首先进行脱水污泥和锯末混合基质的好氧堆肥预处理，此时污泥中粪大肠菌群的灭活率可达 63.7%，随后使用赤子爱胜蚓（Eisenia fetida）继续处理堆肥，粪大肠菌群的灭活率可提高至 100%。

除了高温对致病菌的灭活作用，拮抗微生物与致病菌之间的相互作用对沙门氏菌丰度的影响也不容小觑。在蚯蚓堆肥中发现，微生物存活率较高的堆体温度（55℃）比微生物存活率低的堆体温度（70℃）更有利于杀灭沙门氏菌。

蚯蚓与畜禽粪便共堆肥对病原菌的灭活效果与蚯蚓品种有关。有研究指出，利用赤子爱胜蚓（Eisenia fetida）、安德爱胜蚓（Eisenia Andrei）、红正蚓（Lumbricus rubellus）和尤金真蚓（Eudrilus eugeniae）处理猪粪，Eisenia fetida 处理的总大肠菌群数量最低，去除率达 85%。

目前，关于蚯蚓去除病原菌机理的研究还有待完善。可能的机制包括蚯蚓通过释放具有抗菌特性的体腔液对病原微生物的繁殖产生明显的抑制作用，通过活动改变病原菌的生存环境等。

#### 2）黑水虻堆肥

黑水虻，又名亮斑扁角水虻，原产于南美洲，是双翅目水虻科扁角水虻属，是一类营腐生的昆虫。黑水虻的幼虫具有高效的免疫防御系统，能生产分泌抗菌肽、凝集素和溶菌酶等物质，同时，黑水虻肠道内的微生物菌群也能对外源病原菌起到一定的抑制作用。黑水虻幼虫对大肠杆菌 O157:H7、沙门氏菌、金黄色葡萄球菌等畜禽粪便中重要的致病菌均有很好的杀灭效果。王路逸等（2022）将鸡粪作为饲料喂养黑水虻，3 日龄黑水虻幼虫在 8d 的处理时间内能将大肠杆菌 O157:H7 和沙门氏菌完全清除，在 12d 的处理时间内能将金黄色葡萄球菌完全清除。利用黑水虻幼虫转化有机废弃物的方法目前已被用于畜禽粪便、果蔬废弃物、厨余垃圾等堆肥中，可有效降低这些有机废弃物中的病原菌数量。Awasthi 等（2020）研究了黑水虻幼虫对鸡粪、猪粪和牛粪中病原菌的影响，与对照组相比，经黑水虻处理的畜禽粪便中，包含芽孢杆菌属、肠球菌属、李斯特菌属、肠球菌属、链球菌属、赖氨酸芽孢杆菌属、消化梭菌属、沙门氏菌属、葡萄球菌属、不动杆菌属、埃希氏菌属、肠杆菌属等在内的各类病原菌的丰度均显著下降，鸡粪和牛粪中的病原菌丰度下降 90%～93%，猪粪中的病原菌丰度下降 86%～88%。特别值得一提的是，黑水虻处理显著降低了对温度耐受性较强的芽孢杆菌属病原菌的丰度。Elhag 等（2022）也证明，黑水虻幼虫可抑制猪粪中天然存在的大肠菌群、金黄色葡萄球菌和沙门氏菌等人畜共患病原体。黑水虻幼虫中的抗菌肽和从其肠道中分离获得的细菌对大肠菌群、金黄色葡萄球菌与沙门氏菌均有明显抑制作用。

### 5. 堆肥添加剂

向畜禽粪便或堆肥中添加沸石、过磷酸钙、石灰产品、氰化钙等物质，已被证明可帮助杀灭病原菌。例如，沸石和过磷酸钙改良剂在大规模鸡粪的堆肥过程中对去除病原菌具有重要作用。添加黏土被发现有助于延长堆肥高温期且能降低鸡粪堆肥中病原菌的丰度。在添加 2.5%氰化钙的中温堆肥期间，牛粪中的食源性病原体显著减少。将石灰产品如氧化钙或氢氧化钙作为添加物，也可以破坏粪便中存在的病原体。研究显示，将足量的石灰与牛粪均匀混合，使粪便的 pH 提高到 12，接触时间大于 2h 即可有效灭活牛粪中的病原体。

# 4.4　抗生素抗性基因污染阻控

## 4.4.1　处理工艺对抗性基因的去除作用

畜禽粪便及其堆肥产品已成为环境中日益严重的 ARGs 负荷的主要贡献者。施肥是耐药微生物和 ARGs 进入土壤环境的重要途径，一些土壤中原本没有的 ARGs 可以随之被带入土壤，而施用了抗生素、重金属等污染物残留量较高的有机肥又进一步给土壤带来选择压力，促使环境细菌中耐药细菌增殖和 ARGs 水平转移，引发土壤 ARGs 丰度上升。控制和降低畜禽粪便中的 ARGs 及其选择压力，对于保障有机肥的安全利用和产业的可持续发展来说已成为一项重要议题。

以生物发酵为代表的畜禽粪便无害化处理，已被证实能有效减轻抗生素污染，并且在遏制 ARGs 传播和扩散中具有重要作用。畜禽粪便堆肥发酵可以去除其中 95%的可提取四环素，同时可使四环素抗性细菌的数量降低 90%。Selvam 等（2012a）在研究堆肥发酵对猪粪中 ARGs 丰度的影响时发现，发酵前，在猪粪中可检测到 6 种四环素类 ARGs、4 种磺胺类 ARGs 和 2 种氟喹诺酮类 ARGs；经过 28～42d 的堆肥后，除了氟喹诺酮类 ARGs 中的 *parC*，其他几种都未检测到。

目前，市场上利用畜禽粪便生产有机肥的方法多样，而 ARGs 会受到环境中很多因素如光照、高温、重金属等的影响，因此，不同肥料生产工艺对粪便中 ARGs 的影响也存在明显差异。以鸡粪为原料，对比直接堆制、好氧堆肥、厌氧发酵、化学处理 4 种方法制备的有机肥在 ARGs 丰度上的差异,试验处理与设计如表 4-19 所示。

表 4-19　不同有机肥制备工艺对 ARGs 丰度影响的试验设计

| 处理编号 | 处理内容 |
| --- | --- |
| T1 | 好氧堆肥（堆体小）：原料为 1.0～1.5t,菌剂添加量为 0.05%,木屑添加量为 5%,混匀 2～3 遍,翻堆（4～6d 翻一次,共翻 6 次） |
| T2 | 直接堆制：原料为 50kg,不加菌剂和木屑,直接堆制,不翻堆 |
| T3 | 厌氧发酵：60L 密封塑料桶,原料为 50kg,菌剂添加量为 0.05%,混匀 2～3 遍,加入塑料桶内密封 28d |
| T4 | 化学处理：将 50kg 原料与 1%的石灰石拌匀 2～3 遍,随后加入 2%的硫酸搅拌 4～5 遍,将所有物料堆入 60L 塑料密封桶,密封 48h |
| T5 | 好氧堆肥（堆体大）：原料为 8～10t,菌剂添加量为 0.05%,木屑添加量为 5%,混匀 2～3 遍,定期机械翻堆 |

　　选取 4 个磺胺类 ARGs（$sul1$、$sul2$、$sul3$、$sulA$）、2 个整合子基因（$intI1$、$intI2$）、6 个四环素类 ARGs（$tetQ$、$tetW$、$tetA$、$tetB$、$tetC$、$tetG$）和 2 个氟喹诺酮抗性基因（$gyrA$、$parC$）作为待测的目标基因。在所有样品中,均无法检出 $sul3$、$sulA$、$intI2$、$gyrA$ 和 $parC$,但有与 $sul1$、$sul2$、$intI1$、$tetQ$、$tetW$、$tetA$、$tetG$、$tetC$ 相同大小的 DNA 产物检出,经割胶回收、片段纯化和测序鉴定,判断以上 DNA 产物为目标抗性基因片段。根据检出频率,供试粪便和有机肥样品中的磺胺类 ARGs 以 $sul1$、$sul2$ 为主;$tetQ$ 和 $tetW$ 在所测四环素类 ARGs 中检出频率最高且具有较高丰度;整合子以 $intI1$ 为主。用参照基因 16S rDNA 对样品中的 ARGs 进行校正,获得 ARGs 的相对丰度（rrn）,随后计算出处理后样品与处理前样品 ARGs 丰度差异的比（$E$）:若 $E$ 大于 1,表明处理后样品中的 ARGs 丰度增加;若 $E$ 小于 1,表明处理后样品中的 ARGs 丰度减少。

　　如图 4-12 所示,ARGs 的相对丰度（ARGs 在样品细菌中的含量）在不同处理下差异明显。两种好氧堆肥（T1 和 T5）都能有效控制 ARGs 的传播和扩散,所检出 ARGs 的相对丰度都明显下降。厌氧发酵和化学处理也可抑制堆体中磺胺类 ARGs 的扩散和增长,但会增加四环素类 ARGs 的累积。与其他工艺相比,直接堆制增加了有机肥中磺胺类 ARGs 的相对丰度,但降低了四环素类 ARGs 的相对丰度。与直接堆制相比,其他 4 个处理均有高温过程。同时,具有更强 ARGs 去除能力的 T5 处理的平均堆体温度（55.1℃）要高于 T1 处理（平均堆体温度为 43.7℃）。由此推测,磺胺类 ARGs 的减少与温度密切相关。

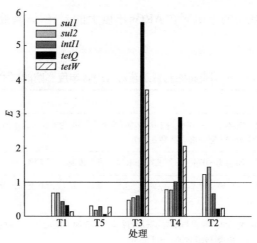

图 4-12　不同工艺处理前后抗性基因的丰度差异

　　好氧堆肥在降低 ARGs 丰度方面的效果明显，但是由于粪便原料、工艺参数等的差异，堆肥对 ARGs 的影响在不同研究中存在一定的不同。Zhu 等（2013）通过调研全国的养殖粪便发现，不同地区的堆肥对 ARGs 的去除效果差异较大，福田地区堆肥猪粪中的磺胺类 ARGs 丰度比堆肥前还高，而北京地区堆肥样品的 ARGs 丰度普遍比未堆肥样品要低。表 4-20 列出了部分研究中堆肥对畜禽粪便、污泥中 ARGs 的去除情况，这些试验主要在实验室规模的反应器中进行，原料涉及污泥、猪粪、鸡粪、牛粪等，研究较多的 ARGs 集中在耐受四环素类、磺胺类、大环内酯类、氨基糖苷类和 $\beta$-内酰胺类抗生素上，可以看出，堆肥对 ARGs 的去除率在不同研究结果中差异很大。

表 4-20　堆肥化处理对畜禽粪便、污泥中 ARGs 的去除效果

| ARGs | 堆料 | 堆肥条件 | 堆肥前 ARGs 的相对丰度 | 堆肥后 ARGs 的相对丰度 | 参考文献 |
|---|---|---|---|---|---|
| 四环素类(tetG、tetW 和 tetX)，磺胺类(sul1 和 sul2)，氨基糖苷类[aac(60)-Ib-cr]，β-内酰胺类(blaCTX-M 和 blaTEM)，大环内酯类(ereA、ermB、ermF、mefA) | 脱水污泥和菇渣，实验室规模 | 处理包括对照（A）、添加天然沸石（B）、添加硝化抑制剂（C），堆肥 183d | — | 反应器 A 和 C 中 ARGs 的总拷贝分别增加 2.04 倍和 1.95 倍，反应器 B 中的 ARGs 总拷贝减少 1.5% | Zhang et al.，2016 |
| 四环素类（tetA、tetB、tetC、tetG、tetL、tetM、tetQ、tetO、tetW 和 tetX），大环内酯类（ermB、ermF、ermT、ermX、mefA 和 ereA），氨基糖苷类（aacA4、aadA、aadB、aadE、aphA1、strA、strB），磺胺类（sul1、sul2、sul3） | 脱水污泥与成熟堆肥混合，堆体 200t | 处理包括超高温堆肥和常规堆肥，堆肥 45d | 四环素类和磺胺类 ARGs 分别为 5.1×10¹¹copies/g 和 1.1×10¹⁰copies/g | 超高温和常规堆肥后 ARGs 的相对丰度分别为 0.05 和 0.14 | Liao et al.，2018 |

| ARGs | 堆料 | 堆肥条件 | 堆肥前 ARGs 的相对丰度 | 堆肥后 ARGs 的相对丰度 | 参考文献 |
|---|---|---|---|---|---|
| 156 种 ARGs 和 MGEs，包括四环素、多重耐药、大环内酯类、林可酰胺、链霉素 B 和氨基糖苷类 | 脱水污泥、锯末和稻草，实验室规模 | 堆肥 50d | — | 堆肥中 ARGs 富集，堆肥结束时丰度显著升高 | Su et al., 2015 |
| 四环素类（$tetM$、$tetO$、$tetQ$、$tetS$、$tetT$、$tetW$、$tetB/P$、$tetC$、$tetE$、$tetG$、$tetH$、$tetY$、$tetZ$），磺胺类（$sul1$、$sul2$、$sul3$、$dfrA1$、$drfA2$、$drfA7$），氟喹诺酮类（$gyrA$、$parC$） | 猪粪和锯末，实验室规模 | 堆肥 56d | 四环素类、磺胺类 ARGs 相对丰度分别为 0.02～1.91、0.67～10.28 | 除 $parC$ 外，未检测到其他 ARGs | Selvam et al., 2012b |
| 四环素类（$tetA$、$tetB$、$tetC$、$tetL$、$tetO$、$tetM$、$tetW$、$tetX$） | 猪粪、菇渣和赤泥，料堆 27m³ | 处理包括添加赤泥（RM）和对照（CK），堆肥 53d | — | 1g 干堆肥的 ARGs 下降 2.4 个数量级，其中高温阶段下降了 1.5 个数量级，添加赤泥抑制 ARGs 去除 | Wang et al., 2016b |
| 四环素类（$tetC$、$tetG$、$tetW$、$tetX$），磺胺类（$sul1$、$sul2$、$dfrA1$、$dfrA7$），大环内酯类（$ermB$、$ermF$、$ermQ$ 和 $ermX$） | 鸡粪中添加不同比例竹炭，堆肥 3kg | 堆肥 26d | — | 对照处理中 ARGs（除了 $sul1$）的相对丰度下降 0.85 个数量级，添加竹炭使得 ARGs 的去除量增加 1.05～1.15 个数量级 | Li et al., 2017 |
| 四环素类（$tetC$、$tetG$、$tetQ$、$tetW$、$tetX$）、磺胺类（$sul1$、$sul2$、$dfrA7$），大环内酯类（$ermF$、$ermQ$、$ermX$），氟喹诺酮类[$qnrS$、$qnrD$、$aac(6')$-$ib$-$cr$] | 猪粪和麦秸，实验室规模 | 处理包括对照和添加聚丙烯酸钠，堆肥 35d | ARGs 的绝对丰度在 $10^7$～$10^{10}$copies/g | 添加聚丙烯酸钠促进 ARGs 去除，所有 ARGs 的绝对丰度下降 8.12%～96.70% | Guo et al., 2017 |
| 多重耐药、氨基糖苷类、β-内酰胺类、四环素类、万古霉素、大环内酯类、林可酰胺和链霉素 B、氟喹诺酮类、氯霉素和磺胺类药物的耐药性 | 牛、家禽和猪粪与稻草混合，大规模堆肥 | — | 牛和家禽粪便中的 ARGs 相对丰度分别为 1.9 和 5.5 | 堆肥后，牛和家禽 ARGs 的相对丰度分别下降至 0.2 和 1.8 | Xie et al., 2016 |
| 四环素类（$tetB$、$tetC$、$tetM$、$tetO$、$tetT$、$tetZ$） | 猪粪，培养皿，60℃下培养 | 培养 4d | — | 高温培养不能去除四环素类 ARGs | Kang et al., 2017 |

续表

| ARGs | 堆料 | 堆肥条件 | 堆肥前ARGs的相对丰度 | 堆肥后ARGs的相对丰度 | 参考文献 |
|---|---|---|---|---|---|
| 四环素类 (*tetA*、*tetB*、*tetC*、*tetE*、*tetG*、*tetM*、*tetO*、*tetQ*、*tetT*、*tetW*、*tetX*);磺胺类 (*sul1*、*sul2*、*sulA*、*dfrA1*、*dfrA7*),大环内酯类 (*ermA*、*ermB*、*ermC*、*ermF*、*ermQ*、*ermT*、*ermX*),氟喹诺酮类 [*aac* (60) -*Ib-cr*、*gyrA*、*parC*、*qnrC* 和 *qnrS*] | 猪粪与草药残渣,堆肥5kg | 处理包括对照和添加草药残渣,堆肥40d | — | *aac* (60) -*Ib-cr* 和 *tetW* 的绝对丰度分别下降1.29个和1.82个数量级,*intI1*、*tetG*、*qnrA* 和 *qnrS* 的绝对丰度在对照中增加,但在添加草药残渣的处理中下降34.1%~84.0% | Zhang et al., 2017 |

## 4.4.2 好氧堆肥中抗性基因的消长过程

针对磺胺类 ARGs 和四环素类 ARGs,以位于浙江省慈溪市和常山县的两家有机肥料企业为对象,调查分析好氧堆肥过程中 ARGs 的动态变化。两家企业畜禽粪便堆肥的具体信息如表 4-21 所示。

表 4-21　不同企业畜禽粪便堆肥的具体信息

| 场地 | 原料 | 基本性状 |
|---|---|---|
| 浙江省慈溪市 | 鸡粪 | 木屑调理,混合物含水率为 61%~67%,pH 为 7.5,C/N 为 16.3~17.9,有机质含量为 61%~62% |
| 浙江省常山县 | 猪粪 | 菇渣调理,混合物含水率为 68.5%,pH 为 6.5,C/N 为 15.4,有机质含量为 70.1% |

在慈溪市鸡粪堆料的可培养细菌中,有 20% 同时携带 *sul1* 和 *sul2* 基因;而在常山县猪粪堆料的可培养细菌中,20% 以上携带 *sul1* 基因,仅有 3%~4% 的细菌携带 *sul2* 基因。*sul1* 和 *sul2* 在堆肥进程中的消长变化呈现多种模式。在慈溪市堆肥样本中,*sul1*、*sul2* 和 *intI1* 基因的相对丰度均随着堆肥的进行先下降后上升;在常山县堆肥样本中,*sul1* 基因的相对丰度随时间波动变化,先下降后上升再下降,而 *sul2* 和 *intI1* 基因的相对丰度随堆肥进行持续下降。

在慈溪市鸡粪样本中检出 *tetQ* 和 *tetW*,二者在总细菌中的比例分别为 1.3% 和 0.3%。堆肥过程中,*tetQ* 和 *tetW* 的相对丰度随堆肥的进行先上升后下降。堆肥 7d 时,*tetW* 的相对丰度最高,是粪便原料的 4.7 倍。

常山县堆肥试验以猪粪为主要原料,*tetQ* 在总细菌中的比例为 0.2%~0.8%,与慈溪市鸡粪样本中的结果存在明显差异,堆肥过程中,*tetQ* 和 *tetW* 的相对丰度持续下降,42d 时,去除率均在 99% 以上。

综上，堆肥中 ARGs 相对丰度的变化具有不确定性，即便是相同的 ARGs，在不同堆肥中的变化模式也可能完全不同。ARGs 的动态变化与堆肥中抗生素的残留浓度、温度、pH、辅料类型等参数存在紧密联系。深入了解堆肥中影响 ARGs 变化的因素，对于解析不同地区或批次堆肥对 ARGs 的去除差异、揭示堆肥中 ARGs 的消长机制、优化堆肥工艺来说均具有重要意义。

### 4.4.3　堆肥抗性基因去除的影响因素

#### 1. 抗生素

微生物对抗生素产生耐药性是自然选择进化的结果。抗生素滥用是目前环境中 ARGs 及其宿主大量出现、增殖和传播的重要诱因。一方面，大量使用抗生素导致畜禽肠道细菌中的耐药细菌增加；另一方面，耐药细菌长期生活在抗生素的选择压力下，携带的 ARGs 通过整合子、转座子、质粒等遗传元件在细菌之间水平转移。有研究指出，与直接向粪便中添加抗生素诱导形成的 ARGs 相比，通过饲喂抗生素诱导肠道微生物群落发生变化可引发粪便 ARGs 富集，这种粪便中的 ARGs 更难通过堆肥去除。

抗生素存在共选择或交叉选择以产生抗性的机制。共选择抗性机制，又称协同抗性机制，是指不同类型的 ARGs 甚至重金属抗性基因同时位于整合子、转座子、质粒等遗传元件上。交叉选择抗性机制是细菌利用同一系统同时对不同类型抗生素产生抗性。作者通过向猪粪原料中添加磺胺类抗生素，发现磺胺类抗生素添加处理堆肥的 *sul2*、*tetO*、*tetW* 基因相对丰度均明显高于对照组。显然，磺胺类抗生素的添加不仅促进了猪粪堆肥中磺胺类 ARGs 的扩散，还会增加部分四环素类 ARGs 的传播。与此相类似，影响四环素类 ARGs 水平转移的四环素类抗生素，如金霉素，也会通过共选择促进磺胺类 ARGs、氟喹诺酮类 ARGs 的水平转移。此外，抗生素易引发基因水平转移，进而促进 ARGs 在微生物群落中富集。有研究指出，在抗生素处理的畜禽粪便中，ARGs 与转座子相关基因在丰度上呈正相关。

#### 2. 重金属

污泥或粪便中的重金属污染也可以促进 ARGs 的富集和传播。有效态重金属对微生物具有选择压力，驱动抗生素耐药细菌的选择和进化。重金属可直接作用于微生物细胞结构，也可通过改变环境条件间接影响细菌，进而产生毒性效应。重金属长期选择性作用能够激发细菌的自我防御机制，使其逐渐产生抗性。此外，细胞膜的致密性是限制基因在细菌种属间水平转移的天然屏障。重金属可使细菌的细胞膜损伤或破裂，从而促进 ARGs 发生水平转移。Wang 等（2020）的研究报道，Cu 胁迫通过提高细胞膜渗透性促进 RP4 质粒介导的 ARGs 接合转移，当水中 $Cu^{2+}$ 浓度为 5.0μg/L 时，ARGs 接合转移率比空白对照提高 16 倍。与抗生素相比，由于重金属具有不可生物降解性，其对细菌的选择性作用更为持久。在堆肥过程中，使用生物炭、聚丙烯酸钠等辅助基质有助于吸附重金属，降低其可用性，从而降低其对抗生素耐药性细菌的选择压力。

### 3. 温度

温度是粪便堆肥过程中的重要指标，高温阶段被认为是堆肥有效削减 ARGs 及其宿主的重要环节，延长堆肥高温期时间可以提高 ARGs 的去除率。与普通堆肥相比，污泥超高温堆肥对 ARGs 的去除率可能更高。作者对比了不同温度处理下猪粪中的磺胺类 ARGs，发现中低温（30~40℃）处理增加磺胺类 ARGs 在整个细菌群落中的比例，而高温（40~60℃）处理可以降低磺胺类 ARGs 的比例（表 4-22）。上述现象进一步证实，在一定条件下，高温处理比中温处理更能去除堆肥中的磺胺类 ARGs 和整合子 intI1。

表 4-22　不同温度处理下猪粪中磺胺类 ARGs 和 *intI1* 基因的相对丰度

| 温度/℃ | lg（*sul1*/16S rDNA） | lg（*sul2*/16S rDNA） | lg（*intI1*/16S rDNA） |
| --- | --- | --- | --- |
| 6 | −1.81 | −3.00 | −2.81 |
| 30 | −1.56 | −2.27 | −0.92 |
| 40 | −1.35 | −2.12 | −2.66 |
| 50 | −2.02 | −3.48 | −3.94 |
| 60 | −2.47 | −3.21 | −3.85 |

ARGs 的宿主大多是微生物，由此推测，堆肥处理可通过影响堆肥中微生物的数量和群落组成来去除 ARGs。堆肥的高温可快速杀灭堆体中的大部分 ARGs 宿主。对比研究猪粪和鸡粪中磺胺耐药细菌和磺胺类 ARGs（*sul1* 和 *sul2*）在 6℃、30℃、40℃、50℃、60℃条件下存放 5d 的变化情况，结果发现，当温度大于 50℃ 时，猪粪和鸡粪中可培养的磺胺耐药细菌数量大幅下降。将处理温度从 40℃ 上升至 50℃，磺胺耐药细菌数量即可从 $7.34×10^5$CFU/g（以干粪便计，下同）下降至 $1.73×10^3$CFU/g，变化达到 2.6 个数量级，将处理温度继续上升到 60℃，磺胺耐药细菌数量进一步下降至 $1.04×10^2$CFU/g。鸡粪对温度的要求比猪粪更高，只有当温度从 50℃ 上升到 60℃ 时，鸡粪中的磺胺耐药细菌数量才有类似的大幅下降现象。将处理温度从 40℃ 上升至 50℃，鸡粪中的磺胺耐药细菌数量从 $6.30×10^5$CFU/g 下降至 $3.86×10^4$CFU/g，变化仅为 1.2 个数量级，将处理温度继续上升到 60℃，鸡粪中的磺胺耐药细菌数量下降至 $3.01×10^2$CFU/g。需要注意的是，堆肥中的部

分耐热微生物会在堆体温度下降后复苏，携带的 ARGs 可进一步通过自身复制或水平转移使 ARGs 丰度再度上升，引起反弹现象。在实际生产中，ARGs 反弹的现象较为普遍。

#### 4. pH

pH 可影响包括 ARGs 宿主在内的微生物的生长繁殖和代谢。一定程度上，改变有机肥原料的 pH 就能改变微生物的生长环境，从而对微生物产生一定的选择效应，并进而影响 ARGs 的消长行为和分布。在堆肥反应前期，环境 pH 的急剧变化可使得部分对酸碱耐受性差的微生物类群受到抑制，致其代谢功能减弱甚至死亡。研究证实，在厌氧发酵前对污泥的 pH 进行调节、在好氧发酵前对猪粪的 pH 进行调节，都能大幅削减其中的 ARGs。钱燕云等（2015）研究了不同 pH 下污泥厌氧处理中四环素类 ARGs 的变化，当 pH 为 3、5、7、9、11 时，四环素类 ARGs 的数量分别削减 0.96 个、0.75 个、0.62 个、0.86 个、0.98 个数量级，当 pH 为 3 或 11 时，ARGs 的削减量要高于其他 pH。作者研究不同 pH 下猪粪中磺胺类 ARGs 和磺胺耐药细菌的变化发现，将猪粪的初始 pH 从中性（7.4）调节到酸性（6.4、5.4、4.8），可抑制磺胺类 ARGs（*sul1* 和 *sul2*）富集，其中，*sul1* 和 *sul2* 绝对丰度的最高下降量分别为 0.89 个和 3.1 个数量级。将 pH 从 7.4 调节到 4.8 和 5.4，还大幅削减了参与 ARGs 水平转移的整合酶 *intI1* 基因（绝对丰度和相对丰度都显著下降，其中 *intI1* 基因绝对丰度最高下降 1.42 个数量级）。相应地，酸化处理也显著降低了猪粪中可培养磺胺耐药细菌的数量，将 pH 从 7.4 降至 4.8、5.4 和 6.4，干猪粪中的可培养磺胺耐药细菌数量从 $2.8 \times 10^7 \text{CFU/g}$ 下降到（$1.2 \sim 4.6$）$\times 10^3 \text{CFU/g}$。pH 介导的细菌群落结构改变对 pH 诱导的 ARGs 丰度变化有一定的贡献。例如，Proteobacteria 细菌中的很多成员都携带 ARGs，而调酸处理可大幅降低 Proteobacteria 的相对丰度。此外，pH 调节还会加速猪粪储存条件下磺胺类抗生素的去除。因此，pH 调节不仅可作为一种措施用于减少畜禽粪便农用过程中抗生素耐药污染物的环境释放，还有望作为一种畜禽粪便的前处理措施来降低磺胺类抗生素对粪便生物发酵反应（如堆肥和厌氧消化）的负面效应。

#### 5. 辅料

辅料对堆肥 ARGs 的影响与粪便类型有很大关系。Cao 等（2020）使用 4 种辅料（小麦秸秆、玉米秸秆、杨木木屑和蘑菇渣）开展了模拟堆肥试验，研究了猪粪堆肥中 ARGs 的变化，发现了不同处理间 ARGs 的相对丰度无明显差异。在作者的研究中，添加锯末、稻壳和蘑菇渣也未能降低发酵后猪粪中 ARGs 的相对丰度，添加蘑菇渣还导致磺胺类 ARGs、四环素类 ARGs、大环内酯类 ARGs 和氟喹诺酮类 ARGs 在猪粪中富集。添加赤泥同样会阻碍猪粪中 ARGs 的削减。革兰氏阴性菌更倾向于携带 ARGs，猪粪中高比例的革兰氏阴性菌可能是辅料添加无法有效削减猪粪 ARGs 的一个重要原因。在鸡粪中，添加辅料处理后，ARGs 的总相对丰度明显低于未添加辅料的对照，其中，以添加稻壳的表现最佳，ARGs 的相对丰度可下降 68.7%。此外，研究指出，过磷酸钙、沸石、生物炭、纳米零价铁等的添加也能有效减少堆肥中的 ARGs。

### 6. 光照

光照不仅可以影响畜禽粪便中的抗生素降解和微生物群落，还可以影响 ARGs 的赋存和传播。紫外光可通过诱导微生物发生氧化应激反应促进 *mcr-1* 和 *blaCTX* 等部分 ARGs 水平转移，但可见光对 ARGs 在不同细菌间的水平转移没有明显影响。有研究指出，在污水处理中配置光照处理，可加速四环素类 ARGs 中 *tetO*、*tetW* 和磺胺类 ARGs 中 *sul1*、*sul2* 的去除。在土壤中，随光照强度增加，四环素类 ARGs 的丰度可呈下降趋势。作者通过实验室培养试验对比了光照和避光处理下猪粪中可培养磺胺耐药细菌的数量变化，发现光照处理有助于降低猪粪中磺胺耐药细菌的数量，与避光培养相比，24h 光照培养下，猪粪中的可培养磺胺耐药细菌数量从 $2.1 \times 10^6$ CFU/g 降低到 $4.2 \times 10^4$ CFU/g，鸡粪中的可培养磺胺耐药细菌数量从 $5.4 \times 10^6$ CFU/g 降低到 $7.0 \times 10^4$ CFU/g。在环境中，光照可能通过促进猪粪中磺胺类抗生素的降解降低选择压力，从而抑制磺胺耐药细菌的增殖。此外，光照也可能通过产生自由基、过氧化物等直接抑制耐药微生物的生长繁殖。作者研究发现，光照处理可显著降低猪粪中 Proteobacteria 的细菌丰度，而肠道中的耐药基因更容易在 Proteobacteria 细菌中出现。

### 7. 微生物群落

细菌群落演替对好氧堆肥过程中 ARGs 丰度的变化有重要影响。研究表明，细菌群落结构变化是 ARGs 赋存的主要影响因素。Su 等（2015）通过冗余分析（RDA）探索了污泥堆肥过程中 156 种 ARGs 和可移动遗传元件动态变化的影响因素，发现细菌群落结构对 ARGs 变化的单一贡献率为 13.9%，远超过可移动遗传元件的贡献率（2.6%）。接种外源微生物是改变堆肥过程中细菌群落结构的有效方法，但是接种微生物与天然微生物之间的竞争可能会降低该方法的有效性。在实际生产中，微生物菌剂在堆肥中的应用必然会涉及菌种优化、驯化等问题。成熟堆肥是一种高温堆肥产品，含有多种中温、嗜热天然微生物，具有很好的环境适应性，可以加速微生物演替过程，有助于芽孢杆菌、嗜热杆菌等嗜热菌的快速生长繁殖，延长堆肥高温期，缩短堆肥周期。Wang 等（2021）的研究指出，在猪粪堆肥中接种成熟堆肥，可以通过降低罗姆布茨菌（*Romboutsia*）、梭状芽孢杆菌（*Clostridisensu_stricto_1*）、土孢杆菌（*Terrisporobacter*）等的 ARGs 和移动遗传元件（MGEs）携带宿主的丰度来降低 ARGs 传播，其对 ARGs 的去除率是对照处理的 1.11 倍。

### 4.4.4　堆肥中抗性基因的水平转移与宿主演替

#### 1. 堆肥中耐药细菌的演替

ARGs 是一种非常特殊的污染物，它的污染源头存在于堆肥等处理系统中，处理系统中的宿主菌会通过细胞分裂不断地形成新的 ARGs，或者通过抗性质粒介导的水平转移不断地向其他堆肥菌群传播 ARGs。因此，针对堆肥微生物，尤其是堆肥中的 ARGs 宿主菌开展研究，对于明确 ARGs 消长规律来说至关重要。

作者以浙江省常山县猪粪好氧堆肥试验的初期和后期堆肥样品为对象，通过制备可培养磺胺耐药细菌滤膜，并基于高通量测序技术对耐药滤膜的细菌群落进行分析，研究堆肥对磺胺耐药细菌群落组成变化的影响，探索主要耐药菌的种群分布特征。从磺胺耐药细菌的香农多样性指数来看，堆肥前猪粪中磺胺耐药细菌的多样性略低于堆肥后，即堆肥前猪粪中磺胺耐药细菌的分布更加集中。堆肥过程中磺胺耐药细菌群落的组成变化与总细菌群落的组成变化存在相似性，Firmicutes 的高温耐受性强于 Proteobacteria，因此伴随堆肥进行，总细菌和磺胺耐药细菌群落都出现 Proteobacteria 比例下降和 Firmicutes 比例上升的现象。堆肥极大地改变了猪粪中磺胺耐药细菌在属水平上的分布，堆肥早期，猪粪中海源杆菌属（*Idiomarina*）、假单胞菌属（*Pseudomonas*）、幼虫依格纳李氏菌（*Ignatzschineria*）的占比超过 10%，它们是主要的磺胺耐药菌属，而芽孢杆菌属（*Bacillus*）和葡萄球菌属（*Staphylococcus*）（占比＞10%）则是堆肥后期猪粪中主要的磺胺耐药菌属。

#### 2. ARGs 转移水平

测定 ARGs 丰度是评估堆肥措施能否有效降低畜禽粪便中抗生素耐药性风险的常用方法，但实际上，ARGs 的主要风险在于传播，即引发人畜关键性致病菌产生抗生素耐药性，因此这种评估方法存在一定的局限性。基因水平转移是抗生素抗性传播扩散的主要机制，因此，评估堆肥在降低 ARGs 水平转移中的作用具有重要的参考价值。细菌通过接合、转化和转导 3 种方式介导 ARGs 的水平转移，其中，接合是最普遍的水平转移机制，其导致的水平转移效率比转导和转化可分别高出 1~2 个和 3~4 个数量级。作者以大肠杆菌 *EC600* 为受体菌，采用滤膜接合法，对比堆肥前后猪粪向环境细菌传播磺胺类 ARGs 的频率。大肠杆菌 *EC600* 受体菌具有利福平抗性，在含有 100μg/mL 磺胺嘧啶的 LB 平板上不能生长。通过稀释平板法检验猪粪堆肥样品的利福平抗性，在所有稀释梯度下，利福平抗性 LB 平板上均无菌落生长，表明猪粪堆肥中的细菌不能耐受 400μg/mL 的利福平。为了计算 ARGs 的转移频率，每个样品均包含样品（堆肥浸提液和大肠杆菌 *EC600* 受体菌共培养滤膜，SDZ$^r$+Rif$^r$ 双抗 LB 平板）、阴性对照（供体滤膜，即堆肥浸提液滤膜，SDZ$^r$+Rif$^r$ 双抗 LB 平板）和阳性对照（大肠杆菌 *EC600* 受体菌滤膜，Rif$^r$ 单抗 LB 平板）。

结果发现，大肠杆菌 *EC600* 与新鲜猪粪浸提液共培养后，11% 的大肠杆菌 *EC600* 获得了磺胺抗性，磺胺耐药转移频率平均值达到 $1.13 \times 10^{-1}$。从目前报道的采用相同方法测得的质粒接合转移频率 $[(1 \sim 1.13) \times 10^{-8}]$ 看，猪粪中的磺胺耐药质粒具有很强的传播性。高温堆肥能有效降低猪粪中磺胺耐药质粒的传播能力，堆肥后猪粪中的磺胺耐药转移频率仅是堆肥前的 53%。因此，与施用未堆肥的粪便相比，使用经过堆肥的商品有机肥能够降低 ARGs 的转移传播。

获得 *sul* 基因（*sul1*、*sul2*）是大肠杆菌等细菌通过与猪粪共培养获得磺胺耐药性的主要途径。猪粪向大肠杆菌 *EC600* 转移 *sul1* 的频率大幅高于 *sul2*。作者在试验中观察到，*sul1* 在堆肥前后样品接合子中的检出频率均为 100%，推测 *sul1* 是大肠杆菌 *EC600* 通过滤膜接合法获取磺胺耐药性的必要元件。*sul2* 是在猪和人类大肠杆菌中检测到的最普遍的 *sul* 基因之一，但在试验中，并未观察到 *sul2* 向大肠杆菌 *EC600* 单独转移，仅发现 *sul2* 与 *sul1* 共转移。

堆肥可有效减缓磺胺类 ARGs 从粪便向环境细菌（模式受体大肠杆菌）的传播，并改变其传播模式，如在原始猪粪中倾向于多种磺胺类 ARGs 共转移，而堆肥后的猪粪中则更倾向于转移获得磺胺耐药性的必备元件，即 *sul1*。ARGs 通过整合子得以在细菌基因组中稳定存在，如在许多质粒携带的 *sul1* 基因的侧翼序列中都发现有 I 型整合子基因 *intI1*。整合子与质粒的结合促进了 ARGs 从质粒到染色体的垂直传递，会加剧 ARGs 的传播扩散。相比只携带 *sul1* 的质粒，同时携带 *sul1* 和 *intI1* 基因的质粒对堆肥更敏感，如 *sul1* 和 *intI1* 共转移频率在堆肥后下降了 81.8%，但相同条件下，*sul1* 单独转移的频率仅下降了 19.4%。堆肥对 *sul2* 接合转移的抑制能力也远高于 *sul1*，特别是 *sul2* 在所有堆肥后的样品接合子中均未检出。这说明高温堆肥显著抑制了受体大肠杆菌从粪便中获得 *sul2* 和 *intI1* 基因，特别是在降低 *sul1* 和 *sul2* 及 *sul1* 和 *intI1* 的共转移频率方面成效明显。

# 4.5　多污染同步去除

## 4.5.1　重金属和抗生素污染的联合阻控

### 1. 抗生素和重金属复合污染

畜禽养殖业不当使用抗生素和重金属添加剂，有可能会使得养殖场及其周围形成一个抗生素和重金属复合污染的典型环境,养殖源有机肥中的部分抗生素残留浓度甚至与重金属含量呈显著正相关。多项研究表明,长期施用粪肥的农田土壤中有抗生素与重金属共存的现象。复合污染物的处理要比单一化学污染物的处理更为困难,因此复合污染物的联合修复一直是环境污染修复领域的重点和难题。

抗生素和重金属的联合去除在水处理领域非常受重视,其中,重金属和抗生素复合污染下的吸附特征得到了广泛的研究,大量的新型改性吸附剂被研发,以用于提高水体中抗生素和重金属的协同吸附去除效率。已经报道的有:一种氨基羧酸双官能团型螯合树脂可用于水中 $Cu^{2+}$ 和四环素的同步去除;一种蒸汽改性竹炭在协同去除 $Cu^{2+}$ 和四环素方面表现出优异的性能;在吸附和氧化还原反应的共同作用下,负载纳米零价铁的麦秆可在水溶液中同步降解金霉素和去除 $Cu^{2+}$。Zhang 等(2020)在重金属、抗生素和食品添加剂苯甲酸三元复合污染体系下,研究纳米二氧化硅和不同氧化程度的碳纳米管对污染物的去除效果及其作用机制,发现有机无机复合污染物共存时,协同吸附去除是普遍现象,重金属 Pb 会对碳纳米管上磺胺甲嘧啶的吸附产生竞争,而苯甲酸和磺胺甲嘧啶之间的吸附存在协同。

## 2. 堆肥中重金属和抗生素的交互行为

复合污染下,抗生素和重金属的相互作用会不同程度地改变污染物的环境行为及其毒理效应。例如,抗生素和重金属同时存在时,会形成抗生素-金属离子络合物,减少自由态金属离子和抗生素的浓度,进而不同程度地改变复合污染体系中污染物的吸附、光解及生物降解等环境行为,改变抗生素和重金属的形态、分布、活性与毒理效应。将发光菌和绿藻作为受试生物,对抗生素和重金属的络合物进行毒性测试,发现重金属-抗生素络合物的毒性比二者单独的毒性更强。此外,重金属与抗生素络合增加抗生素的持久性,同时还会促进多重耐药基因的进化。

基于吸附试验分析重金属和四环素在活性炭与 AACC 上的吸附率,结果发现,添加重金属降低了四环素在 AACC 上的 24h 吸附率(从 37.3%下降至 21.8%)。相应地,在重金属和四环素共存的条件下,Cu、Zn、As 在 AACC 上的吸附率均下降,Cu 的吸附率从 95.4%下降到 72.3%,Zn 的吸附率从 66.0%下降到 52.3%,As 的吸附率从 15.8%下降到 12.1%。总的来说,四环素-重金属络合物在 AACC 上的吸附率要低于单一抗生素或单一重金属。

通过外源添加 Cu、Zn 和 As 提高初始堆料中的重金属浓度,研究堆料中重金属初始浓度对猪粪堆肥中抗生素降解的影响。结果发现,初始堆料中重金属浓度增加抑制了堆肥过程中抗生素的降解,这种抑制主要发生在堆肥早中期,如 21d 之内。Liu 等(2015)的研究亦指出,添加 Cu 抑制了堆肥中磺胺类抗生素的降解。

许多研究都显示，堆肥中抗生素的浓度与 Cu、Zn、Fe、Cd、Cr 等重金属的含量呈显著正相关。尽管如此，重金属抑制抗生素降解的结论并不是完全绝对的。Cu 等部分金属也可以通过催化电子云变化、促进酶促反应等加速抗生素的降解。Shehata 等（2019）发现，向堆肥中添加 Cu 促进了土霉素的降解。这两种完全相反的结论可能与重金属的浓度相关。重金属的生物活性常表现出明显的浓度依赖性，如高浓度下表现为抑制微生物活性，而低浓度下具有一定的激发效应等。作者注意到，与那些报道重金属促进抗生素降解的试验相比，获得重金属抑制堆肥抗生素降解结论的试验使用的堆肥原料往往具有更高的初始重金属浓度。例如，在作者的试验中，堆肥的初始 Cu 浓度为 450mg/kg，Liu 等（2015）研究的堆肥原料中初始 Cu 浓度大于 2000mg/kg，而 Shehata 等（2019）研究的堆肥原料中初始 Cu 浓度小于 200mg/kg。

堆肥中的抗生素在生物降解和非生物降解的共同作用下发生降解行为。作者发现，相较于非生物降解，猪粪中抗生素的微生物降解过程对 Cu 胁迫更为敏感。添加 10mg/L 的 Cu 不会影响灭菌处理粪便溶液中磺胺二甲嘧啶的降解，但显著降低活菌处理中磺胺二甲嘧啶的降解。从猪粪中筛选出 *Bacillus megaterium*、*Lysinibacillus*、*Bacillus proteolyticus*、*Bacillus altitudinis*、*Sporosarcina contaminans*、*Arthrobacter protophormiae*、*Acinetobacter* sp.等具有一定磺胺二甲嘧啶降解能力的耐高温菌株，经复配制备复合菌剂，回接到灭菌粪便溶液中，发现只在无 Cu 添加的条件下，磺胺二甲嘧啶的降解性能才能得到恢复。

### 3. 重金属钝化剂对堆肥抗生素降解的影响

重金属的环境行为和生态效应不仅与其总量有关，也与其赋存形态有关，堆肥中抗生素的降解与重金属有效态浓度的相关性甚至高于其与重金属全量的相关性。目前，已报道的可用于堆肥重金属钝化的材料不少，如硫化钠、竹炭、醋渣、沸石、赤泥、陶粒和活性氧化铝球等。作者发现，向堆肥中添加适量的重金属钝化剂，可有效降低堆肥中重金属有效态含量，从而降低堆肥中重金属对抗生素降解的抑制作用，提高堆肥对抗生素的去除率。当然，不同的重金属钝化剂对抗生素去除和重金属钝化的效果亦有所不同。例如，相较于轻质碳酸钙，AACC 在堆肥抗生素和重金属污染控制方面的效果更好。

AACC 在猪粪堆肥中的应用可实现堆肥中抗生素和重金属的同步高效去除，其作用机理包括增强重金属的固定化，减缓堆肥过程中 Pb、Cr 和 Cd 的富集，加速堆肥中抗生素的降解。相比对照，AACC 处理组堆肥产物的重金属残留浓度下降了 7%～32%，抗生素残留浓度下降了 4%～64%，这说明施用 AACC 降低了畜禽粪便源污染物向环境的释放。相比之下，轻质碳酸钙在降低堆肥中重金属有效态含量方面的作用主要表现在堆肥早期，随着堆肥进行，其效果逐步减弱。在堆肥的前 7d,通过傅里叶红外光谱可发现添加轻质碳酸钙的堆肥表面有明显的碳酸钙特征吸收峰($876cm^{-1}$、$712cm^{-1}$处),随着堆肥进行,碳酸钙的特征吸收峰大幅缩小或消失。碳酸钙特征吸收峰的出现与堆肥体系中重金属的钝化存在一定的相关性。在添加 AACC 的堆肥处理中,重金属钝化效率表现为先弱后强的趋势,相应地,碳酸钙特征吸收峰也有相似的变化趋势。由此推测,AACC 可能通过诱导堆肥后期碳酸钙的形成,引发碳酸钙和重金属共沉淀,从而强化重金属钝化。

重金属和钝化剂的添加均可改变堆肥过程细菌群落的演替行为,其中,部分细菌的演替行为与重金属的添加和钝化剂的应用有明显相关性,如 *Bhargavaea* 细菌在重金属浓度上升后成为属水平上的优势种群。添加 AACC 减弱了堆肥中重金属特征细菌的反应,增强了细菌对抗生素浓度变化的贡献。与其他处理组相比,添加 AACC 的猪粪拥有更高比例的抗生素降解候选菌,并且其群体多样性更高,这暗示 AACC 的添加可促进堆肥中抗生素的微生物降解。

## 4.5.2　抗生素和抗性基因的同步去除

抗生素是 ARGs 的选择压力。抗生素浓度的增加可伴随 ARGs 的增殖和水平转移,如添加磺胺类抗生素处理的堆肥中 *sul2* 的相对丰度总体高于对照堆肥处理。相应地,在一定条件下强化抗生素的去除,降低畜禽粪便或堆肥中抗生素的残留浓度,也可降低体系中 ARGs 及其宿主的丰度。作者通过酸化处理将猪粪的初始 pH 从 7.4 调节到 5.4 和 4.8,促进了猪粪中所有残留磺胺类抗生素的降解,减少了磺胺类 ARGs 的富集,遏制了磺胺耐药细菌和参与 ARGs 水平转移的整合酶 *intI1* 基因的增殖,其中,磺胺类抗生素的残留浓度与 *sul2* 丰度和磺胺耐药细菌数量存在显著且高度的正相关关系($R^2$ 为 0.61~0.87,$P<0.05$)。

抗生素对不同类型 ARGs 的影响不同。Heuer 等(2008)通过室内培养试验建立 *sul1* 丰度和 *sul2* 丰度与磺胺嘧啶浓度之间的定量模型,发现磺胺嘧啶浓度对 *sul2* 丰度的影响大于其对 *sul1* 丰度的影响。此外,抗生素降解与 ARGs 的减少并不完全同步。在作者的研究中,木屑、菇渣、农糠等堆肥辅料的添加可加速猪粪中抗生素的降解,但并不能降低猪粪中磺胺类 ARGs 的丰度。类似的现象在多项研究报道中均被提及。Ji 等(2012)对粪便和粪便施肥土壤中 ARGs 丰度与多种重金属与抗生素残留浓度的相关性进行分析,其结果表明部分 ARGs 丰度与抗生素浓度的相关性较弱,但与重金属 Cu、Zn、Hg 的浓度显著相关。玉米芯炭和稻壳炭能促进污泥蚯蚓堆肥过程中抗生素的降解,四环素类抗生素、诺氟沙星抗生素、恩诺沙星抗生素和磺胺类抗生素的平均去除率分别为 100%、90%、50%和 20%,并且其能抑制大环内酯类 ARGs 中的 *ermF* 和替加环素抗性基因 *tetX*,但玉米芯炭的添加增加了整合子 *intI1* 及磺胺类抗性基因 *sul1* 和 *sul2* 的丰度,而稻壳炭对 ARGs 的减少无促进作用。

在当下的抗生素污染环境中，普遍存在着抗生素耐药菌和 ARGs 污染，因此，对抗生素和耐药污染物进行同步去除具有现实意义。在再生水回用系统中，有研究者利用光电耦合催化（PEC）系统产生的活性氧自由基（如·OH、$O_2^-$、$H_2O_2$ 等）快速、高效地对抗生素耐药菌进行灭活，在 20min 内即可去除 99.9% 的耐药菌，ARGs 亦可以在 30min 内被去除，同时氯霉素在还原脱氯后被完全去除，实现了水环境中氯霉素、ARGs 和抗生素耐药菌的同步去除（赵天国，2021）。然而，关于如何加强畜禽粪便堆肥中抗生素和 ARGs 的同步去除，还需要进一步研究。将畜禽粪便直接制成生物炭是一种有潜力的多污染去除方法，但从资源化角度出发，还需结合制肥成本、植物养分提供和土壤培肥效果等综合考虑。

# 参 考 文 献

陈海宁. 2010. 土霉素高效降解菌降解特性比较及土壤环境模拟试验. 扬州: 扬州大学.

成洁, 杜慧玲, 张天宝, 等. 2017. 四环素类抗生素降解菌的分离与鉴定. 核农学报, 31(5): 884-888.

黄建凤, 张发宝, 逄玉万, 等. 2017. 1 株四环素降解菌的分离鉴定及降解特性研究. 微生物学杂志, 37(1): 50-56.

梁雨, 邱志刚, 李辰宇, 等. 2019. 冬季天津典型集约化畜禽养殖场粪便微生物污染调查. 环境与健康杂志, 36(7): 595-598.

刘艳婷, 郑莉, 宁寻安, 等. 2020. 微生物菌剂对畜禽粪便好氧堆肥过程中重金属钝化与氮转化的影响. 环境科学学报, 40(6): 2157-2167.

孟磊, 杨兵, 薛南冬, 等. 2015. 高温堆肥对鸡粪中氟喹诺酮类抗生素的去除. 农业环境科学学报, 34(2): 377-383.

钱燕云, 徐莉柯, 苏超, 等. 2015. 初始 pH 对厌氧环境下污泥中抗生素抗性基因行为特征的影响. 生态毒理学报, 10(5): 47-55.

沈东升, 何虹蓁, 汪美贞, 等. 2013. 土霉素降解菌 TJ-1 在猪粪无害化处理中的作用. 环境科学学报, (1): 150-156.

宋相通, 杨明超, 张俊, 等. 2022. 污泥超高温好氧发酵去除氟喹诺酮类抗生素及其降解产物. 中国环境科学, 42(1): 220-226.

陶美. 2018. 四环素降解菌筛选及其降解特性研究. 成都: 西南交通大学.

王路逸, 李泽轩, 易犁, 等. 2022. 黑水虻对三种病原菌的杀灭作用研究. 安全与环境工程, 29(1): 199-206.

王志强, 张长青, 王维新. 2011. 土霉素降解菌的筛选及其降解特性研究. 中国兽医科学, 41(5): 536-540.

吴学玲, 吴晓燕, 李交昆, 等. 2018. 一株四环素高效降解菌的分离及降解特性. 生物技术通报, (5): 172-178.

杨天杰, 张令昕, 顾少华, 等. 2021. 好氧堆肥高温期灭活病原菌的效果和影响因素研究. 生物技术通报, (11): 237-247.

于浩, 李晔, 程全国. 2017. 土霉素降解菌的筛选及其降解条件优化. 沈阳大学学报(自然科学版), 29(1): 25-29.

张树清, 张夫道, 刘秀梅, 等. 2006. 高温堆肥对畜禽粪中抗生素降解和重金属钝化的作用. 中国农业科学, 39(2): 337-343.

赵天国. 2021. 光电耦合体系同时去除水环境中抗生素、抗性菌和抗性基因研究. 昆明: 昆明理工大学.

Awasthi M K, Liu T, Awasthi S K, et al. 2020. Manure pretreatments with black soldier fly *Hermetia illucens* L. (Diptera: Stratiomyidae): a study to reduce pathogen content. Science of the Total Environment, 737: 139842.

Cao R, Wang J, Ben W, et al. 2020. The profile of antibiotic resistance genes in pig manure composting shaped by composting stage: mesophilic-thermophilic and cooling-maturation stages. Chemosphere, 250: 126181.

Chen Y, Chen Y, Li Y, et al. 2019. Changes of heavy metal fractions during co-composting of agricultural waste and river sediment with inoculation of *Phanerochaete chrysosporium*. Journal of Hazardous Materials, 378: 120757.

Clemente R, Bernal M P. 2006. Fractionation of heavy metals and distribution of organic carbon in two contaminated soils amended with humic acids. Chemosphere, 64(8): 1264-1273.

Elhag O, Zhang Y, Xiao X, et al. 2022. Inhibition of zoonotic pathogens naturally found in pig manure by black soldier fly larvae and their intestine bacteria. Insects, 13(1): 66.

Ghosh S, Sadowsky M J, Roberts M C, et al. 2009. *Sphingobacterium* sp. strain PM2-P1-29 harbours a functional *tet*(X) gene encoding for the degradation of tetracycline. Journal of Applied Microbiology, (4): 1336-1342.

Guo A, Gu J, Wang X, et al. 2017. Effects of superabsorbent polymers on the abundances of antibiotic resistance genes, mobile genetic elements, and the bacterial community during swine manure composting. Bioresource Technology, 244: 658-663.

Heuer, Focks A, Lamshoeft M, et al. 2008. Fate of sulfadiazine administered to pigs and its quantitative effect on the dynamics of bacterial resistance genes in manure and manured soil. Soil Biology & Biochemistry, 40(7): 1892-1900.

Ho Y B, Zakaria M P, Latif P A, et al. 2013. Degradation of veterinary antibiotics and hormone during broiler manure composting. Bioresource Technology, 131: 476-484.

Ji X, Shen Q, Liu F, et al. 2012. Antibiotic resistance gene abundances associated with antibiotics and heavy metals in animal manures and agricultural soils adjacent to feedlots in Shanghai; China. Journal of Hazardous Materials, 235-236: 178-185.

Kamei-Ishikawa N, Maeda T, Soma M, et al. 2020. Tylosin degradation during manure composting and the effect of the degradation byproducts on the growth of green algae. Science of the Total Environment, 718: 137295.

Kang Y, Li Q, Xia D, et al. 2017. Short-term thermophilic treatment cannot remove tetracycline resistance genes in pig manures but exhibits controlling effects on their accumulation and spread in soil. Journal of Hazardous Materials, 340: 213-220.

Leng Y, Bao J, Chang G, et al. 2016. Biotransformation of tetracycline by a novel bacterial strain *Stenotrophomonas maltophilia* DT1. Journal of Hazardous Materials, 318: 125-133.

Li H, Duan M, Gu J, et al. 2017. Effects of bamboo charcoal on antibiotic resistance genes during chicken manure composting. Ecotoxicology and Environmental Safety, 140: 1-6.

Liao H, Lu X, Rensing C, et al. 2018. Hyperthermophilic composting accelerates the removal of antibiotic resistance genes and mobile genetic elements in sewage sludge. Environmental Science & Technology, 52(1): 266-276.

Liao X, Li B, Zou R, et al. 2016. Antibiotic sulfanilamide biodegradation by acclimated microbial populations. Applied Microbiology and Biotechnology, 100(5): 2439-2447.

Lin J S, Pan H Y, Liu S M, et al. 2010. Effects of light and microbial activity on the degradation of two fluoroquinolone antibiotics in pond water and sediment. Journal of Environmental Science and Health, Part B, 45(5): 456-465.

Liu B, Li Y, Zhang X, et al. 2015. Effects of composting process on the dissipation of extractable sulfonamides in swine manure. Bioresource Technology, 175: 284-290.

Ma Z, Ma Y, Xie L, et al. 2012. Experimental study on microbial degradation of tetracycline residues in antibiotic waste. Environmental Science & Technology, 35(1): 46-45.

Maki T, Hasegawa H, Kitami H, et al. 2010. Bacterial degradation of antibiotic residues in marine fish farm sediments of Uranouchi Bay and phylogenetic analysis of antibiotic-degrading bacteria using 16S rDNA sequences. Fisheries Science, 72(4): 811-820.

Park H. 2012. Reduction of antibiotics using microorganisms containing glutathione S-transferases under immobilized conditions. Environmental Toxicology & Pharmacology, 34(2): 345-350.

Qi W, Long J, Feng C, et al. 2019. $Fe^{3+}$ enhanced degradation of oxytetracycline in water by pseudomonas. Water Research, 160: 361-370.

Qiao M, Chen W, Su J, et al. 2012. Fate of tetracyclines in swine manure of three selected swine farms in China. Journal of Environmental Sciences, 24(6): 1047-1052.

Qiu J, He J, Liu Q, et al. 2012. Effects of conditioners on sulfonamides degradation during the aerobic composting of animal manures. Procedia Environmental Sciences, 16(16): 17-24.

Selvam A, Xu D, Zhao Z, et al. 2012a. Fate of tetracycline, sulfonamide and fluoroquinolone resistance genes and the changes in bacterial diversity during composting of swine manure. Bioresource Technology, 126: 383-90.

Selvam A, Zhao Z, Wong J W C. 2012b. Composting of swine manure spiked with sulfadiazine, chlortetracycline and ciprofloxacin. Bioresource Technology, 126: 412-417.

Shao S, Hu Y, Cheng C, et al. 2018a. Simultaneous degradation of tetracycline and denitrification by a novel bacterium, *Klebsiella* sp. SQY5. Chemosphere, 209: 35.

Shao S, Hu Y, Cheng J, et al. 2018b. Degradation of oxytetracycline (OTC) and nitrogen conversion characteristics using a novel strain. Chemical Engineering Journal, 354: 758-766.

Shehata E A , Liu Y W, Feng Y, et al. 2019. Changes in arsenic and copper bioavailability and oxytetracycline degradation during the composting process. Molecules, 24(23): 4240.

Shi Y, Lin H, Ma J, et al. 2021. Degradation of tetracycline antibiotics by *Arthrobacter nicotianae* OTC-16. Journal of Hazardous Materials, 403: 123996.

Singh, J, Kalamdhad A S. 2013. Effects of lime on bioavailability and leachability of heavy metals during agitated pile composting of water hyacinth. Bioresource Technology, 138: 148-155.

Su J Q, Wei B, OuYang W Y, et al. 2015. Antibiotic resistome and its association with bacterial communities during sewage sludge composting. Environmental Science & Technology, 49(12):

7356-7363.

Suda T, Hata T, Kawai S, et al. 2011. Treatment of tetracycline antibiotics by laccase in the presence of 1-hydroxybenzotriazole. Bioresource Technology, 103: 498-501.

Wang J, Gu J, Wang X, et al. 2021. Enhanced removal of antibiotic resistance genes and mobile genetic elements during swine manure composting inoculated with mature compost. Journal of Hazardous Materials, 411: 125135.

Wang L, Chen G, Owens G, et al. 2016a. Enhanced antibiotic removal by the addition of bamboo charcoal during pig manure composting. RSC Advances, 6(33): 27575-27583.

Wang Q, Liu L, Hou Z, et al. 2020. Heavy metal copper accelerates the conjugative transfer of antibiotic resistance genes in freshwater microcosms. Science of the Total Environment, 717: 137055.

Wang R, Zhang J, Sui Q, et al. 2016b. Effect of red mud addition on tetracycline and copper resistance genes and microbial community during the full scale swine manure composting. Bioresource Technology, 216: 1049-1057.

Winckler C, Grafe A. 2001. Use of veterinary drugs in intensive animal production. Journal of Soils and Sediments, 1(2): 66.

Wu X, Wei Y, Zheng J, et al. 2011. The behavior of tetracyclines and their degradation products during swine manure composting. Bioresource Technology, 102(10): 5924-5931.

Xie W Y, Yang X P, Li Q, et al. 2016. Changes in antibiotic concentrations and antibiotic resistome during commercial composting of animal manures. Environmental Pollution, 219: 182-190.

Xu X L, Li W F, Lei J, et al. 2011. Screening, identification and degradation characteristics of tetracycline-degrading strains. Journal of Agricultural Biotechnology, 19(3): 549-556.

Yang J F, Ying G G, Yang L H, et al. 2009. Degradation behavior of sulfadiazine in soils under different conditions. Journal of Environmental Science and Health - Part B: Pesticides, Food Contaminants, and Agricultural Wastes, 44(3): 241-248.

Zhang J, Chen M, Su Q, et al. 2016. Impacts of addition of natural zeolite or a nitrification inhibitor on antibiotic resistance genes during sludge composting. Water Research, 91: 339-349.

Zhang J, Zhai J, Zheng H, et al. 2020. Adsorption, desorption and coadsorption behaviors of sulfamerazine, Pb(II) and benzoic acid on carbon nanotubes and nano-silica. Science of the Total Environment, 738: 139685.

Zhang L, Gu J, Wang X, et al. 2017. Behavior of antibiotic resistance genes during co-composting of swine manure with Chinese medicinal herbal residues. Bioresource Technology, 244: 252-260.

Zhang M, He L Y, Liu Y S, et al. 2019. Fate of veterinary antibiotics during animal manure composting. Science of the Total Environment, 650: 1363-1370.

Zhang X, Cai T, Xu X. 2015. Isolation and identification of a tetracycline-degrading bacterium and optimizing condition for tetracycline degradation. Biotechnology Bulletin, 31(1): 173.

Zhou H, Meng H, Zhao L, et al. 2018. Effect of biochar and humic acid on the copper, lead, and cadmium passivation during composting. Bioresource Technology, 258: 279-286.

Zhu Y G, Johnson T A, Su J Q, et al. 2013. Diverse and abundant antibiotic resistance genes in Chinese swine farms. Proceedings of the National Academy of Sciences, 110(9): 3435-3440.

# 第 5 章
# 畜禽有机肥农田安全利用
# 技术研究与示范

国家高度重视有机肥推广应用工作,2017 年起启动国家果菜茶有机肥替代示范县建设,围绕国家生猪大县安排有机肥替代示范县创建,目的就是构建农牧结合的现代农业循环生产方式,在保障猪肉等重要农产品供应,减轻养殖污染的同时,实现畜禽粪便资源化、肥料化利用。在此过程中,针对不同地区、作物,系统地研究有机肥的安全、合理施用技术可积极发挥畜禽有机肥对作物和土壤的提质增效作用,同时最大限度地减少肥源污染物的环境扩散风险。

本章列举了作者团队在主要粮油作物(水稻-油菜轮作)、果树(梨、椪柑)、蔬菜(鲜食玉米、卷心菜)、茶叶等作物上开展的不同类型、用量有机肥的田间示范试验案例,并提供了部分作物的有机肥合理施用技术规范,同时制定发布《椪柑果园有机肥料使用技术规范》和《茶园有机肥料安全使用技术规范》两个团体标准(附录 4 和附录 5)可为有机肥科学、合理施用提供技术支撑和指导。

# 5.1　稻田有机肥安全利用技术研究与示范

于 2013 年开始在浙江省绍兴市建立了水旱轮作模式(水稻-油菜)的有机肥长期定位试验(图 5-1)。土壤类型为青紫泥,肥力中上。水稻品种为'绍粳 18 号',油菜品种为'浙油 50'。试验设 5 个处理:①CK,不施肥;②CF,全化肥;③M1,施有机肥 $2.25t/hm^2$;④M2,施有机肥 $4.5t/hm^2$;⑤M3,施有机肥 $9.0t/hm^2$。各施肥处理养分供应量相等,有机肥当季矿化率计为 70%,有机肥处理养分不足部分用化肥补足,具体施肥量见表 5-1。水稻种植方式为基肥施用后 1 周移栽水稻,有机肥、磷肥、钾肥均作为基肥(每年 6 月施用);氮肥的 60%作为基肥,剩余氮肥分两次作为追肥,分别在分蘖期、拔节期施用,基肥和追肥的比值为 6∶2∶2。采用随机区组排列,设 3 次重复,共 15 个小区。试验小区面积为 $20m^2$,小区用水泥田埂隔开,排水沟排水,保证各小区独立水肥管理。各小区田间日常管理一致,每季收割水稻、油菜后,各小区秸秆均就地全量还田。油菜季有机肥施用处理与水稻季一致,施肥总量为 N $255kg/hm^2$、$P_2O_5$ $90kg/hm^2$、$K_2O$ $60kg/hm^2$。

图 5-1　水旱轮作模式的有机肥施用定位试验(绍兴市孙端镇)

表 5-1　水旱轮作模式有机肥定位试验各处理施肥量

| 处理 | 有机肥用量 / (t/hm$^2$) | 化肥用量/ (kg/hm$^2$) | | |
|---|---|---|---|---|
| | | 氮（N） | 磷（P$_2$O$_5$） | 钾（K$_2$O） |
| CK | 0 | 0 | 0 | 0 |
| CF | 0 | 225 | 90 | 180 |
| M1 | 2.25 | 189 | 45 | 135 |
| M2 | 4.5 | 153 | 0 | 90 |
| M3 | 9.0 | 81 | 0 | 0 |

## 5.1.1　作物产量和品质

### 1. 农产品产量

根据 2013～2020 年的稻谷产量数据（表 5-2），在同等养分的条件下，试验的第 1 年（2013 年）各施肥处理之间的稻谷产量差异不显著，与 CK 处理也差异不显著。但在试验的第 2～6 年（2014～2018 年），施肥处理的稻谷产量开始显著高于 CK 处理，大部分年份有机肥各处理与 CF 处理的稻谷产量差异不明显，具有同等的增产效果，但在 2017 年有机肥处理的稻谷产量显著高于 CF 处理。在试验的第 7 年（2019 年），水稻生长表现出营养过剩，特别是高用量有机肥（M3）处理明显贪青晚熟，氮养分供应过多，导致明显减产。因此，在 2020 年减少各施肥处理的肥料施用量，仍保持养分投入量相等，有机肥处理的水稻生长良好，与 CF 处理相比，稻谷产量增产 6.00%～9.46%。根据 2013～2020 年稻谷产量平均值，与 CF 处理相比，M1、M2 处理均能提高稻谷产量，分别增产 2.10%、2.16%，M3 处理减产 0.84%，M1、M2 处理时增产效果要好于 M3 处理。M1、M2、M3 处理的氮肥替代率分别为 16.00%、32.00%、64.00%，总养分替代率分别为 25.45%、50.91%、83.64%。结果表明，稻田施用有机肥替代化肥的潜力巨大，可以部分替代氮肥，甚至完全替代磷肥而不影响作物产量，还有增产作用。

表 5-2　长期施用有机肥对水稻产量的影响

| 年份 | CK/ (kg/hm$^2$) | CF/ (kg/hm$^2$) | M1/ (kg/hm$^2$) | M2/ (kg/hm$^2$) | M3/ (kg/hm$^2$) |
|---|---|---|---|---|---|
| 2013 | 6863a | 7015a | 7219a | 7271a | 7632a |
| 2014 | 5295b | 6711a | 6702a | 6793a | 6693a |
| 2015 | 4140c | 5447ab | 5990a | 5812a | 4520bc |
| 2016 | 5943b | 7123a | 7080a | 6980a | 6925a |
| 2017 | 7425c | 8306b | 9050a | 8989a | 9331a |
| 2018 | 6815b | 9398a | 9222a | 8881a | 8935a |

续表

| 年份 | CK/（kg/hm²） | CF/（kg/hm²） | M1/（kg/hm²） | M2/（kg/hm²） | M3/（kg/hm²） |
|---|---|---|---|---|---|
| 2019 | 7914c | 10028a | 9331b | 9882a | 8991b |
| 2020 | 5911c | 7964b | 8704a | 8717a | 8442a |
| 平均值 | 6288 | 7749 | 7912 | 7916 | 7684 |
| 增产/% | — | — | 2.10 | 2.16 | −0.84 |

注：同一行数字后面的不同字母表示在 $P<0.05$ 水平上差异显著，下同。

表 5-3 为有机肥施用定位试验 2015～2021 年的油菜籽产量数据（2014 年种植小麦无油菜产量数据）。从 2015～2018 年的油菜籽产量数据可知，M1、M2 处理与 CF 处理之间产量差异不明显，有机肥与化肥具有相等的增产作用。2019～2021年 M2 处理的油菜籽年均产量显著高于 CF 处理，M1 处理油菜籽产量在 2019 年和2021 年显著高于 CF 处理，M3 处理在 2019 年显著高于 CF 处理，均没有出现显著减产现象，不同用量的有机肥处理也表现出明显不同的增产效果，中等用量的 M2处理一直表现出较好的增产效果。根据 2015～2021 年的油菜籽平均产量（表 5-3），与 CF 处理相比，M1、M2 处理时分别增产 8.16%、13.08%，而 M3 处理则减产3.06%。结果表明，结合稻草秸秆还田，有机肥在油菜上施用 7 年后，表现出较好的增产作用，但用量也不宜过高，有机肥施用量 4.5t/hm² 在油菜上的增产效果最佳。

表 5-3　长期施用有机肥对油菜籽产量的影响

| 年份 | CK/（kg/hm²） | CF/（kg/hm²） | M1/（kg/hm²） | M2/（kg/hm²） | M3/（kg/hm²） |
|---|---|---|---|---|---|
| 2015 | 275c | 2660a | 2681a | 2744a | 1564b |
| 2016 | 582b | 1038ab | 1367a | 1522a | 1368a |
| 2017 | 472b | 1311a | 1437a | 1231a | 1442a |
| 2018 | 737c | 1789a | 1761a | 1661a | 1530b |
| 2019 | 297d | 1378c | 1528b | 1696a | 1789a |
| 2020 | 919c | 2309b | 2556b | 3228a | 2378b |
| 2021 | 686c | 3915b | 4245a | 4198b | 3884b |
| 平均值 | 567 | 2057 | 2225 | 2326 | 1994 |
| 增产/% | — | — | 8.16 | 13.08 | −3.06 |

## 2. 农产品品质

连续施用有机肥 8 年（2020 年）后测定稻米的品质，数据见表 5-4，与 CF处理相比，施用有机肥处理的糙米率、亚白粒率没有明显差异。CF 处理的精米率显著低于 M1 和 M2 处理，但 CF 处理与 M3 处理之间差异不明显；CF 处理的直链淀粉含量显著低于各有机肥处理，有机肥处理之间差异不明显；CF 处理的蛋白质含量显著低于 M2 处理，CF 处理与 M1、M3 处理差异不明显；CF 处理的胶稠度与 M2、M3 处理差异不明显，但显著高于 M1 处理。结果表明长期施用有机肥能够有效提高稻米的品质，有机肥施用 4.5t/hm² 时，稻米品质整体表现较好。

表 5-4  长期施用有机肥对稻米品质的影响（2020 年）

| 处理 | 糙米率/% | 精米率/% | 垩白粒率/% | 直链淀粉/% | 蛋白质/% | 胶稠度/mm |
|------|---------|---------|-----------|-----------|---------|-----------|
| CK | 79.10b | 68.63ab | 25.50a | 15.37a | 7.55c | 78.50a |
| CF | 79.93ab | 67.65b | 23.50a | 14.85b | 8.55b | 78.50a |
| M1 | 80.50a | 69.57a | 29.00a | 15.40a | 8.77ab | 75.33b |
| M2 | 80.70a | 69.33a | 28.67a | 15.24a | 9.28a | 79.00a |
| M3 | 80.30a | 69.03ab | 26.00a | 15.45a | 8.27b | 79.00a |

## 5.1.2  农产品重金属积累

连续施用 4 年有机肥的长期定位试验表明，有机肥处理对稻谷和油菜中的 Cu、As 积累影响不明显，施用高用量（9.0t/hm²）的有机肥（M3）处理稻谷中 Zn、Pb 含量显著提高，但仍在国家食品安全标准内。有机肥施用量为 4.5t/hm² 时，油菜籽中 Zn、Pb 含量均有明显提高的趋势，但仍远低于国家食品安全标准的限值（表 5-5 和表 5-6）。总的来说，可通过调控有机肥施用量来降低有机肥长期施用带来的农产品重金属积累风险。

表 5-5  连续施用 4 年有机肥对稻谷重金属含量的影响（绍兴孙端，2016 年 11 月）

（单位：mg/kg）

| 处理 | Cu | Zn | Pb | As |
|------|------|-------|--------|--------|
| CK | 2.37a | 9.55b | 0.013b | 0.037a |
| CF | 2.61a | 7.34c | 0.030b | 0.040a |
| M1 | 2.62a | 9.91b | 0.036b | 0.044a |
| M2 | 2.63a | 10.47b | 0.039b | 0.046a |
| M3 | 2.67a | 12.13a | 0.097a | 0.044a |

表 5-6  连续施用 4 年有机肥对油菜籽重金属含量的影响（绍兴孙端，2017 年 6 月）

（单位：mg/kg）

| 处理 | Cu | Zn | Pb | As |
|------|------|--------|---------|--------|
| CK | 3.33a | 50.84ab | 0.070d | 0.055a |
| CF | 3.43a | 45.85b | 0.102cd | 0.061a |

续表

| 处理 | Cu | Zn | Pb | As |
|------|------|--------|---------|--------|
| M1 | 3.42a | 48.60ab | 0.150b | 0.050a |
| M2 | 3.44a | 55.57a | 0.194a | 0.050a |
| M3 | 3.33a | 51.72a | 0.140bc | 0.061a |

### 5.1.3　稻田土壤环境污染

#### 1．土壤重金属积累

通过 4 年的连续水稻-油菜轮作和有机肥的施用，稻田表层土壤（0～20cm）的重金属数据见表 3-6。结果表明，$2.25t/hm^2$ 和 $4.5t/hm^2$ 两种用量有机肥处理对土壤中重金属积累影响不明显或较小，$9.0t/hm^2$ 用量会导致土壤中重金属积累明显增加，带来环境风险。

#### 2．土壤抗生素残留

通过 4 年的连续水稻-油菜轮作和有机肥的施用，稻田表层土壤（0～20cm）的抗生素残留数据见表 3-24。结果表明，连续施用 4 年有机肥后，稻田土壤中恩诺沙星、环丙沙星和氧氟沙星累积明显，其中在 $9.0t/hm^2$ 的有机肥施用土壤中恩诺沙星、环丙沙星和氧氟沙星含量分别达 $43.07\mu g/kg$、$35.74\mu g/kg$ 和 $7.59\mu g/kg$，分别是施化肥对照土壤的 15.9 倍、27.1 倍和 12.7 倍，显著高于 M2 和 M1 处理。但在稻谷中尚未检测出任何种类抗生素。土壤中的抗生素含量尚无安全标准，类别也很繁杂，畜禽有机肥长期施用带给土壤的抗生素污染值得警惕，需严密监测，建议通过控制有机肥用量降低抗生素累积。

### 5.1.4　稻田土壤肥力

有机肥长期施用的土壤培肥效果。有机肥连续施用 4 年后采集水稻收获后的土壤样品（2016 年 11 月），测定结果显示，与 CF 相比，施用有机肥处理的土壤的有机质、全氮、碱解氮、有效磷和速效钾的含量显著提高或差异不显著，特别是 M2 处理提高土壤肥力最为显著（表 5-7）；各施肥处理对土壤 pH 和 EC 没有影响。油菜收获后土壤测试结果显示，M2 和 M3 处理土壤的 pH 显著提高，有机肥处理土壤有机质、碱解氮含量显著提高，全氮和速效钾含量则变化不明显，只有 M3 处理土壤有效磷含量显著提高（表 5-8）。综上，在水稻-油菜轮作模式下，与 CF 相比，长期施用有机肥对土壤酸碱度和盐分积累没有不利影响，甚至能缓解油菜季化肥施用带来的土壤酸化问题。施用有机肥能显著提高土壤肥力，$4.5t/hm^2$ 施用量即可达到较好的土壤培肥效果。

表 5-7　施用 4 年有机肥水稻季土壤的肥力状况（绍兴孙端，2016 年 11 月）

| 处理 | pH | EC /（μS/cm） | 有机质 /（g/kg） | 全氮 /（g/kg） | 碱解氮 /（mg/kg） | 有效磷 /（mg/kg） | 速效钾 /（mg/kg） |
|---|---|---|---|---|---|---|---|
| CK | 6.13a | 95.0a | 30.1c | 2.00b | 155.3c | 2.3d | 78.5c |
| CF | 5.80a | 103.0a | 30.3c | 2.04b | 168.8bc | 7.8c | 118.0b |
| M1 | 6.20a | 105.0a | 35.4ab | 2.16ab | 170.4b | 8.4c | 118.0b |
| M2 | 6.19a | 112.0a | 38.5a | 2.39a | 203.0a | 13.9b | 133.0a |
| M3 | 5.96a | 104.0a | 33.4bc | 2.18ab | 162.3bc | 17.7a | 114.0b |

表 5-8　施用 4 年有机肥油菜季土壤的肥力状况（绍兴孙端，2017 年 6 月）

| 处理 | pH | EC /（μS/cm） | 有机质 /（g/kg） | 全氮 /（g/kg） | 碱解氮 /（mg/kg） | 有效磷 /（mg/kg） | 速效钾 /（mg/kg） |
|---|---|---|---|---|---|---|---|
| CK | 5.70b | 69.0c | 29.1b | 1.89a | 127.9b | 7.1c | 46.0b |
| CF | 5.67b | 84.5a | 28.4b | 1.94a | 132.7b | 15.6bc | 96.0a |
| M1 | 5.72b | 82.5b | 33.2a | 2.03a | 157.0a | 18.0b | 92.0a |
| M2 | 6.05a | 84.0ab | 34.4a | 1.92a | 156.5a | 17.2b | 99.0a |
| M3 | 6.01a | 89.0a | 35.5a | 2.12a | 160.7a | 38.4a | 96.7a |

　　施用有机肥对稻田土壤物理性状的影响。土壤孔隙中充满着水和气体，孔隙度的大小反映了土壤的透水性与透气性。田间持水量是土壤所能稳定保持的最高土壤含水量，也是保证作物有效吸收的最高土壤含水量。土壤容重的大小对土壤透水性和透气性有显著的影响。从表 5-9 可以看出，有机肥处理土壤总孔隙度均高于 CF 和 CK 处理，尤其是 M2 和 M3 处理差异达显著水平。有机肥不同用量处理（M1、M2 和 M3）之间土壤总孔隙度差异虽然没有达到显著程度，但表现出随着有机肥施用量的增加而上升的趋势。土壤田间持水量也具有随着有机肥施用量的增加有上升趋势，但有机肥与化肥处理之间的差异不显著。有机肥长期施用对降低土壤容重的效应十分明显，表明有机肥具有良好的改良土壤的效果，但在本试验中，不同用量有机肥处理之间差异不显著。上述结果表明，长期施用有机肥有利于改善稻田土壤的物理性状，培育健康土壤。

表 5-9　施用有机肥对稻田土壤物理性状的影响（绍兴孙端，2020 年）

| 处理 | 土壤总孔隙度/% | 田间持水量/% | 土壤容重/（g/cm³） |
|---|---|---|---|
| CK | 57.89c | 41.18b | 1.151a |
| CF | 59.52bc | 43.66ab | 1.134a |
| M1 | 61.47ab | 43.48ab | 1.019b |
| M2 | 62.84a | 45.41a | 1.053b |

续表

| 处理 | 土壤总孔隙度/% | 田间持水量/% | 土壤容重/（g/cm³） |
|---|---|---|---|
| M3 | 63.32a | 45.74a | 1.079b |

## 5.1.5 稻田土壤微生物

表 5-10 为水旱轮作条件下，水稻季和油菜季土壤微生物多样性指标。在水稻季淹水条件下，CK 和 M2 处理土壤的 Shannon 指数最高，其次是 M3 处理，最小的是 M1 和 CF 处理，但 M2 与 M3 处理差异不显著。水稻季各处理土壤 $CO_2$ 产生率的趋势与 Shannon 指数保持一致。各处理之间均匀度（$E$）差异均不显著。

在油菜季旱作条件下，M3 处理土壤 Shannon 指数和 $CO_2$ 产生率均最高，显著高于各处理。CF 处理与 M1、M2 处理之间差异不显著。各处理之间均匀度（$E$）差异均不显著。

结果表明，在水旱轮作下，施用有机肥能提高土壤微生物多样性和活性，并且随着其用量增加有上升趋势，但最高用量 9.0t/hm² 处理在淹水的水稻季和旱作的油菜季表现有所差异，水稻季土壤微生物多样性和活性在 M3 与 M2 处理之间差异不明显，但在油菜季 M3 处理显著高于 M2 处理，这可能是淹水条件下有机肥矿化分解后被微生物利用的效果比旱作条件下要弱，对土壤微生物的促进作用也较小。

表 5-10 长期施用有机肥对稻田土壤微生物多样性的影响（绍兴孙端，2019）

| 处理 | 水稻季 | | | 油菜季 | | |
|---|---|---|---|---|---|---|
| | Shannon 指数 | 均匀度（$E$） | $CO_2$ 产生率/[μg $CO_2$-C/（g·h）] | Shannon 指数 | 均匀度（$E$） | $CO_2$ 产生率/[μg $CO_2$-C/（g·h）] |
| CK | 9.24a | 0.958a | 0.586a | 11.70b | 0.974a | 0.706b |
| CF | 6.48c | 0.968a | 0.407c | 9.95bc | 0.985a | 0.627bc |
| M1 | 6.66c | 0.969a | 0.422c | 8.98c | 0.981a | 0.566c |
| M2 | 8.56ab | 0.969a | 0.535b | 11.09b | 0.998a | 0.691b |
| M3 | 8.03b | 0.971a | 0.500b | 15.00a | 0.974a | 0.939a |

## 5.1.6 稻田有机肥合理施用技术规程

水稻-油菜轮作制是我国南方水稻主产区主要种植制度之一，在水稻、油菜生产过程中养分供应过分依赖化肥，农户片面追求经济产量而大量施用化肥，导致化肥利用率下降、养分流失，造成农田面源污染。同时长期依赖化肥导致稻田土壤酸化、板结，有机质含量下降，土壤养分失衡，直接影响土壤可持续利用及农业的可持续发展。目前，提倡农牧业循环发展，藏粮于地、藏粮于技，倡导用地养地相结合，鼓励增施有机肥，推广秸秆还田，多措并举，切实减少南方主要粮油作物化肥用量，为推广化肥定额制提供保障。因此，制定稻田有机肥合理施用技术规程具有重要意义。

### 1. 有机肥料种类和要求

#### 1）商品有机肥

商品有机肥是以畜禽粪便、农作物秸秆、动植物残体等来源于动植物的有机废弃物为原料，经无害化处理和工厂化生产的有机肥料。它包括普通有机肥和生物有机肥，普通有机肥应符合《有机肥料》（NY 525）的要求，生物有机肥应符合《生物有机肥》（NY 884）的要求。

#### 2）绿肥

绿肥是一种养分完全的生物肥源，适宜稻田种植的是冬季绿肥，一般在秋冬播种，第二年春夏收割或死亡。一般豆科绿肥有紫云英、毛叶苕子、光叶苕子、箭筈豌豆、蚕豆、黄花苜蓿等，非豆科绿肥有肥田萝卜、肥用油菜、多花黑麦草等，稻田一般以紫云英为主。

#### 3）作物秸秆

稻田常用的秸秆有稻草、油菜秸秆，一般以稻草为主。

### 2. 有机肥施肥原则

#### 1）长期施用原则

充分挖掘有机肥料资源，遵守循环农业原则，发挥不同有机物料优势，坚持长期施用，维持和提高土壤肥力。

#### 2）有机无机相结合原则

采用有机肥和化肥配合施用，以有机肥氮素占总氮用量的30%左右为宜。商品有机肥宜作为底肥施用，生长期宜追施速效的化肥。

#### 3）安全使用原则

长期施用养殖源有机肥，应结合农业生态土壤环境质量监测。根据土壤重金属含量的监测，在综合考虑有机肥中重金属含量及在土壤累积规律的基础上，参照《土壤环境质量　农用地土壤污染风险管控标准》（GB 15618）中的风险筛选值和风险管控值，酌情确定单位面积的年施用量及相应施用年限。跟踪监测土壤抗生素，使其含量处于低于检出限的安全水平。

#### 4）养分总量控制原则

施用有机肥后，应减少化肥的用量，保持总养分施用量不增加。

### 3. 商品有机肥的施用

1）用量确定

根据水稻、油菜预期产量，结合有机肥中的养分含量、作物当季利用率确定有机肥的用量。根据土壤类型、肥力水平调整稻田有机肥施用量，一般每季作物商品有机肥施用量宜为4.0～6.0t/hm²。

2）施用时期和方法

商品有机肥在水稻、油菜直播或移栽前做基肥施用，在翻耕整地之前均匀撒施于土表，然后旋耕使其与耕层土壤混匀。油菜移栽后也可穴施覆土。

### 4. 绿肥种植

1）品种选择

优先选用经国家或省级品种审定委员会审定通过的品种以及在本区域适宜且已经应用多年的地方种、育成种及品系。紫云英、毛叶苕子、光叶苕子种子质量应符合《绿肥种子》（GB 8080）中的大田用种要求。

2）播种前准备

水稻收割前10d排空田面水，水稻收获后绿肥播种前，尽早开沟排水。

3）播种量

绿肥单播时，播种量为：紫云英、黄花苜蓿22.5～45.0kg/hm²，毛叶苕子45.0～60.0kg/hm²，光叶苕子37.5～45.0kg/hm²，箭筈豌豆90.0～120.0kg/hm²，田菁30.0～45.0kg/hm²，猪屎豆30.0～45.0kg/hm²，山黧豆67.5～90.0kg/hm²，蚕豆112.5～150.0kg/hm²，肥田萝卜7.5～15.0kg/hm²，肥用油菜4.5～7.5kg/hm²，多花黑麦草22.5～30.0kg/hm²。

多种绿肥混播时，宜采用紫云英、肥田萝卜（或肥用油菜）、多花黑麦草混合形式。每公顷播种量为：紫云英22.5～30.0kg/hm²、肥田萝卜1.5～2.0kg/hm²或肥用油菜1.0～1.5kg/hm²、多花黑麦草7.5～12.0kg/hm²。

4）适时播种

8月下旬至11月上旬，由北至南逐渐延迟。南方稻油轮作区，播种时间一般为10月中旬至11月上旬。

5）播种方式

可以在水稻收获后免耕直播，也可选择稻底套播，即在水稻收割前适时播种，一般可在水稻收割前2～15d播种，不同品种播种时间略有差异。

6）水肥管理

及时清沟排水，田面保持润而不淹。适当补充肥料，及时防治病虫害。

7）翻压

3月至4月初，由南到北逐渐延迟。豆科绿肥应在直播或插秧前7～15d于盛花期翻压；非豆科绿肥的翻压时间适当提早。低肥力稻田应全量还田，中高肥力稻田翻压量为22.5～37.5t/hm$^2$。

采用干耕浅沤，即先机械翻压，2～3d后灌浅水沤田。翻压作业深度为15～20cm。沤制时间一般不少于10d。

### 5. 秸秆还田

稻谷收割时，经机器粉碎可全量还田；油菜秸秆粉碎后可部分还田。秸秆均匀撒于田面，机器翻耕。适当补充氮肥，添加秸秆腐熟剂可促进秸秆腐熟。油菜秸秆还田后可立即灌水浅泡。

# 5.2　茶园有机肥合理利用技术研究与示范

茶树[*Camellia sinensis* (L.) O. Ktze]是我国重要的经济作物，种植茶树经济效益较好，是农民增收、政府扶贫的重要手段。近些年我国的茶园面积不断扩大，2018年为2.986×10$^6$hm$^2$（国家统计局，2019），比2010年增加54.6%。为了追求产量，提高经济效益，化肥在茶园施用量越来越大。全国茶园年均化肥养分用量为678kg/hm$^2$，肥料主要类别为复合肥，30%的茶园化肥过量施用，有机肥养分所占比例偏低，只有15%（倪康等，2019）。茶园土壤养分失衡，氮肥过量或不足同时存在，并且比较严重（马立锋等，2013）；土壤磷、钾养分普遍不足（周国兰等，2009）；土壤酸化严重（马立锋等，2000）。为了改变茶园施肥现状，并实现化肥减量目标，2017年农业部在全国选择100个果菜茶示范县开展有机肥替代化肥试点工作，其中茶叶示范县有21个，浙江省安吉县、武义县、淳安县、龙游县均为茶叶有机替代示范县之一。作者团队在以上4个示范县开展了不同类型、不同用量、不同替代模式有机肥田间试验，试验连续进行2年，其结果可为茶园有机肥科学、合理施用提供技术指导和理论依据。

## 5.2.1　安吉茶园试验

安吉茶园有机肥安全使用试验。试验地点位于浙江省安吉县某茶场，茶叶品种为'白叶1号'（图5-2）。茶园土壤类型为黄红壤，pH为4.14，全氮为0.84g/kg，有效磷为7.60mg/kg，速效钾为750mg/kg，有机质为18.3g/kg；重金属铜为15.3mg/kg，锌为53.2mg/kg，镉为0.037mg/kg，铬为60.6mg/kg，铅为19.5mg/kg，砷为27.8mg/kg，汞为0.024mg/kg。试验采用两种有机肥，分别为来源于豆制品污泥的有机肥（以下称豆渣有机肥）和猪粪有机肥。豆渣有机肥为安吉富民有机肥有限公司生产，N、P$_2$O$_5$、K$_2$O养分含量分别为2.65%、3.27%、1.19%，pH为

8.68，有机质为 51.1%，铜为 40.3mg/kg，锌为 249mg/kg，镉为 0.5mg/kg，铬为 214mg/kg，铅为 22.7mg/kg，汞为 0.088mg/kg，砷为 2.86mg/kg。猪粪有机肥为安吉正新牧业有限公司生产，N、$P_2O_5$、$K_2O$ 养分含量分别为 1.88%、3.00%、1.37%，pH 为 8.80，有机质为 81.0%，重金属含量铜为 166mg/kg、锌为 963mg/kg、镉为 0.21mg/kg、铬为 25.1mg/kg、铅为 8.72mg/kg、汞为 0.009mg/kg、砷为 2.87mg/kg。试验设 7 个处理，进行大区试验，试验处理和施肥量见表 5-11，连续开展 2 年田间试验。试验各处理氮养分施用水平相等，其中有机肥养分按当年矿化率 50%计入。全化肥施用茶叶专用肥（N、$P_2O_5$、$K_2O$ 养分含量分别为 22%、8%、16%），有机肥处理养分不足部分用复合肥、尿素补齐。所有肥料均作为冬肥，在 10 月底之前用旋耕机开沟深施（10～15cm）。每年 3～4 月采集春茶样品，同时采集茶园土壤，用于分析测定。本研究所用数据均为试验 2 年后的采样测试数据。

表 5-11　安吉茶园试验处理施肥量

| 处理 | 有机肥用量（干基）/ (t/hm²) | 化肥用量/（kg/hm²） | | |
| --- | --- | --- | --- | --- |
| | | N | $P_2O_5$ | $K_2O$ |
| CF | 0 | 247.5 | 90 | 180 |
| A1 | 3.75t 豆渣有机肥 | 204 | 75 | 148.5 |
| A2 | 11.25t 豆渣有机肥 | 118.5 | 43.5 | 85.5 |
| A3 | 22.5t 豆渣有机肥 | 0 | 0 | 0 |
| B1 | 3.75t 猪粪有机肥 | 214.5 | 78 | 157.5 |
| B2 | 11.25t 猪粪有机肥 | 151.5 | 55.5 | 111 |
| B3 | 22.5t 猪粪有机肥 | 16.5 | 6 | 13.5 |

图 5-2　安吉茶园有机肥安全使用田间试验（浙江安吉，2018～2021 年）

### 1. 茶叶产量和品质

　　有机肥替代部分化肥能显著提高安吉白茶鲜叶产量（图 5-3），豆渣有机肥的增产效果要略好于猪粪有机肥。豆渣有机肥可增产 18.7%～37.9%，猪粪有机肥可增产 18.9%～29.8%。

　　茶叶水浸出物能反映茶叶中可溶性物质的总量，标志着茶汤的厚薄，茶叶品质的高低。茶多酚是茶叶中的重要化学成分，绿茶茶多酚含量在 20%～25%时，可满足绿茶茶汤浓度的要求，达到鲜浓、爽口、回甘生津，超过 25%，绿茶滋味品质下降，涩味明显。氨基酸是构成茶叶鲜味的重要成分，能有效降低茶汤的苦涩味，增加甜味，也是重要的香气物质。酚氨比越低，茶叶的品质越好。白茶的叶绿素含量增加会降低茶叶的白化度，降低白茶的品质。

　　有机肥处理提高白茶的水浸出物含量和游离氨基酸含量（表 5-12），猪粪有机肥要好于豆渣有机肥。施用有机肥能降低茶多酚的含量和酚氨比，猪粪有机肥处理要低于豆渣有机肥。说明有机肥能提高安吉白茶品质，增加茶汤滋味和鲜爽，猪粪有机肥的效果要好于豆渣有机肥。豆渣有机肥提高了白茶的叶绿素含量，降低了白茶的白化度，影响商品价值，需要进一步监测。

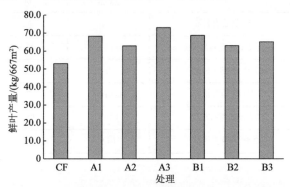

图 5-3　施用有机肥对安吉白茶鲜叶产量的影响

**表 5-12　施用有机肥对白茶品质的影响（安吉）**

| 处理 | 水浸出物含量/% | 叶绿素总量/（g/kg） | 茶多酚含量/% | 游离氨基酸含量/% | 酚氨比 |
|------|------|------|------|------|------|
| CF | 33.8 | 0.83 | 15.58 | 6.24 | 2.68 |
| A1 | 32.9 | 1.11 | 15.32 | 6.15 | 2.80 |
| A2 | 33.1 | 1.15 | 14.76 | 5.76 | 2.56 |
| A3 | 34.5 | 0.79 | 15.21 | 7.52 | 2.03 |
| B1 | 33.3 | 0.87 | 15.21 | 7.46 | 2.04 |
| B2 | 34.6 | 0.81 | 14.61 | 6.54 | 2.23 |
| B3 | 35.7 | 0.92 | 13.71 | 6.50 | 2.11 |

## 2. 茶叶重金属积累和中、微量元素含量

对茶叶重金属积累的影响。从表 5-13 中可看出，与 CF 处理相比，施用猪粪有机肥有提高白茶中镉、铅、砷含量的趋势，对铬含量影响不明显；施用豆渣有机肥对白茶中铅、砷含量影响不明显，只有 A3 处理显著提高镉的含量，对铬含量影响不明显；所有处理茶叶中均未检出汞的含量；猪粪有机肥处理茶叶中镉、铅、砷含量要高于豆渣有机肥处理。但测定结果表明，在本试验条件下，施用两种有机肥后茶叶中重金属含量均处于安全水平，符合茶叶中镉、铬、铅、砷、汞限量标准[《茶叶中铬、镉、汞、砷及氟化物限量》（NY 659—2003）和《食品安全国家标准 食品中污染物限量》（GB 2762—2017）]。结果表明，豆渣有机肥对白茶中的重金属积累影响很小，猪粪有机肥带来茶叶中重金属积累的风险需要加强监测。

表 5-13　施用有机肥对安吉白茶重金属含量的影响（单位：mg/kg）

| 处理 | Cd | Cr | Pb | As | Hg |
|------|------|------|------|------|------|
| CF | 0.016b | 0.195bc | 0.352c | 0.026b | ND |
| A1 | 0.010b | 0.166c | 0.365c | 0.023b | ND |
| A2 | 0.015b | 0.184bc | 0.325c | 0.023b | ND |
| A3 | 0.027a | 0.228ab | 0.356c | 0.025b | ND |
| B1 | 0.017b | 0.266a | 0.369c | 0.030a | ND |
| B2 | 0.028a | 0.190bc | 0.580a | 0.030a | ND |
| B3 | 0.033a | 0.222ab | 0.504b | 0.032a | ND |

注：ND 表示未检出。

对茶叶中、微量元素含量的影响。与 CF 处理相比，在所有有机肥处理中，只有猪粪有机肥处理（B3）显著提高茶叶铜的含量，其余有机肥处理对白茶中铜含量没有影响；施用有机肥对茶叶锌含量没有明显影响，但能明显增加茶叶中铁的含量，降低白茶中钙、镁含量（表 5-14）。豆渣有机肥显著降低白茶中锰的含量，猪粪有机肥处理（B2、B3）显著增加茶叶中锰的含量不同类型有机肥对茶叶中、微量元素含量的影响不同，同一种类型有机肥对不同中、微量元素的影响也有差异。

表 5-14　施用有机肥对白茶中、微量元素含量的影响

| 处理 | Cu /（mg/kg） | Zn /（mg/kg） | Fe /（mg/kg） | Mn /（g/kg） | Ca /（g/kg） | Mg /（g/kg） |
|------|------|------|------|------|------|------|
| CF | 20.1b | 59.4ab | 66.1d | 1.60c | 4.08a | 1.55a |
| A1 | 19.1b | 58.6b | 73.5bc | 1.01f | 3.75cd | 1.49b |
| A2 | 19.3b | 58.0b | 74.9b | 1.32e | 3.58f | 1.46bc |

| 处理 | Cu / (mg/kg) | Zn / (mg/kg) | Fe / (mg/kg) | Mn / (g/kg) | Ca / (g/kg) | Mg / (g/kg) |
|---|---|---|---|---|---|---|
| A3 | 20.0b | 60.3ab | 65.1d | 1.49d | 3.64ef | 1.48bc |
| B1 | 19.5b | 58.2b | 69.9c | 1.56c | 3.68de | 1.44c |
| B2 | 20.4ab | 59.1ab | 73.0bc | 1.72b | 3.80c | 1.48bc |
| B3 | 21.6a | 62.9a | 83.8a | 1.98a | 3.92b | 1.51b |

### 3. 茶园土壤环境污染

安吉茶园表层土壤(0～20cm)重金属数据结果见表3-7和表3-8。结果表明，2种有机肥的施用会导致安吉茶园土壤中部分重金属，特别是有效态重金属的积累。在安吉茶园施用猪粪有机肥需关注土壤Cu和Zn的累积与有效性增加，而豆渣有机肥施用需关注Cr和Cd的累积。

土壤抗生素残留。安吉茶园表层土壤(0～20cm)仅在11.25t/hm² 和22.5t/hm² 猪粪有机肥处理中检出磺胺二甲嘧啶，其含量分别为0.87μg/kg 和10.1μg/kg。其余施肥处理中均未在土壤中检出抗生素残留。

### 4. 茶园土壤肥力

与CF处理相比，除B1外其余有机肥处理均提高土壤有机质、全氮、有效磷、速效钾含量，B3最高。两种有机肥大幅度提高土壤pH和水溶性盐含量(表5-15)，特别是高用量的猪粪有机肥(B3)提高幅度过大，可能导致土壤酸碱度和含盐量不适宜茶叶生长。表明施用有机肥对茶园土壤的培肥效果明显，改良偏酸性土壤的效果也很显著，但用量不宜过大，11.25t/hm² 效果最佳，也无负面效应。

表5-15 不同有机肥处理对茶园土壤肥力的影响(安吉)

| 处理 | pH | 有机质 / (g/kg) | 全氮 /% | 碱解氮 / (mg/kg) | 有效磷 / (mg/kg) | 速效钾 / (mg/kg) | 水溶性盐 /% |
|---|---|---|---|---|---|---|---|
| CF | 4.35 | 35.3 | 0.212 | 223 | 37.3 | 390 | 0.067 |
| A1 | 4.51 | 49.4 | 0.297 | 291 | 111 | 550 | 0.076 |
| A2 | 4.79 | 45.1 | 0.275 | 203 | 127 | 610 | 0.091 |
| A3 | 4.97 | 57.8 | 0.349 | 244 | 141 | 465 | 0.094 |
| B1 | 4.38 | 35.1 | 0.212 | 132 | 56.5 | 370 | 0.048 |
| B2 | 5.26 | 40.1 | 0.227 | 179 | 93.3 | 520 | 0.091 |
| B3 | 6.24 | 66.8 | 0.393 | 272 | 206 | 905 | 0.146 |

## 5. 茶园土壤微生物

连续施用 2 年有机肥，采集表层土壤测定微生物指标。由表 5-16 可知，与 CF 相比，两种有机肥处理显著提高土壤微生物的 Shannon 指数和均匀度（$E$），中、高用量猪粪有机肥处理的土壤微生物 Shannon 指数和均匀度要高于同等用量豆渣有机肥处理。表明施用有机肥能显著提高土壤微生物的功能多样性，让土壤微生物种群分布更均匀，有利于构建健康土壤微生态系统，猪粪有机肥的效果要好于豆渣有机肥。

表 5-16　有机肥对安吉茶园土壤微生物多样性的影响（2020 年）

| 处理 | Shannon 指数 | 均匀度（$E$） |
| --- | --- | --- |
| CF | 3.05±0.14e | 0.829±0.030d |
| A1 | 6.59±0.26b | 0.987±0.000c |
| A2 | 5.20±0.49c | 0.993±0.006c |
| A3 | 5.21±0.73c | 0.989±0.010c |
| B1 | 4.25±0.37d | 0.994±0.001c |
| B2 | 5.41±0.21c | 1.179±0.058b |
| B3 | 10.21±0.17a | 1.575±0.075a |

图 5-4 为不同施肥处理土壤的平均 $CO_2$ 产生率。除 B1 处理外，其余各有机肥处理的土壤平均 $CO_2$ 产生率均显著高于 CF 处理，B3 处理的数值最高，表明施用有机肥能显著提高土壤微生物的代谢活性。

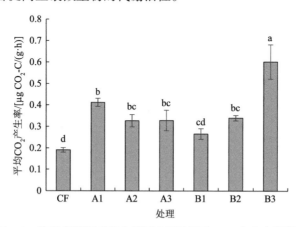

图 5-4　施用有机肥对安吉茶园土壤的平均 $CO_2$ 产生率的影响

## 5.2.2　武义茶园试验

武义茶园有机肥安全使用试验。试验地点位于浙江省金华市武义山地茶园，茶叶品种为'迎霜'（图 5-5）。茶园土壤类型为红壤，土壤 pH 为 3.56，全氮为 1.51g/kg，速效钾为 375mg/kg，有效磷为 230.2mg/kg，有机质为 28.8g/kg。试验有机肥为牛粪有机肥和猪粪有机肥。牛粪有机肥由金华市惠君生物有机肥厂提供，N、$P_2O_5$、$K_2O$ 养分含量分别为 1.56%、2.56%、2.0%，pH 为 8.09，有机质为 84.6%，铜为 97.25mg/kg，锌为 433mg/kg，镉为 0.42mg/kg，铬为 21.02mg/kg，铅为 5.34mg/kg，砷为 13.46mg/kg，汞为 0.074mg/kg。猪粪有机肥由武义沃地生物科技有限公司提供，N、$P_2O_5$、$K_2O$ 养分含量分别为 2.93%、7.80%、3.86%，pH 为 9.18，有机质为 86.1%，铜为 1001mg/kg，锌为 4874mg/kg，镉为 0.51mg/kg，铬为 10.91mg/kg，铅为 4.61mg/kg，砷为 27.49mg/kg，汞为 0.038mg/kg。设 7 个处理，进行大区试验，试验处理和施肥量见表 5-17，连续开展 2 年田间试验。试验各施肥处理氮养分施用水平相等，其中有机肥养分按当年矿化率 50% 计入，不足部分用复合肥补齐。试验地块茶叶鲜叶产量较高，需肥量较大，全化肥处理（CF）施用复合肥（N、$P_2O_5$、$K_2O$ 养分含量分别为 22%、8%、12%），养分施用量 N、$P_2O_5$、$K_2O$ 分别为 561kg/hm²、204kg/hm²、306kg/hm²。化肥全年分 5 次施用，30% 作为冬肥在 10 月施用，在 1 月、5 月、6 月、9 月各施用 17.5% 作为追肥。牛粪有机肥和猪粪有机肥全部在 10 月作为冬肥施用。每年 4 月上旬采集春茶样品和茶园土壤样品用于分析测定。本研究所用数据均为试验 2 年后的采样测试数据。

图 5-5　武义茶园有机肥安全使用田间试验（2018～2020 年）

表 5-17　武义茶园试验处理施肥量

| 处理 | 有机肥用量（干基）/（t/667m²） | 化肥用量/（kg/hm²） | | |
| --- | --- | --- | --- | --- |
| | | N | $P_2O_5$ | $K_2O$ |
| CF | 0 | 561 | 204 | 306 |
| NF1 | 7.5t 牛粪有机肥 | 501 | 182 | 273 |
| NF2 | 15t 牛粪有机肥 | 441 | 160 | 241 |
| NF3 | 22.5t 牛粪有机肥 | 381 | 139 | 208 |
| ZF1 | 7.5t 猪粪有机肥 | 486 | 177 | 265 |
| ZF2 | 115t 猪粪有机肥 | 411 | 149 | 224 |
| ZF3 | 22.5t 猪粪有机肥 | 336 | 122 | 183 |

## 1. 茶叶产量和品质

施用有机肥能显著提高春茶鲜叶的产量，施用牛粪有机肥能增产 4.0%～19.4%，施用猪粪有机肥增产 10.2%～20.5%（图 5-6）。两种有机肥均施用 15t/hm² 用量增产效果最好。

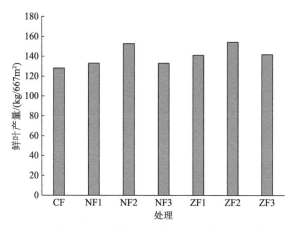

图 5-6　施用牛粪和猪粪有机肥对春茶鲜叶产量的影响

茶叶水浸出物是指茶叶中可溶于水的各种物质的总称，是茶叶品质的综合性指标。茶多酚是茶叶中多羟基酚类化合物的复合物，由 30 种以上的酚类物质组成，具有抗氧化、防辐射、抗衰老、降血脂、降血糖、抑菌抑酶等多种生理活性功能，是决定茶叶色、香、味及功效的主要成分。茶叶游离氨基酸具有焦糖香和类似味精的鲜爽味，能消减咖啡因和儿茶素引起的苦涩味，增强茶叶甜味，尤其与绿茶滋味等级呈强正相关，已成为评价高级绿茶的重要标志之一。

从表 5-18 可看出，施用有机肥显著能提高茶叶水浸出物、叶绿素、茶多酚、游离氨基酸含量，提高茶叶品质。其中 NF2 和 ZF2 处理的茶叶品质要好于其他有机肥处理。

表 5-18　施用牛粪和猪粪有机肥对茶叶品质的影响（武义）

| 处理 | 水浸出物含量/% | 叶绿素含量/(g/kg) | 茶多酚含量/% | 游离氨基酸含量/% |
|---|---|---|---|---|
| CF | 40.29b | 1.39b | 15.33b | 4.71c |
| NF1 | 42.82a | 1.43b | 15.81ab | 5.06b |
| NF2 | 43.23a | 1.67a | 16.85a | 4.98b |
| NF3 | 42.51a | 1.31b | 15.69ab | 4.82bc |
| ZF1 | 42.54a | 1.57ab | 17.54a | 5.12ab |
| ZF2 | 43.59a | 1.76a | 17.94a | 5.56a |

续表

| 处理 | 水浸出物含量/% | 叶绿素含量/（g/kg） | 茶多酚含量/% | 游离氨基酸含量/% |
|---|---|---|---|---|
| ZF3 | 43.12a | 1.51ab | 16.25ab | 4.86bc |

注：同一列不同字母表示在 *P*<0.05 水平上差异显著，下同。

## 2. 茶叶重金属积累和中、微量元素含量

对茶叶中重金属积累的影响。在茶叶中未检出汞，各施肥处理茶叶镉的含量差异不明显（表 5-19）。与 CF 处理相比，施用有机肥提高茶叶中砷、铬、铅的含量，但含量均很低，增加幅度也很小，远低于食品安全限量标准《茶叶中铬、镉、汞、砷及氟化物限量》（NY 659—2003）和《食品安全国家标准 食品中污染物限量》（GB 2762—2017）。施用有机肥导致的重金属积累对茶叶的食品质量安全影响较小。

表 5-19　施用牛粪和猪粪有机肥对武义茶叶重金属含量的影响（单位：mg/kg）

| 处理 | As | Hg | Cd | Cr | Pb |
|---|---|---|---|---|---|
| CF | 0.025b | ND | 0.036a | 0.563c | 0.473cd |
| NF1 | 0.047a | ND | 0.033a | 0.671b | 0.597b |
| NF2 | 0.042a | ND | 0.035a | 0.814a | 0.434d |
| NF3 | 0.048a | ND | 0.031a | 0.790a | 0.546bc |
| ZF1 | 0.039ab | ND | 0.040a | 0.674b | 0.847a |
| ZF2 | 0.042a | ND | 0.037a | 0.584bc | 0.516bcd |
| ZF3 | 0.032b | ND | 0.038a | 0.566c | 0.606b |

注：ND 表示未检出。

对茶叶中、微量元素含量的影响。与 CF 处理相比，大部分有机肥处理提高茶叶中 Fe、Mg 含量（表 5-20），降低茶叶 Mn 的含量，对茶叶中 Cu、Zn 含量影响不明显，牛粪有机肥处理显著降低茶叶中 Ca 含量，中、高用量猪粪有机肥处理显著提高茶叶 Ca 含量。猪粪有机肥处理的茶叶 Mn、Cu、Ca、Mg 含量要显著高于牛粪有机肥处理，表明施用有机肥有利于促进茶叶对中、微量元素的吸收，猪粪有机肥的效果好于牛粪有机肥。

表 5-20　施用牛粪和猪粪有机肥对武义茶叶中、微量元素含量的影响

| 处理 | Fe / （mg/kg） | Mn / （mg/kg） | Cu / （mg/kg） | Zn / （mg/kg） | Ca / （mg/kg） | Mg / （g/kg） |
|---|---|---|---|---|---|---|
| CF | 98.7de | 1060.3a | 13.45ab | 44.41ab | 3186.1b | 1.438cd |
| NF1 | 116.6ab | 323.4f | 11.33b | 45.42ab | 2977.3c | 1.498b |
| NF2 | 95.9e | 446.3e | 11.94b | 42.49b | 2923.3c | 1.417d |

续表

| 处理 | Fe / (mg/kg) | Mn / (mg/kg) | Cu / (mg/kg) | Zn / (mg/kg) | Ca / (mg/kg) | Mg / (g/kg) |
|---|---|---|---|---|---|---|
| NF3 | 109.6bc | 267.4g | 12.05b | 41.83b | 2734.7d | 1.481bc |
| ZF1 | 117.0a | 582.4d | 15.54a | 45.27ab | 3340.2b | 1.487bc |
| ZF2 | 104.2cd | 632.6c | 15.58a | 46.36ab | 3651.9a | 1.519b |
| ZF3 | 100.9de | 753.1b | 15.85a | 47.63a | 3722.8a | 1.583a |

### 3. 茶园土壤环境污染

武义茶园表层土壤（0～20cm）重金属数据结果见表 3-9 和表 3-10。结果表明，连续施用两年有机肥后，除土壤 Cu、Zn 累积较快外，其他重金属的累积速度较慢，所有重金属元素的含量远低于土壤安全限量标准。猪粪有机肥对武义茶园土壤重金属累积的影响要大于牛粪有机肥，有机肥施用量越大，带来的土壤重金属积累风险越高。因此，建议规范猪粪有机肥在茶园的施用，制定其安全施用量。

武义茶园土壤抗生素残留数据见第 3 章 3.2.1 节。武义茶园表层土壤（0～20cm）仅在猪粪有机肥处理检测出两种抗生素残留，牛粪有机肥带来的抗生素残留风险较小。

### 4. 茶园土壤肥力

与 CF 处理相比，两种有机肥均能随着施用量的增加，逐渐提高茶园土壤 pH，猪粪有机肥的效果要好于牛粪有机肥（表 5-21）。两种有机肥均能显著提高土壤有机质、全氮、有效磷和速效钾含量，对土壤水溶性盐含量没有明显影响。只有施用牛粪有机肥 22.5t/hm² （NF3 处理）显著提高土壤碱解氮的含量。在同等施肥量条件下，猪粪有机肥处理土壤有效磷和速效钾含量高于牛粪有机肥处理，表明两种有机肥改良、培肥茶园土壤效果显著，猪粪有机肥要好于牛粪有机肥。

**表 5-21　施用牛粪和猪粪有机肥对茶园土壤理化性状的影响**

| 处理 | pH | 有机质 / (g/kg) | 全氮 / (g/kg) | 碱解氮 / (mg/kg) | 有效磷 / (mg/kg) | 速效钾 / (mg/kg) | 水溶性盐/% |
|---|---|---|---|---|---|---|---|
| CF | 3.47c | 27.97e | 1.41c | 117b | 173c | 410de | 0.157ab |
| NF1 | 3.57bc | 30.91de | 1.51c | 106b | 169c | 340e | 0.093c |
| NF2 | 3.66bc | 40.51bcd | 1.88bc | 126b | 189bc | 503bcd | 0.161ab |
| NF3 | 3.86b | 69.77a | 2.48a | 209a | 206ab | 583bc | 0.178a |
| ZF1 | 3.84b | 34.23cde | 1.77bc | 148ab | 219a | 465cde | 0.142ab |
| ZF2 | 4.45a | 44.00bc | 2.24ab | 154ab | 229a | 628b | 0.127bc |
| ZF3 | 4.58a | 46.32b | 2.72a | 123b | 229a | 765a | 0.134abc |

### 5. 茶园土壤微生物

由表 5-22 可知，与 CF 处理相比，除 NF1 处理外，其余各有机肥处理均显著提高 Shannon 指数，猪粪有机肥处理的 Shannon 指数显著高于牛粪有机肥处理。ZF3 处理的土壤微生物均匀度显著高于其他有机肥处理和 CF 处理。结果表明，施用有机肥有利于提高茶园土壤微生物多样性，并且施用猪粪有机肥的效果优于牛粪有机肥，猪粪有机肥施用 $22.5t/hm^2$ 效果最佳。

表 5-22　施用不同有机肥对武义茶园土壤微生物多样性的影响

| 处理 | Shannon 指数 | 均匀度（$E$） |
| --- | --- | --- |
| CF | 2.92±0.48e | 0.96±0.02b |
| NF1 | 3.68±0.17de | 0.95±0.01b |
| NF2 | 5.20±0.63bc | 0.90±0.04b |
| NF3 | 4.62±1.13cd | 0.93±0.00b |
| ZF1 | 6.15±0.07ab | 0.96±0.01b |
| ZF2 | 6.39±0.59ab | 0.97±0.02b |
| ZF3 | 6.82±0.32a | 1.22±0.19a |

图 5-7 为不同施肥处理茶园土壤的平均 $CO_2$ 产生率。与 CF 处理相比，除 NF1 处理外，其余各有机肥处理均显著提高土壤平均 $CO_2$ 产生率，ZF3 处理最高，是 CF 处理的 2.61 倍。猪粪有机肥处理均显著高于同等用量的牛粪有机肥处理。平均 $CO_2$ 产生率的变化趋势与土壤微生物多样性相一致。

结果表明，施用有机肥有利于增强茶园土壤微生物活性，提高代谢能力，并且施用猪粪有机肥效果明显高于牛粪有机肥。

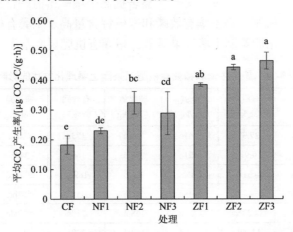

图 5-7　不同有机肥处理对武义茶园土壤的平均 $CO_2$ 产生率的影响

### 5.2.3　淳安茶园试验

　　淳安茶园有机肥安全使用试验。试验地点位于浙江省淳安县茶叶良种场，茶叶品种为白茶（'白叶 1 号'）（图 5-8）。土壤类型为炭质黑泥土，pH 为 4.02，全氮为 7.44g/kg，有效磷为 372mg/kg，速效钾为 191mg/kg，有机质为 166g/kg，铜为 75.3mg/kg，锌为 104mg/kg，镉为 0.36mg/kg，铬为 88.9mg/kg，铅为 30.2mg/kg，砷为 50.2mg/kg，汞为 0.40mg/kg。试验有机肥为鸡粪有机肥和猪粪有机肥，均由杭州鸿沃肥料科技有限公司生产。鸡粪有机肥 N、$P_2O_5$、$K_2O$ 养分含量分别为 1.58%、6.73%、5.59%，pH 为 9.29，有机质为 48.77%，铜为 111mg/kg，锌为 850mg/kg，镉为 0.47mg/kg，铬为 20.88mg/kg，铅为 9.55mg/kg，砷为 3.56mg/kg，汞为 0.11mg/kg。猪粪有机肥 N、$P_2O_5$、$K_2O$ 养分含量分别为 1.36%、5.61%、5.50%，pH 为 9.33，有机质为 61.01%，铜为 162mg/kg，锌为 917mg/kg，镉为 0.43mg/kg，铬为 23.28mg/kg，铅为 9.94mg/kg，砷为 4.79mg/kg，汞为 0.088mg/kg。选择地力较为均匀的成龄茶园进行试验，等氮条件下，试验设 7 个处理，每种有机肥设 3 个梯度，为大区试验（不设重复），试验处理和施肥量见表 5-23。所有肥料均作为冬肥，在 10 月底之前开沟深施（10～15cm）。各有机肥处理氮的含量与全化肥处理相等，有机肥的当年矿化率计为 50%。养分不足部分用复合肥补充，复合肥养分为 N 21%、$P_2O_5$ 7%、$K_2O$ 12%，由江西开门子肥业集团有限公司生产。有机肥处理的追肥与化肥处理相同。3 月底至 4 月上旬采集两叶一心春茶鲜叶，杀青，烘干，制成茶叶成品，测定茶叶品质和重金属含量指标。同时采集茶园土壤，用于测定土肥肥力、环境质量及微生物等指标。

图 5-8　淳安茶园有机肥安全使用试验（2018～2021 年）

表 5-23　淳安茶园有机肥试验处理施肥量

| 处理 | 有机肥用量（干基）/（t/hm²） | 化肥用量/（kg/hm²） | | |
| --- | --- | --- | --- | --- |
| | | N | $P_2O_5$ | $K_2O$ |
| CF | 0 | 236 | 79 | 135 |

续表

| 处理 | 有机肥用量（干基）/（$t/hm^2$） | 化肥用量/（$kg/hm^2$） | | |
|---|---|---|---|---|
| | | N | $P_2O_5$ | $K_2O$ |
| JF1 | 7.5t 鸡粪有机肥 | 169 | 56 | 96 |
| JF2 | 15t 鸡粪有机肥 | 101 | 34 | 58 |
| JF3 | 22.5t 鸡粪有机肥 | 34 | 11 | 19 |
| ZF1 | 7.5t 猪粪有机肥 | 169 | 56 | 96 |
| ZF2 | 15t 猪粪有机肥 | 101 | 34 | 58 |
| ZF3 | 22.5t 猪粪有机肥 | 34 | 11 | 19 |

### 1. 茶叶产量和品质

不同有机肥处理对茶叶产量的影响。有机肥替代部分化肥能显著提高淳安白茶鲜叶产量（表 5-24）。与全化肥相比，鸡粪有机肥 3 个梯度处理分别增产 15.4%、21.9%和 66.3%，猪粪有机肥 3 个梯度处理分别增产 25.7%、83.7%和 46.0%。鸡粪有机肥施用 $22.5t/hm^2$，猪粪有机肥施用 $15t/hm^2$ 时增产效果最佳。在施用量 $15t/hm^2$ 及以下时，同等用量的猪粪有机肥增产效果高于鸡粪有机肥。有机肥处理的化肥总养分替代率为 28.6%～85.7%。

**表 5-24 施用有机肥对白茶产量的影响以及化肥替代率（淳安）**

| 处理 | 鲜叶产量/（$kg/667m^2$） | 增产/% | 化肥总养分替代率/% |
|---|---|---|---|
| CF | 44.8 | — | — |
| JF1 | 51.7 | 15.4 | 28.6 |
| JF2 | 54.6 | 21.9 | 57.1 |
| JF3 | 74.5 | 66.3 | 85.7 |
| ZF1 | 56.3 | 25.7 | 28.6 |
| ZF2 | 82.3 | 83.7 | 57.1 |
| ZF3 | 65.4 | 46.0 | 85.7 |

注：—表示无数据。

不同有机肥处理对茶叶品质的影响。与 CF 处理相比，两种有机肥对白茶的水浸出物含量影响不同（表 5-25），JF1 处理显著提高茶叶水浸出物含量，ZF2、ZF3 处理显著降低茶叶水浸出物含量，其余有机肥处理差异不显著。鸡粪有机肥处理均显著提高茶叶叶绿素总量；中、低用量猪粪有机肥（ZF2、ZF1 处理）显著降低茶叶叶绿素总量，有利于提高白茶的白化度。因样品采摘时间较晚，茶多酚

含量偏高，会增加茶汤涩味，两种有机肥均能显著降低茶叶的茶多酚含量。JF3
和 ZF1 处理会显著降低茶叶的游离氨基酸含量，其余处理与 CF 处理差异不明显。
JF1、JF2 处理和 ZF2、ZF3 处理均能降低茶叶中的酚氨比。结果表明，鸡粪有机
肥会降低白茶的白化度，猪粪有机肥能增加白茶的白化度；有机肥处理能提高茶
叶的品质指标，但不同种类不同用量的作用效果有差异，趋势不够明显，随着有
机肥施用年限增加，规律会更明显。

表 5-25　施用有机肥对白茶品质的影响（淳安）

| 处理 | 水浸出物含量/% | 叶绿素总量/（mg/g） | 茶多酚含量/% | 游离氨基酸含量/% | 酚氨比 |
|------|--------------|-------------------|-------------|-----------------|--------|
| CF | 67.6bc | 1.55b | 30.3a | 7.52a | 4.03 |
| JF1 | 68.5a | 1.67a | 29.0b | 7.58a | 3.83 |
| JF2 | 67.3bcd | 1.62a | 29.0b | 7.7a | 3.77 |
| JF3 | 67.9ab | 1.60a | 28.3b | 6.46b | 4.38 |
| ZF1 | 67.8b | 1.46c | 28.8b | 6.81b | 4.23 |
| ZF2 | 66.8d | 1.45c | 28.2b | 7.14ab | 3.95 |
| ZF3 | 67.0d | 1.54b | 29.0b | 7.79a | 3.72 |

注：同一列中不同小写字母代表在 $P<0.05$ 水平上差异显著。下同。

### 2. 茶叶重金属积累和中、微量元素含量

对茶叶中重金属积累的影响。从表 5-26 可看出，各施肥处理茶叶重金属含量
均处于安全水平，远低于茶叶中镉、铬、铅、砷、汞安全限量标准[《茶叶中铬、
镉、汞、砷及氟化物限量》（NY 659—2003）和《食品安全国家标准　食品中污
染物限量》（GB 2762—2017）]。与 CF 处理相比，2 种有机肥处理均对淳安白茶
镉和汞的含量没有影响。除 JF3 处理显著增加茶叶铬含量外，其他大部分有机肥
处理均明显降低茶叶铬的含量；2 种有机肥处理的茶叶铅含量显著高于 CF 处理，
并且鸡粪有机肥处理高于猪粪有机肥处理。有机肥处理的茶叶砷含量高于 CF 处
理，JF3 和 ZF3 处理的茶叶砷含量显著高于其他用量的有机肥处理。结果表明，
在淳安茶园施用有机肥能导致茶叶中铅、砷的积累，并且其基本是随着有机肥用
量增加而提高。有机肥处理降低茶叶中铬含量可能是因为淳安茶园土壤的背景值
较高，有机肥施用提高了土壤 pH，降低了土壤中铬的生物有效性，从而减少茶叶
对铬的吸收。

表 5-26　施用有机肥对淳安白茶重金属含量的影响

| 处理 | Cd/（mg/kg） | Cr/（mg/kg） | Pb/（mg/kg） | As/（mg/kg） | Hg/（μg/kg） |
|------|-------------|-------------|-------------|-------------|-------------|
| CF | 0.020a | 0.535b | 0.106c | 0.035c | 2.34a |
| JF1 | 0.031a | 0.455c | 0.236b | 0.048b | 2.37a |

续表

| 处理 | Cd/（mg/kg） | Cr/（mg/kg） | Pb/（mg/kg） | As/（mg/kg） | Hg/（μg/kg） |
|---|---|---|---|---|---|
| JF2 | 0.025a | 0.311d | 0.307a | 0.036c | 2.25a |
| JF3 | 0.032a | 0.676a | 0.334a | 0.085a | 2.17a |
| ZF1 | 0.023a | 0.369d | 0.193b | 0.036c | 2.39a |
| ZF2 | 0.030a | 0.376d | 0.194b | 0.042bc | 2.19a |
| ZF3 | 0.027a | 0.512bc | 0.216b | 0.093a | 2.22a |

对茶叶中、微量元素含量的影响。与 CF 处理相比，有机肥显著降低茶叶中铜含量，并且 ZF3 处理的茶叶铜含量显著高于中、低用量的猪粪有机肥和所有的鸡粪有机肥处理；只有 JF2 处理能显著提高茶叶中锌含量（表 5-27）；2 种有机肥处理均能提高茶叶锰的含量；鸡粪有机肥能显著提高茶叶铁的含量，猪粪有机肥处理与 CF 处理差异不明显；猪粪有机肥能显著降低茶叶中镁的含量，鸡粪有机肥与 CF 处理差异不明显；JF3、ZF2 和 ZF3 处理显著降低茶叶中钙的含量。结果表明，猪粪有机肥能降低茶叶中铜、镁、钙的含量，提高茶叶中锰的含量，对锌和铁的含量影响不明显。鸡粪有机肥降低茶叶中铜的含量，提高茶叶中锰、铁含量，对茶叶中镁含量没有明显影响。镁是叶绿素合成的关键成分，叶绿素含量与白茶的白化度品质密切相关，猪粪有机肥降低茶叶中镁含量和叶绿素含量，从而提高白茶的白化度。

表 5-27　施用有机肥对淳安白茶中、微量元素含量的影响

| 处理 | Cu/（mg/kg） | Zn/（mg/kg） | Mn/（mg/kg） | Fe/（mg/kg） | Mg/（g/kg） | Ca/（g/kg） |
|---|---|---|---|---|---|---|
| CF | 18.24a | 53.2bcd | 428f | 73.0bc | 1.73a | 2.80ab |
| JF1 | 13.99c | 53.7abcd | 566d | 74.6b | 1.72a | 2.82ab |
| JF2 | 14.28c | 56.4a | 543e | 89.4a | 1.72a | 2.86a |
| JF3 | 14.69c | 52.4cd | 611a | 95.7a | 1.71a | 2.65c |
| ZF1 | 14.87c | 56.0ab | 594b | 65.3c | 1.66b | 2.78b |
| ZF2 | 14.80c | 51.8d | 579c | 76.9b | 1.67b | 2.57d |
| ZF3 | 16.49b | 55.1abc | 564d | 77.5b | 1.72a | 2.68c |

## 3. 茶园土壤环境污染

### 1）土壤重金属积累

土壤重金属数据结果见表 3-11。淳安茶园土壤重金属背景值较高，试验点土壤的 Cd、As、Hg、Cu 含量均超过茶园土壤安全限量标准。有机肥中大部分重金属含量低于土壤背景值时，施用有机肥不仅不会增加土壤重金属积累，反而

起到稀释作用。只有有机肥中含量特别高的重金属如铜、锌才会增加土壤的积累。在同等用量下，猪粪有机肥处理的土壤 Cd、Cr、As、Cu、Zn 含量显著高于鸡粪有机肥。

在淳安茶园中，虽然土壤重金属背景值较高，但试验数据显示茶叶中重金属含量较低，远低于茶叶的食品安全限量标准，说明土壤中重金属的生物有效性较低。由于土壤背景值较高，施用有机肥对土壤中 Cu、Zn 之外的重金属积累影响不明显，但对 Cu、Zn 要特别关注。同时，施用有机肥快速提高土壤的 pH，也能降低土壤中部分重金属的活性。但有机肥携带的重金属有效态比例较高，也可能增加茶叶对部分重金属的吸收。本试验数据显示，施用有机肥会导致茶叶中铅、砷积累的增加。对于淳安这种高背景值的砂土茶园，茶叶对重金属的吸收积累是综合作用的结果，其影响因素和机制非常复杂，不能只根据土壤中重金属积累来判断施肥影响，需加强对茶叶中重金属的监测。需要继续加强有机肥的推广应用，但要控制施用量。在淳安白茶园中可选用猪粪有机肥，可增加白茶的白化度，在其他绿茶园中可选用重金属残留更低的其他类型有机肥。

2）土壤抗生素残留

淳安茶园土壤抗生素残留。数据结果见表 3-28。鸡粪有机肥处理的土壤共检出氧氟沙星、环丙沙星、恩诺沙星、氟甲喹、金霉素、替米考星、氟苯尼考 7 种抗生素，猪粪有机肥处理土壤中共检出氧氟沙星、环丙沙星、恩诺沙星、磺胺间甲氧嘧啶、金霉素、多西环素、土霉素、替米考星、氯霉素、氟苯尼考 10 种抗生素。有机肥用量越高，检测出的残留抗生素种类越多，含量越高。总体上，猪粪有机肥处理土壤残留的抗生素种类数量和含量要高于鸡粪有机肥处理。

## 4. 茶园土壤肥力

试验点土壤性状比较特殊，表层土壤全部由砂石和腐殖层（含茶树秸秆、有机肥）组成，土壤缓冲性能较差，有机肥施肥效果非常显著。与 CF 处理相比，2 种有机肥处理提高茶园土壤 pH 的效果非常显著，其随着有机肥用量的提高而显著提高，ZF3 处理能提高土壤 pH 2.58 个单位（表 5-28）。猪粪有机肥对土壤 pH 的提升效果显著高于鸡粪有机肥处理。2 种有机肥显著改善土壤肥力状况，其中 ZF2 处理比 CF 处理的有机质、全氮、碱解氮、有效磷、速效钾含量分别提高 25.1%、29.8%、20.0%、2.1 倍、1.9 倍。上述结果说明，在淳安茶园这类土壤中，施用有机肥能显著提高土壤 pH，改良酸性，培肥土壤，用量控制在 7.5～15t/hm² 较为适宜。

表 5-28　施用不同有机肥对茶园土壤肥力的影响

| 处理 | pH | 有机质 / (g/kg) | 全氮 / (g/kg) | 碱解氮 / (mg/kg) | 有效磷 / (mg/kg) | 速效钾 / (mg/kg) |
|---|---|---|---|---|---|---|
| CF | 4.03g | 167b | 7.42d | 479e | 374g | 189f |

| 处理 | pH | 有机质 / (g/kg) | 全氮 / (g/kg) | 碱解氮 / (mg/kg) | 有效磷 / (mg/kg) | 速效钾 / (mg/kg) |
|---|---|---|---|---|---|---|
| JF1 | 4.63f | 209a | 10.1a | 632a | 647e | 226e |
| JF2 | 5.46d | 149c | 7.31d | 526d | 891d | 247e |
| JF3 | 6.34b | 193a | 10.0ab | 595ab | 1062b | 371c |
| ZF1 | 4.88e | 199a | 9.43bc | 598ab | 932c | 322e |
| ZF2 | 6.10c | 209a | 9.63abc | 575c | 1152a | 551a |
| ZF3 | 6.61a | 210a | 9.37c | 574c | 444f | 510b |

### 5. 茶园土壤微生物

由表 5-29 可知，与 CF 处理相比，施用鸡粪有机肥和猪粪有机肥均可提高茶园土壤 Shannon 指数，其大体上随施用量的增加而提高，鸡粪有机肥处理高于猪粪有机肥处理。各施肥处理土壤微生物均匀度（E）差异不明显，但有机肥处理大体上还是略高于 CF 处理。

表 5-29　基于 MicroResp™ 分析不同有机肥对土壤微生物多样性的影响

| 处理 | Shannon 指数 | 均匀度（E） |
|---|---|---|
| CF | 12.19±1.71c | 0.90±0.16a |
| JF1 | 15.46±3.24bc | 0.87±0.20a |
| JF2 | 17.01±2.74b | 1.06±0.12a |
| JF3 | 21.79±1.58a | 1.03±0.09a |
| ZF1 | 14.29±1.19bc | 0.96±0.06a |
| ZF2 | 13.80±0.99bc | 1.00±0.07a |
| ZF3 | 17.04±.033b | 0.97±0.04a |

图 5-9 为不同施肥处理土壤的平均 $CO_2$ 产生率。与 CF 处理相比，2 种有机肥处理均提高土壤平均 $CO_2$ 产生率，鸡粪有机肥处理土壤平均 $CO_2$ 产生率随施用量的增加而提高。在 22.5t/hm² 施用量时，鸡粪有机肥处理显著高于猪粪有机肥处理，这与 Shannon 指数的结果是一致的。

结果表明，施用有机肥有利于提高茶园土壤微生物多样性和活性，施用量越高，效果越好，鸡粪有机肥的效果要好于猪粪有机肥。

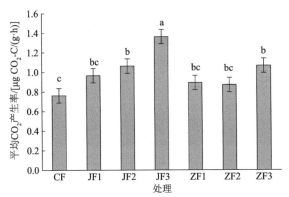

图 5-9　淳安茶园不同施肥处理土壤的平均 $CO_2$ 产生率

## 5.2.4　龙游茶园试验

龙游茶园有机肥安全使用试验。试验地点位于浙江省龙游县龙洲街道项庄村某茶园，茶叶品种为'绿茶龙井 43'（图 5-10）。土壤类型为黄红壤，pH 为 4.23，全氮为 1.98g/kg，有效磷为 124mg/kg，速效钾为 525mg/kg，有机质为 30.7g/kg；铜为 19.8mg/kg，锌为 174mg/kg，镉为 0.29mg/kg，铬为 25.1mg/kg，铅为 39.4mg/kg，砷为 6.41mg/kg，汞为 0.043mg/kg。试验有机肥为猪粪有机肥、茶渣有机肥、沼渣有机肥。猪粪有机肥由龙游县旺农有机肥有限公司生产，猪粪有机肥 N、$P_2O_5$、$K_2O$ 养分含量分别为 2.54%、3.53%、1.54%，pH 为 5.97，有机质为 60.5%，水分为 26.1%，铜为 147mg/kg，锌为 515mg/kg，镉为 0.88mg/kg，铬为 39.11mg/kg，铅为 24.23mg/kg，砷为 9.57mg/kg，汞为 0.26mg/kg。茶渣有机肥由龙游茗皇生物科技有限公司，茶渣有机肥 N、$P_2O_5$、$K_2O$ 养分含量分别为 3.88%、3.75%、1.08%，pH 为 8.02，有机质为 79.9%，水分为 56.5%，铜为 50.70mg/kg，锌为 220mg/kg，镉为 0.18mg/kg，铬为 21.13mg/kg，铅为 5.54mg/kg，砷为 20.27mg/kg，汞为 0.091mg/kg。沼渣有机肥由浙江开启能源科技有限公司生产，沼渣有机肥 N、$P_2O_5$、$K_2O$ 养分含量分别为 2.84%、11.17%、1.31%，pH 为 7.91，有机质为 52.8%，水分为 39.5%，铜为 971mg/kg，锌为 3478mg/kg，镉为 0.47mg/kg，铬为 21.87mg/kg，铅为 6.88mg/kg，砷为 19.32mg/kg，汞为 0.051mg/kg。龙游县在茶叶上主推的农牧循环模式为有机肥配施茶叶专用复合肥。选择地力较为均匀的成龄茶园进行试验，试验设 4 个处理，采用 3 种不同有机肥，进行大区试验（不设重复），每个大区面积为 178$m^2$，处理见表 5-30。有机肥作为基肥使用，用旋耕机开沟深施（10～15cm）。每年 10 月施用基肥，次年 2 月和 9 月追肥 2 次。茶叶专用肥养分含量为 N 21%、$P_2O_5$ 7%、$K_2O$ 12%，由湖北新洋丰肥业股份有限公司生产；有机无机复混肥有机质含量大于 15%，养分含量为 N 13%、$P_2O_5$ 5%、$K_2O$ 7%，由浙江惠多利肥料科技有限公司生产。次年 3 月采集春茶样品，施冬肥前采集茶园土壤样品，用于分析测定。本研究所用数据均为试验 2 年后的采样测试数据。

图 5-10　龙游茶园有机肥安全使用试验（浙江龙游，2018～2020 年）

**表 5-30　龙游茶园有机肥试验处理施肥量**

| 编号 | 处理 | 基肥 | 追肥 |
|---|---|---|---|
| CF | 全化肥 | 750kg/hm$^2$专用肥 | 2 次，每次 750kg/hm$^2$专用肥 |
| LY1 | 猪粪有机肥+有机无机复混肥 | 15t/hm$^2$猪粪有机肥+<br>375kg/hm$^2$有机无机复混肥 | 2 次，每次 375kg/hm$^2$专用肥 |
| LY2 | 茶渣有机肥+有机无机复混肥 | 15t/hm$^2$茶渣有机肥+<br>375kg/hm$^2$有机无机复混肥 | 2 次，每次 375kg/hm$^2$专用肥 |
| LY3 | 沼渣有机肥+有机无机复混肥 | 15t/hm$^2$沼渣有机肥+<br>375kg/hm$^2$有机无机复混肥 | 2 次，每次 375kg/hm$^2$专用肥 |

## 1. 茶叶产量和品质

不同类型有机肥处理对春茶产量的影响。从图 5-11 可看出，与 CF 处理相比，施用猪粪有机肥春茶的鲜叶产量增产 14.5%，而施用茶渣有机肥、沼渣有机肥的春茶鲜叶产量均减产，分别减产 11.4%、17.3%。结果表明，猪粪有机肥的肥效明显好于沼渣有机肥和茶渣有机肥，后两者如果化肥替代率过大，就会导致茶叶减产。

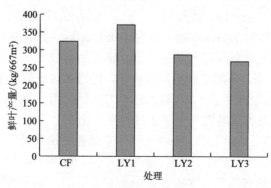

图 5-11　施用不同有机肥对春茶鲜叶产量的影响

不同类型有机肥处理对春茶品质的影响。由表 5-31 可知,不同施肥处理茶叶的水浸出物、茶多酚含量差异不明显,均在适宜范围内。与 CF 处理相比,LY1 处理显著提高茶叶叶绿素总量,LY2、LY3 处理的叶绿素总量与 CF 处理没有明显差异。有机肥各处理的游离氨基酸含量均显著高于 CK 处理,LY1、LY2 处理显著高于 LY3 处理。酚氨比从高到低的顺序为 CF＞LY3＞LY1＞LY2。结果表明,施用有机肥能提高茶叶品质,猪粪有机肥和茶渣有机肥的效果好于沼渣有机肥。

表 5-31　施用不同种类有机肥对春茶品质的影响（龙游）

| 处理 | 水浸出物含量/% | 叶绿素总量/（mg/g） | 茶多酚含量/% | 游离氨基酸含量/% | 酚氨比 |
|---|---|---|---|---|---|
| CF | 40.8a | 1.27b | 24.6a | 4.27c | 5.76 |
| LY1 | 39.9a | 1.34a | 25.3a | 5.11a | 4.95 |
| LY2 | 40.0a | 1.25b | 24.2a | 4.96a | 4.88 |
| LY3 | 39.7a | 1.28b | 24.3a | 4.62b | 5.27 |

## 2. 茶叶重金属积累和中、微量元素含量

对茶叶重金属积累的影响。表 5-32 和表 5-33 的数据结果表明,施用有机肥能提高茶叶重金属含量,大体上 LY2、LY3 处理增加幅度大于 LY1 处理。与 CF 处理相比,LY1 处理降低了茶叶 As 含量 34.0%,增加茶叶 Cd、Cr、Pb 含量的幅度分别为 4.7%、20.8%、0.7%（表 5-33）。LY2 处理增加茶叶中 Cd、Cr、Pb、As 含量的幅度分别为 21.4%、26.0%、37.2%、49.5%。LY3 处理增加茶叶中 Cd、Cr、Pb、As 含量的幅度分别为 42.7%、13.8%、35.9%、25.8%。各施肥处理茶叶重金属含量均处于安全水平,符合茶叶中镉、铬、铅、砷、汞的限量标准[《茶叶中铬、镉、汞、砷及氟化物限量》（NY 659—2003）和《食品安全国家标准 食品中污染物限量》（GB 2762—2017）]。

对茶叶中、微量元素含量的影响。与 CF 处理相比,有机肥处理能大幅度提高茶叶中、微量元素的含量。LY1 处理分别提高茶叶中 Cu、Mn、Fe 含量 11.0%、8.2%、10.5%,LY2 处理分别提高茶叶中 Mn、Fe、Ca 含量 40.8%、21.7%、9.6%,LY3 处理分别提高茶叶中 Cu、Zn、Mn、Fe、Mg 含量 6.2%、14.7%、14.3%、5.3%、5.4%（表 5-32 和表 5-33）。

表 5-32　施用有机肥对茶叶中重金属及中、微量元素的影响　　（单位: mg/kg）

| 处理 | Cd | Cr | Pb | As | Cu | Zn | Mn | Fe | Mg | Ca |
|---|---|---|---|---|---|---|---|---|---|---|
| CF | 0.192 | 0.650 | 1.45 | 0.097 | 14.5 | 50.30 | 0.98 | 71.5 | 1.30 | 3.24 |
| LY1 | 0.201 | 0.785 | 1.46 | 0.064 | 16.1 | 51.60 | 1.06 | 79.0 | 1.35 | 3.13 |

| 处理 | Cd | Cr | Pb | As | Cu | Zn | Mn | Fe | Mg | Ca |
|---|---|---|---|---|---|---|---|---|---|---|
| LY2 | 0.233 | 0.819 | 1.99 | 0.145 | 15.0 | 49.60 | 1.38 | 87.0 | 1.34 | 3.55 |
| LY3 | 0.274 | 0.740 | 1.97 | 0.122 | 15.4 | 57.70 | 1.12 | 75.3 | 1.37 | 3.17 |

**表 5-33　施用有机肥后茶叶中重金属及中、微量元素含量的变化幅度**　（单位：%）

| 处理 | Cd | Cr | Pb | As | Cu | Zn | Mn | Fe | Mg | Ca |
|---|---|---|---|---|---|---|---|---|---|---|
| CF | — | — | — | — | — | — | — | — | — | — |
| LY1 | 4.7 | 20.8 | 0.7 | −34.0 | 11.0 | 2.6 | 8.2 | 10.5 | 3.8 | −3.4 |
| LY2 | 21.4 | 26.0 | 37.2 | 49.5 | 3.4 | −1.4 | 40.8 | 21.7 | 3.1 | 9.6 |
| LY3 | 42.7 | 13.8 | 35.9 | 25.8 | 6.2 | 14.7 | 14.3 | 5.3 | 5.4 | −2.2 |

### 3. 茶园土壤环境污染

龙游茶园土壤重金属数据结果见表 3-12。结果表明，施用猪粪有机肥和茶渣有机肥显著提高土壤中 Cu、Zn 或 As 的含量，均在土壤质量限量标准内；沼渣有机肥对土壤中重金属积累没有明显影响。

龙游茶园土壤抗生素残留情况。数据结果见表 3-29。龙游茶园全化肥和沼渣处理的表层土壤未检出任何抗生素残留，茶渣有机肥处理的土壤仅检出氟苯尼考 1 种抗生素，猪粪有机肥处理的土壤检出环丙沙星、恩诺沙星、金霉素、土霉素、替米考星、氟苯尼考 6 种抗生素。

### 4. 茶园土壤肥力

表 5-34 为不同施肥处理的茶园土壤理化性质。与全化肥相比，茶渣有机肥提高茶园土壤 pH 幅度最大，能提高 1.03 个单位，猪粪有机肥次之，沼渣有机肥对土壤酸碱度影响较小；对于茶园土壤有效磷和速效钾含量增加幅度，均是茶渣有机肥大于猪粪有机肥，沼渣有机肥影响较小甚至降低；土壤有机质、全氮含量增加幅度是茶渣有机肥＞沼渣有机肥＞猪粪有机肥；土壤碱解氮的增加幅度是沼渣有机肥＞茶渣有机肥＞猪粪有机肥。结果表明，施用有机肥能不同程度地调节茶园土壤酸碱度，培肥茶园土壤，效果最好的是茶渣有机肥。

**表 5-34　施用不同有机肥对茶园土壤理化性质的影响**

| 处理 | pH | 有机质/（g/kg） | 全氮/（g/kg） | 有效磷/（mg/kg） | 速效钾/（mg/kg） | 碱解氮/（mg/kg） |
|---|---|---|---|---|---|---|
| CF | 4.13 | 31.8 | 1.77 | 338 | 539 | 179 |
| LY1 | 4.31 | 37.6 | 2.07 | 384 | 633 | 225 |

续表

| 处理 | pH | 有机质<br>/(g/kg) | 全氮<br>/(g/kg) | 有效磷<br>/(mg/kg) | 速效钾<br>/(mg/kg) | 碱解氮<br>/(mg/kg) |
|---|---|---|---|---|---|---|
| LY2 | 5.16 | 52.7 | 3.02 | 1121 | 709 | 245 |
| LY3 | 4.17 | 44.6 | 2.80 | 339 | 419 | 270 |

### 5. 茶园土壤微生物

由表5-35可知，茶渣有机肥可以显著提高土壤中微生物多样性，且与其他处理之间均存在显著差异（$P<0.05$）；与全化肥处理相比，猪粪有机肥、沼渣有机肥也可提高土壤中微生物多样性，但影响效果较小。各处理对土壤微生物种群均匀度的影响差异不明显。

图5-12为不同施肥处理土壤的平均$CO_2$产生率。茶渣有机肥使土壤中微生物活性大幅增强，并且与其他处理组之间均存在显著差异（$P<0.05$）；与全化肥处理组相比，猪粪有机肥、沼渣有机肥也可增强土壤中微生物活性，但影响效果较小。

综上所述，施用有机肥有利于提高茶园土壤中微生物多样性和活性，茶渣有机肥的效果最佳。

表5-35 基于 MicroResp™ 分析不同有机肥对龙游茶园土壤微生物多样性的影响

| 处理 | Shannon 指数 | 均匀度（$E$） |
|---|---|---|
| CF | 6.46±0.85b | 0.98±0.01a |
| LY1 | 7.21±1.46b | 0.98±0.00a |
| LY2 | 10.88±1.14a | 0.98±0.01a |
| LY3 | 8.16±0.22b | 0.98±0.01a |

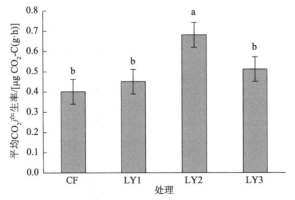

图5-12 龙游茶园不同施肥处理土壤的平均$CO_2$产生率

## 5.2.5　不同有机替代模式效果评估试验

不同有机替代模式效果评估试验。试验地点位于浙江省安吉县丘陵茶园，茶树品种为'白叶1号'，5龄茶园，茶园土壤类型为黄红壤，土壤pH为4.06，全氮为1.56g/kg，有效磷为34.53mg/kg，速效钾为457mg/kg，有机质为33.43g/kg，土壤肥力中等。试验用商品有机肥由安吉富民有机肥有限公司提供，N、$P_2O_5$、$K_2O$含量分别为2.3%、3.0%、1.0%；专用肥由浙江巨隆化肥有限公司提供，N、$P_2O_5$、$K_2O$含量分别为22%、8%、16%。鼠茅草由山东莱阳市天宇商贸有限公司提供，秸秆由当地水稻种植户提供。选择地势较为平坦的成龄茶园进行大区试验，共设3个处理区，每个处理区面积为 $667m^2$：①常规管理，$3.75t/hm^2$有机肥+$900kg/hm^2$专用肥；②覆盖秸秆，$3.75t/hm^2$有机肥+$900kg/hm^2$专用肥，覆盖稻草$15t/hm^2$；③种植绿肥，$3.75t/hm^2$有机肥+$900kg/hm^2$专用肥，播种鼠茅草$22.5kg/hm^2$。试验处理和施肥量见表5-36。有机肥全部作为基肥于10月一次性施用；专用肥一基一追，2/3作为基肥在10月和有机肥同时施用，1/3作为追肥于次年5月施用，施肥方式为开沟施肥，施后覆盖。次年3～4月采集春茶和土壤样品，测定产量，同时对茶行的地表植被进行收集，测定其生物量。

**表5-36　不同有机替代模式试验处理和施肥情况**

| 处理 | 试验内容 | 施肥量 |
|---|---|---|
| 常规管理 | 有机肥+专用肥，常规基本模式 | $3.75t/hm^2$有机肥，$900kg/hm^2$专用肥（分2次，冬肥40kg，春肥20kg） |
| 覆盖秸秆 | 有机肥+专用肥，覆盖秸秆 | 施肥同上，秸秆为稻草，覆盖稻草$15t/hm^2$ |
| 种植绿肥 | 有机肥+专用肥，种植鼠茅草 | 施肥同上，鼠茅草播种量为$22.5kg/hm^2$ |

### 1. 茶叶产量与品质

茶树行间空隙覆盖秸秆（稻草）抑制了杂草的生长，提高了土壤的温度和水分墒情，茶叶萌发期提早，对茶叶的生长起到了促进的作用。绿肥鼠茅草是一种可自身播种繁殖的草本绿肥植物，其植株可抑制杂草的生长，夏季时自然凋亡枯萎倒伏。鼠茅草生长后覆盖茶园，同样抑制其他杂草的生长，增加了茶园地温和水分墒情，促进茶叶的萌发与生长。与常规管理方式相比，种植绿肥鼠茅草和覆盖秸秆处理的茶叶鲜叶产量分别增加5.73%和4.17%（图5-13）。从茶叶品质影响分析，覆盖秸秆增加了茶叶的叶绿素总量、茶多酚含量和游离氨基酸含量，降低白茶的酚氨比，提升了茶叶的品质（表5-37）。行间种植鼠茅草能提高白茶茶多酚和游离氨基酸含量，酚氨比下降，对水浸出物和叶绿素总量等品质指标影响不明显。

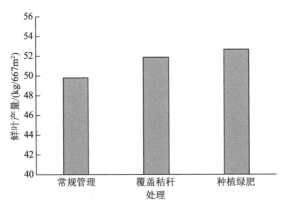

图 5-13　覆盖秸秆与种植绿肥对茶叶鲜叶产量的影响

表 5-37　种植绿肥和覆盖秸秆对茶叶营养品质的影响

| 处理 | 水浸出物含量/% | 叶绿素总量/（g/kg） | 茶多酚含量/% | 游离氨基酸含量/% | 酚氨比 |
|---|---|---|---|---|---|
| 常规管理 | 37.90 | 0.876 | 15.32 | 5.86 | 2.61 |
| 覆盖秸秆 | 38.74 | 0.940 | 15.43 | 6.19 | 2.49 |
| 种植绿肥 | 37.58 | 0.878 | 16.11 | 6.27 | 2.57 |

## 2. 茶园地表植被生长

茶园种植绿肥鼠茅草、覆盖秸秆等措施对茶园地表植被环境有较大的影响。茶园种植绿肥鼠茅草能有效增加地表覆盖度，抑制其他杂草的生长，起到保水增墒的作用；鼠茅草有效抑制杂草生长，免除中耕除草，杜绝化学除草剂的施用，减少除草剂施用带来的污染风险。而采用秸秆覆盖措施，可以有效减少茶园土壤裸露的面积，减少水分蒸发及降雨时泥沙和其挟带的氮磷钾养分流失，同时还可以有效控制杂草的生长。采用常规管理方式的茶园，土壤表面有一定量的杂草生长，其鲜重为 5.56t/hm$^2$，干重为 0.71t/hm$^2$（图 5-14）。种植鼠茅草处理，鲜鼠茅草的鲜重达 16.48t/hm$^2$，干重为 2.60t/hm$^2$，生物量鲜重和干重分别是常规管理的 2.96 倍和 3.66 倍，生物量增加十分明显，起到了对茶园地表良好覆盖的作用。采用覆盖秸秆处理，杂草的鲜重仅为 0.60t/hm$^2$，干重为 0.09t/hm$^2$，杂草生物量鲜重和干重比常规管理减少 89.2% 和 87.3%，有效抑制杂草的生长（图 5-15）。

茶园种植绿肥鼠茅草，有效增加地表覆盖度，同时种植的鼠茅草可以有效固定氮磷钾养分，减少其流失。鼠茅草的生物固定氮磷钾量分别达 78.1kg/hm$^2$、9.6kg/hm$^2$、79.4kg/hm$^2$（表 5-38），在枯萎倒伏后，可自然降解回归茶园土壤，增加茶园土壤的氮磷钾养分与有机质含量。秸秆覆盖于茶园，能控制杂草的生长，秸秆腐烂降解，可以增加土壤有机质的含量。覆盖秸秆处理有助于减少杂草的生长与茶园茶叶生长竞争消耗养分，覆盖秸秆比常规管理减少杂草对氮磷钾养分生物固定量的 89.4%、85.2%、91.1%，能较好地控制杂草生长所携带的养分。

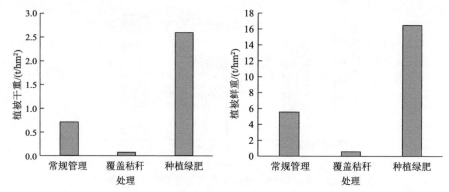

图 5-14　不同有机替代模式茶园地表植被生物量

（a）覆盖秸秆

（b）种植绿肥

（c）常规管理

图 5-15　不同有机替代模式茶园地表植被生长状况

表 5-38　不同有机替代模式茶园地表植被养分固定量分析

| 处理 | 养分含量/% | | | 养分生物固定量/（kg/hm²） | | |
|---|---|---|---|---|---|---|
| | 全氮 | 全磷 | 全钾 | 全氮 | 全磷 | 全钾 |
| 常规管理 | 3.18 | 0.375 | 3.63 | 22.6 | 2.7 | 25.8 |
| 覆盖秸秆 | 2.67 | 0.437 | 2.51 | 2.4 | 0.4 | 2.3 |
| 种植绿肥 | 3.01 | 0.37 | 3.06 | 78.1 | 9.6 | 79.4 |

### 3. 茶园土壤肥力

从表 5-39 可见，采用覆盖秸秆和种植绿肥，茶园土壤的 pH 和有机质含量有所增加，以种植绿肥增幅较大。连续 2 年覆盖秸秆与种植绿肥，与常规管理方式相比，土壤全氮、速效钾、有效磷、碱解氮含量有所提升。上一年度的鼠茅草与秸秆等有机物料被分解后，可以有效增加土壤养分含量，促使土壤肥力提升。土壤有机质是土壤肥力的物质基础，是各种营养元素特别是氮、磷的主要来源，也是土壤肥力高低的一个重要指标。茶园土壤有机质对茶园养分提升有着非常重要的作用，自然枯萎倒伏在茶园中的鼠茅草经发酵和分解后可以补充土壤中的有机物，改良土壤的物理化学性质，同时促进土壤微生物的生长。

表 5-39　不同有机替代模式对茶园土壤肥力的影响

| 处理 | pH | 全氮/% | 速效钾/（mg/kg） | 有效磷/（mg/kg） | 有机质/（g/kg） | 碱解氮/（mg/kg） | EC/（μS/cm） |
|---|---|---|---|---|---|---|---|
| 常规管理 | 4.13 | 0.343 | 480 | 119.41 | 57.35 | 236.15 | 0.095 |
| 覆盖秸秆 | 4.21 | 0.346 | 685 | 127.52 | 61.14 | 272.85 | 0.113 |
| 种植绿肥 | 4.37 | 0.397 | 585 | 129.67 | 70.29 | 279.23 | 0.104 |

### 4. 茶园土壤微生物

土壤微生物群落代谢多样性分析表明（表 5-40），不同处理下的土壤微生物多样性均匀度指数（$E$）均表现为显著差异，种植鼠绿肥处理均匀度明显增加。覆盖秸秆处理的土壤微生物多样性 Shannon 指数显著低于种植绿肥处理，并且与常规管理之间也有显著差异。与常规管理相比，种植绿肥使土壤微生物多样性明显增加，并且种植绿肥的土壤微生物多样性显著高于覆盖秸秆。

表 5-40　基于 MicroResp$^{TM}$ 分析不同有机替代模式对茶园土壤微生物多样性的影响

| 处理 | Shannon 指数 | 均匀度（$E$） |
|---|---|---|
| 常规管理 | 5.53b | 1.21b |
| 覆盖秸秆 | 5.39c | 1.18c |
| 种植绿肥 | 7.40a | 1.41a |

注：同一列数字后的不同字母代表通过 Ducan 检验在 $P=0.05$ 水平上差异显著。

平均 $CO_2$ 产生率可以作为微生物整体性的有效指标，同时也可以反映微生物群落对不同碳源的利用能力。平均 $CO_2$ 产生率越高，表明土壤中微生物活性越高，底物代谢的能力越强。图 5-16 为不同试验处理土壤的平均 $CO_2$ 产生率。可以看出，在不同农牧循环模式试验处理中，不同处理土壤的微生物群落碳源利用能力表现为种植绿肥最大，常规管理与覆盖秸秆处理之间差异不大，种植绿肥处理的平均$CO_2$产生率与覆盖秸秆处理有明显差异。因此，通过种植绿肥可以提高土壤中微生物的活性，增加对底物的代谢能力。

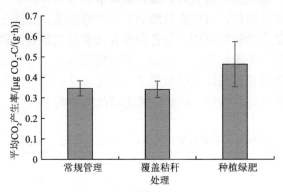

图 5-16　不同有机替代模式土壤平均 $CO_2$ 产生率

### 5.2.6　茶园有机肥合理施用技术规程

以畜禽粪便为主的商品有机肥携带的重金属、抗生素等污染物伴随有机肥的施用进入土壤，给土壤生态环境和茶叶质量安全带来风险。为规范有机肥在茶园安全、合理施用，保障茶叶生态、绿色可持续发展，特制定本技术规程。

#### 1. 有机肥料种类和要求

1）商品有机肥

商品有机肥是以畜禽粪便、农作物秸秆、动植物残体等来源于动植物的有机废弃物为原料，经充分发酵腐熟的含碳有机肥料。

2）饼肥

饼肥是指油料的种子经榨油后剩下的可直接作肥料施用的残渣，包括豆饼、菜籽饼、麻籽饼、棉籽饼、花生饼、桐籽饼、茶籽饼等。

3）绿肥

茶园绿肥是指在秋冬季播种，第二年春夏季收割或自然枯萎，并且不影响茶树生长，有利于采茶、施肥、修剪等农事操作，长势低矮的如鼠茅草、白三叶草等绿肥品种。

4）秸秆

秸秆富含有机质，是一种具有多用途的可再生的生物资源。农作物秸秆是重要的肥料品种之一，作物秸秆含有茶叶所必需的营养元素，如N、P、K、Ca、S等。茶园日常修剪的茶树枝条和农作物的秸秆均可作为茶园有机肥还田使用，南方茶园使用较多的农作物秸秆为稻草。

## 2. 茶园有机肥料的选用

茶园适宜施用的有机肥种类有商品有机肥（或生物有机肥）、饼肥、沼液、沼渣，茶园绿肥种植、农作物秸秆覆盖作为配套模式。农作物秸秆在南方茶园以稻草为主。

商品有机肥应符合《有机肥料》（NY 525）的要求，生物有机肥应符合《生物有机肥》（NY 884）的要求。

## 3. 有机肥施用原则

1）长期施用原则

充分挖掘有机肥资源，遵守循环农业原则，发挥不同有机物料优势，坚持长期施用，维持和提高土壤肥力。

2）有机无机相结合原则

茶园应采用有机肥和无机肥结合的原则。基肥以有机肥为主，配施化肥。追肥以化肥为主。

3）安全使用原则

监控重金属、抗生素等污染物在土壤、水体、茶叶中的积累和迁移，选择安全的有机肥种类，制定合理用量和施用方法，确保茶园土壤质量、环境生态和农产品质量安全。污染物含量符合《有机肥料》（NY 525）和《生物有机肥》（NY 884）的要求。

4）养分总量控制原则

施用有机肥后，应减少化肥的用量，保持总养分施用量不增加。

## 4. 施用方法

1）有机肥

商品有机肥（或生物有机肥）施用时间为10月上旬至11月上旬，饼肥施肥时间为9月下旬至10月中旬。

商品有机肥（或生物有机肥）施肥量为7.5～15t/hm²，或者为3.75～7.5t/hm²加饼肥2.25t/hm²。只采春茶的茶园用量应减少30%～40%。成龄茶园每年最高施肥量不宜超过15t/hm²，新垦茶园第一年最高可用30t/hm²。

施用时宜开条状沟，深度为15～20cm，施后及时覆土。

2）绿肥种植

适宜茶园种植的绿肥品种应长势低矮，不影响茶树生长和农事操作，如鼠茅草、白三叶等。播种时间为9月底至10月上中旬，宜基肥施用覆土后于茶树行间撒播绿肥种子。非豆科类绿肥播种量为15～30kg/hm², 豆科类绿肥播种量为45～60kg/hm²。

3）秸秆覆盖

在11月中旬至12月上旬, 基肥施用覆土后, 在茶树行间覆盖秸秆（稻草）, 用量为12～18t/hm²。

### 5. 土壤酸碱度调节

土壤 pH 低于 4.0 的茶园, 宜施用偏碱性的有机肥或土壤调理剂调节土壤 pH 至 4.5～5.5。土壤 pH 高于 6.0 的茶园宜采用生理酸性肥料或酸性土壤调理剂调节土壤 pH 至 4.5～5.5。

### 6. 施用模式

1）"有机肥+配方肥"模式

基肥施用商品有机肥或饼肥, 并配施适量的茶叶专用肥。

2）"有机肥+水肥一体化"模式

基肥施用有机肥料和专用肥, 追肥利用茶园水肥一体化喷灌设备, 整个生长期喷施 5～6 次腐殖酸类水溶肥。

3）"有机肥+绿肥种植"模式

基肥施用有机肥料和专用肥, 覆土后撒播绿肥种子（以鼠茅草、白三叶为宜）。该模式适宜幼龄茶园或行间距较宽的成龄茶园。

4）"有机肥+秸秆覆盖"模式

基肥施用有机肥料和专用肥, 覆土后在茶树行间覆盖农作物秸秆, 南方茶园以稻草为主。

### 7. 有机肥使用安全监测和风险预警

茶园土壤重金属含量需符合《土壤环境质量 农用地土壤污染风险管控标准》（GB 15618）和茶叶产地环境技术条件（NY/T 853）规定的限量标准。茶园长期施用有机肥料, 应进行土壤、水源、农产品的定期监控。若施用有机肥造成茶园土壤重金属有显著累积趋势或接近限量标准或风险值, 应酌情减少施用量或更换更安全的有机肥料种类。

# 5.3　果园有机肥合理利用技术研究与示范

梨树是我国主要果树之一, 2021 年全国梨园面积为 124.46 万 hm², 产量为 1781.5 万 t, 分别占全国水果总面积的 9.02%, 总产量的 7.11%, 面积和产量均居世界之首（国家统计局，2021）。柑橘气味芬芳、味道鲜美且营养丰富，加上与其他水果相比，种植收益较高等特点，已成为中国栽培面积最大、产量最高和消费量最大的水果。种植面积和产量总体呈上升趋势，2021 年我国柑橘园面积大约为 261.7 万 $hm^2$，产量为 5399.1 万 t。在梨和柑橘的传统生产中，大部分果农盲目追求高产，过量投入化肥，忽视有机肥的施用，引发果实品质下降、土壤酸化、有机质偏低、养分失衡，地表水和地下水污染等问题。随着人们生活水平和养生保健意识的提高，人们对水果内在品质和风味的要求逐步提升。一些种植大户为了提高梨和柑橘的品质与风味，追求更好的经济效益和品牌效应，开始在果园大量施用有机肥。国家和政府也越来越重视有机肥在果园的推广应用，如 2017 年 2 月农业部印发了《开展果菜茶有机肥替代化肥行动方案》的通知。但有机肥在果园生产中缺乏科学合理的施用指导意见，施用不足和过量施用同时存在。目前国内已有一些有机肥施用对梨、柑橘品质和产量影响的研究报道，但不同类型、不同用量有机肥长期施用对土壤环境生态和农产品安全的影响尚有不足，缺乏深入研究，无法为果园有机肥安全使用提供科学翔实的技术支撑。因此，作者团队在浙江省慈溪市和龙游县分别开展了梨和柑橘的有机肥安全使用田间试验，以期系统评估有机肥在梨、柑橘上长期施用对果实产量、品质、安全性和土壤质量及环境风险等方面的影响。

### 5.3.1　梨园试验

梨园有机肥施用田间定位试验。从 2013 年开始，在浙江省宁波市慈溪市桥头镇某农场梨园开展养殖源有机肥的安全施用长期定位田间试验（图 5-17）。梨树品种为翠冠梨。土壤类型为潮土，黄泥翘土种，肥力中等，pH 为 8.33，全氮为 0.83g/kg，有效磷为 18.92mg/kg，速效钾为 123mg/kg，有机质为 12.54g/kg；铜为 11.40mg/kg，锌为 42.00mg/kg，镉为 0.14mg/kg，铬为 24.35mg/kg，铅为 5.45mg/kg，砷为 10.71mg/kg，汞为 0.12mg/kg。试验采用 2 种供试有机肥，一种是合格的商品有机肥，为慈溪市中慈生态肥料有限公司生产，主原料为猪粪，商品有机肥理化性质：pH 为 8.58，氮磷钾总养分≥5.0%，有机质≥45%，铜为 75.3mg/kg，锌为 421.4mg/kg，镉为 0.22mg/kg，铬为 31.80mg/kg，铅为 5.40mg/kg，砷为 2.40mg/kg，汞为 0.033mg/kg。另外一种为超标有机肥，采用与商品有机肥相同的原辅料，在发酵前添加一定量的硫酸铜、硫酸铅和有机砷，其发酵后成品重金属含量：铜为 201.8mg/kg，锌为 368.3mg/kg，镉为 0.40mg/kg，铬为 14.80mg/kg，铅为 118.4mg/kg，砷为 6.60mg/kg，汞为 0.084mg/kg，根据《有机肥料》有机肥限量指标要求，只有 Pb 超过标准 1.37 倍，其余重金属没有超过标准。试验设 5 个处理：CF 为全化肥处理；G1、G2、G3 为商品有机肥处理，施用量水平分别为 7.5t/hm²、15.0t/hm² 和 22.5t/hm²；G4 为重金属元素超标有机肥处理，施用量为 15.0t/hm²。每个处理 4 个小区重复，每个小区有 3 棵梨树，每个小区面积为 27m²，每行头尾各有 2～3

棵梨树作为保护行。试验处理和有机肥施用量见表5-41，各处理的化肥施用量保持一致，按农户常规施肥量施用。有机肥每年11～12月作为冬肥一次性撒施于树冠下的地表，然后旋耕覆盖土壤。在每年7月果实收获时，分别按小区计算产量，并采集土壤样品和梨样品，用于分析测定。

图 5-17　梨园有机肥安全施用长期定位田间试验

**表 5-41　梨园有机肥长期定位试验处理有机肥施用情况**

| 处理 | 有机肥类型和每季施用量 |
|---|---|
| CF | 全化肥 |
| G1 | 施用商品有机肥 7.5t/hm$^2$ |
| G2 | 施用商品有机肥 15t/hm$^2$ |
| G3 | 施用商品有机肥 22.5t/hm$^2$ |
| G4 | 施用超标有机肥 15t/hm$^2$ |

注：G1、G2 和 G3 施用有机肥为合格商品有机肥，G4 施用有机肥为重金属 Pb 含量超标有机肥（人工添加 Cu 和 Pb）。各处理的化肥施用量相同，按农户常规施肥量施用。

## 1. 梨产量和品质

表 5-42 和表 5-43 分别是连续施用有机肥 3 年（2016 年）和 5 年（2018 年）梨的品质数据。从表 5-42 可看出，与 CF 处理相比，施用有机肥 3 年可提高梨的固形物含量，但对其他品质指标没有明显的影响，并且有机肥不同用量处理之间的差异也不明显。从表 5-43 可看出，相比不施有机肥处理，连续 5 年施用 15t/hm$^2$ 商品有机肥（G2）处理可显著提高梨的可溶性糖、维生素 C 和单果重，也显著提高梨的糖酸比，口感也更好。施用 22.5t/hm$^2$ 商品有机肥（G3）和施用 15t/hm$^2$ 超标有机肥（G4）处理的固形物含量显著高于施用 15t/hm$^2$（G2）、7.5t/hm$^2$（G1）商品有机肥处理和全化肥处理（CF）。结果表明，随着施用年限的增加，有机肥改善梨品质的效果越明显，不同用量之间的差异也越大。

表 5-42　连续施用 3 年有机肥对梨品质的影响（宁波桥头，2016 年）

| 处理 | 可溶性糖/% | 维生素 C/（mg/100g） | 固形物/% | 单果重/（g/个） |
|------|-----------|--------------------|----------|----------------|
| CF | 3.72a | 7.85ab | 9.08b | 233.8a |
| G1 | 3.63a | 7.54ab | 9.58ab | 238.8a |
| G2 | 3.75a | 8.49a | 9.63ab | 239.0a |
| G3 | 3.80a | 8.63a | 9.43ab | 235.4a |
| G4 | 3.73a | 7.19b | 9.95a | 250.0a |

表 5-43　连续施用 5 年有机肥对梨品质的影响（宁波桥头，2018 年）

| 处理 | 可溶性糖/% | 维生素 C/（mg/100g） | 糖/酸 | 固形物/% | 单果重/（g/个） |
|------|-----------|--------------------|-------|----------|----------------|
| CF | 4.05b | 7.46c | 34.21bc | 10.47b | 305.2b |
| G1 | 4.10b | 9.17ab | 32.30c | 10.65b | 305.6ab |
| G2 | 4.49a | 9.1ab | 45.06a | 10.87b | 329.1a |
| G3 | 4.16ab | 8.95b | 41.05ab | 11.53a | 293.6ab |
| G4 | 4.37ab | 10.05a | 41.44a | 11.75a | 317.1ab |

## 2. 梨重金属积累

表 5-44 和表 5-45 分别是连续施用有机肥 3 年（2016 年）和 5 年（2018 年）梨果肉中重金属含量数据。从表 5-44 可看出，施有机肥 3 年后，超标有机肥处理（G4）的梨果肉中 Cu 和 As 含量高于商品有机肥（G1、G2、G3）和全化肥处理（CF）。从表 5-45 施有机肥 5 年后，超标有机肥处理（G4）的梨果肉中 Cu、Pb 和 As 也高于商品有机肥（G1、G2、G3）和全化肥处理（CF）。商品有机肥（G1、G2、G3）和全化肥处理（CF）之间梨果肉中重金属含量均无明显差异，商品有机肥不同用量之间也无明显差异。结果表明，有机肥连续施用 5 年后，商品有机肥在 7.5～15t/hm$^2$ 施用都是安全的，暂时没有农产品安全风险。但施用 15t/hm$^2$ 超标有机肥会带来梨果肉中重金属的积累，虽然仍在食品安全范围内，但有潜在的食品安全风险，需要定期监测，谨慎使用。

表 5-44　连续施用有机肥 3 年对梨果肉中重金属含量的影响（宁波桥头，2016 年）

（单位：mg/kg）

| 处理 | Cu | Pb | Zn | Cr | Cd | As | Hg |
|------|------|------|------|------|------|------|------|
| CF | 0.648b | 0.030a | 0.839a | 0.02a | 0.028a | 0.008b | ND |
| G1 | 0.657b | 0.029a | 0.733a | 0.017a | 0.025a | 0.020ab | ND |
| G2 | 0.635b | 0.038a | 0.849a | 0.021a | 0.030a | 0.012ab | ND |
| G3 | 0.655b | 0.044a | 0.735a | 0.047a | 0.031a | 0.019ab | ND |
| G4 | 0.869a | 0.028a | 0.844a | 0.035a | 0.022a | 0.022a | ND |

**表 5-45　连续施用有机肥 5 年对梨果肉中重金属含量的影响**（宁波桥头，2018 年）

（单位：mg/kg）

| 处理 | Cu | Pb | Zn | Cr | Cd | As | Hg |
|------|------|------|------|------|------|------|------|
| CF | 0.638b | 0.009b | 0.764a | 0.009a | 0.004a | 0.007b | ND |
| G1 | 0.645b | 0.013ab | 0.737a | 0.010a | 0.005a | 0.009b | ND |
| G2 | 0.689b | 0.008b | 0.735a | 0.008a | 0.003a | 0.012b | ND |
| G3 | 0.658b | 0.007b | 0.795a | 0.012a | 0.004a | 0.012b | ND |
| G4 | 0.814a | 0.018a | 0.802a | 0.011a | 0.003a | 0.031a | ND |

### 3. 梨园土壤环境污染

1）土壤重金属积累

梨园表层土壤（0～20cm）重金属全量和有效态含量数据分别见表 3-4 和表 3-5。结果表明，长期施用有机肥极易导致果园表层土壤中 Cu、Pb、Zn、Cd 有效态重金属的累积，尤其是超标有机肥（15t/hm$^2$）或高用量商品有机肥（22.5t/hm$^2$）的施用会带来环境风险。

图 5-18 是有机肥施用 4 年（2017 年）和施用 6 年（2019 年）的梨园土壤重金属有效态含量年度变化，可以观察对有机肥施用比较敏感的 Cu、Zn、Pb、Cd 有效态含量的年度变化。可看出，不同年度间，超标有机肥 G4（添加 Cu、Pb）处理的土壤 Cu、Zn、Pb、Cd 有效态含量均显著高于 CK 处理和中、低用量商品有机肥处理（G2、G1），其中 Cu、Pb 有效态含量还显著高于高用量商品有机肥处理（G3）。不同年度测定数据均表明，与 CK 处理相比，商品有机肥的施用均显著提高土壤 Cu、Zn 有效态含量，其表现出随着有机肥用量增加而上升的趋势。

土壤中有效态重金属易被作物吸收，与农产品安全直接相关。而土壤重金属有效态含量对有机肥的用量和有机肥中重金属含量较为敏感。因此，为保障农产品安全，果园生产中需控制有机肥的用量和质量，加强监测，对土壤中重金属尤其是有效态积累显著的果园，要适当控制有机肥的施用年限，选用优质有机肥，减缓土壤重金属的积累速度。合格商品有机肥有利于提高梨的品质，降低食品安全风险，导致的土壤重金属全量积累也较为缓慢，土壤环境风险较低，但 22.5t/hm$^2$ 商品有机肥施用量会显著增加土壤重金属有效态含量，有潜在的食品安全风险，不可长期施用。因此，梨园的有机肥用量应在 15t/hm$^2$ 或其以内更为安全。

2）土壤抗生素残留

施用有机肥 7 年后（2020 年），采集梨园表层土壤（0～20cm），检测磺胺类、氟喹诺酮类、四环素类、氯霉素类等 75 种抗生素残留。结果显示，仅在高用量商品有机肥（22.5t/hm$^2$）处理的土壤检出氧氟沙星、恩诺沙星，含量分别为 1.45μg/kg、3.20μg/kg，在土壤中的残留量很低。在全化肥和其他有机肥处理的土

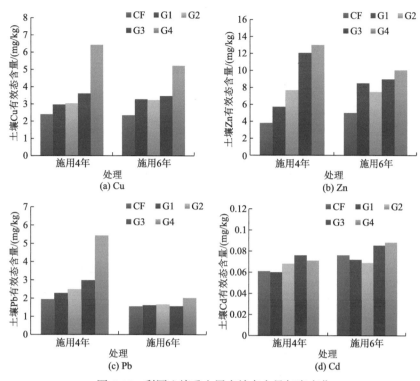

图 5-18　梨园土壤重金属有效态含量年度变化

壤均未检出残留的抗生素。结果表明梨园长期施用有机肥带来的土壤抗生素残留风险较低,可通过控制施肥量或延长施肥间隔期,降低抗生素在土壤中的残留量。

### 4. 梨园土壤肥力

表 5-46 和表 5-47 分别为施用有机肥 3 年和 5 年后梨园土壤的理化性状。从表 5-46 中可看出,与 CF 处理相比,有机肥施用 3 年对土壤 pH 影响不明显;高用量商品有机肥(22.5t/hm$^2$)处理的土壤有机质含量高于 CF 和中、低用量有机肥处理,但差异不够显著;高用量商品有机肥(22.5t/hm$^2$)处理的土壤 EC、全氮、有效磷含量高于 CF 处理,中等用量商品有机肥(15t/hm$^2$)处理的土壤碱解氮和有效磷含量显著高于 CF 处理。有机肥施用 5 年后(表 5-47),与 CF 处理相比,土壤 pH 显著降低,有机肥用量越大,降幅也越大;高用量商品有机肥(G3)提高土壤有机质 25.9%、全氮 28.4%、碱解氮 41.3%、有效磷 137.9%、速效钾 63.9%。上述结果说明,有机肥培肥土壤的效果明显,并随着施用年限的增加,培肥效果更加明显。本试验梨园土壤为中性偏弱碱性,长期施用有机肥降低土壤的 pH,让土壤酸碱度趋向更健康的状态。但试验结果同时表明施用有机肥会带来盐分积累,提高土壤 EC,在南方露地土壤因降雨较多,影响相对较小,但对保护地土壤会产生一定的负面影响,需要关注。

表 5-46　有机肥施用 3 年后对梨园土壤养分的影响（宁波桥头）

| 处理 | pH | EC / (μS/cm) | 有机质 / (g/kg) | 全氮 / (g/kg) | 碱解氮 / (mg/kg) | 有效磷 / (mg/kg) | 速效钾 / (mg/kg) |
|---|---|---|---|---|---|---|---|
| CK | 7.26a | 221b | 18.8a | 1.14ab | 74.8b | 59.6bc | 223ab |
| G1 | 7.26a | 232ab | 18.4a | 1.17ab | 81.0b | 49.7c | 177b |
| G2 | 7.22a | 236ab | 18.1a | 1.05b | 97.3a | 72.8a | 231ab |
| G3 | 7.26a | 251a | 20.3a | 1.21a | 80.7b | 75.8a | 238ab |
| G4 | 7.21a | 237ab | 19.5a | 1.18ab | 78.6b | 66.6ab | 268a |

表 5-47　有机肥施用 5 年后对梨园土壤养分的影响（宁波桥头）

| 处理 | pH | EC / (μS/cm) | 有机质 / (g/kg) | 全氮 / (g/kg) | 碱解氮 / (mg/kg) | 有效磷 / (mg/kg) | 速效钾 / (mg/kg) |
|---|---|---|---|---|---|---|---|
| CF | 7.24ab | 148c | 19.3d | 1.09d | 68.5b | 78.8d | 249c |
| G1 | 7.05ab | 162bc | 21.2c | 1.19c | 72.5b | 69.5d | 338b |
| G2 | 7.37a | 167b | 22.5bc | 1.22bc | 75.4b | 98.1c | 480a |
| G3 | 6.77b | 185a | 24.3a | 1.40a | 96.8a | 187.5a | 408ab |
| G4 | 6.74b | 172ab | 23.0ab | 1.30b | 76.4b | 116.3b | 445a |

## 5. 梨园土壤微生物

土壤微生物多样性。表 5-48 为连续施用 3 年有机肥后梨园土壤微生物多样性指标。结果表明，与 CF 处理相比，施用有机肥显著提高土壤微生物 Shannon 指数和均匀度（$E$），其随着有机肥用量增加而提高，商品有机肥处理中土壤微生物多样性 G2＞G3＞G1。G4 和 G2 处理间的土壤微生物多样性差异不显著。长期定位数据表明有机肥施用可以提高整体土壤微生物的底物利用能力，符合"较肥沃的土壤拥有比贫瘠土壤更高的底物利用率"的理论。因此可认为，在有机肥施用量为 15t/hm$^2$ 时，土壤微生物具有更高多样性，更强的底物利用和碳代谢能力。

表 5-48　基于 MicroResp$^{TM}$ 分析的梨园土壤微生物多样性

| 处理 | Shannon 指数 | 均匀度（$E$） |
|---|---|---|
| CF | 2.18±0.03c | 0.79±0.01bc |
| G1 | 2.19±0.01c | 0.77±0.02c |
| G2 | 2.32±0.01a | 0.84±0.01a |
| G3 | 2.25±0.03b | 0.81±0.01b |
| G4 | 2.36±0.03a | 0.85±0.01a |

注：基于 MicroResp$^{TM}$ 方法分析土壤微生物群落代谢多样性。

## 5.3.2　柑橘园试验

柑橘果园有机肥施用田间定位试验：试验地点位于浙江省龙游县湖镇镇上下范村某家庭农场，柑橘品种为椪柑（图 5-19），土壤类型为水稻土，pH 为 4.85，全氮为 1.06g/kg，全磷为 333mg/kg，全钾为 18.8mg/kg，有机质为 23.7g/kg，肥力较高；铜为 123.18mg/kg，锌为 186.64mg/kg，镉为 0.24mg/kg，铬为 44.15mg/kg，铅为 43.85mg/kg，砷为 6.23mg/kg，汞为 0.44mg/kg。2018～2020 年，连续开展 2 年田小区试验，供试有机肥 2 种，分别为鸡粪有机肥和猪粪有机肥。鸡粪有机肥为龙游金禾宝生物有机肥料有限公司生产，N、$P_2O_5$、$K_2O$ 养分含量分别为 2.30%、2.69%、2.06%，pH 为 7.53，有机质为 47.33%，铜为 74.63mg/kg，锌为 655.54mg/kg，镉为 0.47mg/kg，铬为 71.37mg/kg，铅为 9.44mg/kg，砷为 3.42mg/kg，汞为 0.023mg/kg。猪粪有机肥为龙游县旺农有机肥有限公司生产，N、$P_2O_5$、$K_2O$ 养分含量分别为 2.25%、2.64%、1.85%，pH 为 7.36，有机质为 58.62%，铜为 127.67mg/kg，锌为 532.67mg/kg，镉为 0.72mg/kg，铬为 47.49mg/kg，铅为 20.65mg/kg，砷为 5.26mg/kg，汞为 0.08mg/kg。试验设 5 个处理，试验处理和施肥量见表 5-49，各施肥处理氮施用量相等，其中有机肥养分按当年矿化率 50%计入，不足部分用化肥补齐。全化肥处理（CF）施用复合肥，养分施用水平分别为 N 315kg/hm²、$P_2O_5$ 315kg/hm²、$K_2O$ 315kg/hm²。试验用复合肥养分含量为 N 15%、$P_2O_5$ 15%、$K_2O$ 15%，化肥全年分 3 次施用，50%作为底肥 3 月初施用，在 7 月下旬和 8 月下旬分别施用 14.3%和 35.7%作为追肥。鸡粪有机肥和猪粪有机肥全部作为底肥在 3 月初施用，在柑橘树四周开沟 20～30cm，施入肥料后用土覆盖。冬季柑橘收获时，分别按小区计算产量，并采集土样和椪柑样品，用于分析测定。

图 5-19　柑橘园有机肥安全使用试验（浙江龙游，2019～2020 年）

表 5-49　柑橘果园试验处理的肥料施用量

| 处理 | 有机肥（干基）/（t/hm²） | 化肥用量/（kg/hm²） | | |
| --- | --- | --- | --- | --- |
| | | N | $P_2O_5$ | $K_2O$ |
| CF | 0 | 315 | 315 | 315 |
| JF1 | 7.5t 鸡粪有机肥 | 229 | 214 | 238 |

续表

| 处理 | 有机肥（干基）/（t/hm²） | 化肥用量/（kg/hm²） | | |
|---|---|---|---|---|
| | | N | P₂O₅ | K₂O |
| JF2 | 15t鸡粪有机肥 | 143 | 113 | 161 |
| ZF1 | 7.5t猪粪有机肥 | 231 | 216 | 246 |
| ZF2 | 15t猪粪有机肥 | 146 | 117 | 176 |

## 1. 椪柑产量和品质

### 1）椪柑产量

与 CF 处理相比，采用 7.5t/hm²、15t/hm² 的鸡粪有机肥替代化肥，椪柑鲜果产量分别增产 1.88%和 17.74%（图 5-20）。施用 7.5t/hm²、15t/hm² 水平的猪粪有机肥，椪柑产量分别增加 20.29%、16.94%。在同等施氮水平下，猪粪有机肥对椪柑的增产效果明显高于鸡粪有机肥，施用 7.5t/hm² 猪粪有机肥增产效果最好。

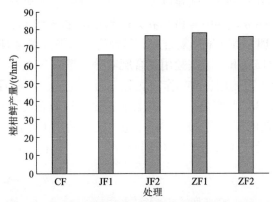

图 5-20　施用鸡粪和猪粪有机肥对椪柑鲜产量的影响

### 2）椪柑品质

椪柑果实品质指标主要有可溶性总糖含量、维生素 C 含量、可滴定酸度、可溶性固形物含量和游离氨基酸含量等，是评价椪柑品质的综合性指标。与 CF 处理相比，施用鸡粪有机肥对椪柑中可溶性总糖的含量影响不大（图 5-21）；JF1 处理减少维生素 C 含量 4.25%，JF2 处理增加维生素 C 含量 0.51%；JF1 处理提高椪柑可滴定酸度 2.88%，JF2 处理减少 6.29%；JF1、JF2 处理分别提高椪柑可溶性固形物含量 1.27%和 4.52%；对椪柑中游离氨基酸含量影响不明显。结果表明，施用 7.5t/hm² 鸡粪有机肥减少维生素 C 含量，提高可滴定酸度，对可溶性总糖、可溶性固形物和游离氨基酸含量影响不明显，整体来讲是降低椪柑品质的。施用 15t/hm² 鸡粪有机肥能提高可溶性固形物含量，降低可滴定酸度，能提高椪柑的部分品质指标。

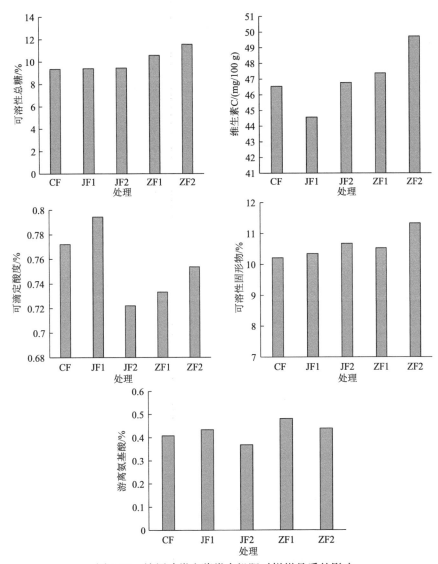

图 5-21　施用鸡粪和猪粪有机肥对椪柑品质的影响

与 CF 处理相比，7.5t/hm² 、15t/hm² 猪粪有机肥处理（ZF1、ZF2）分别增加椪柑可溶性总糖含量 10.57%、12.08%，分别增加维生素 C 含量 1.78%、6.73%，分别增加可溶性固形物含量 3.73%、10.76%，分别增加游离氨基酸含量 19.91%、6.55%（图 5-21）；分别降低椪柑可滴定酸度 5.39%、2.53%。结果表明，供试猪粪有机肥能明显提高椪柑的各项品质指标，施用 15t/hm² 水平猪粪有机肥效果最好。

## 2. 椪柑重金属积累

从表 5-50 可看出，与全化肥处理相比，施用鸡粪和猪粪两种有机肥对椪柑果肉中 Cd、Cr、Pb、As 的积累均没有显著差异，Hg 在椪柑果肉中未检出。

总之，从 2 年有机肥试验结果看，两种有机肥对椪柑中重金属的含量影响较小，椪柑的重金属含量均在食品安全范围内。但不同类型、不同用量有机肥对椪柑中重金属和中微量元素的影响，尚需多年定位试验，跟踪监测，才能更科学地指导生产实践。

表 5-50　施用有机肥对椪柑果肉中重金属含量的影响（龙游）（单位：mg/kg）

| 处理 | Cd | Cr | Pb | As | Hg |
|---|---|---|---|---|---|
| CF | 0.0009a | 0.015a | 0.014ab | 0.003a | ND |
| JF1 | 0.0008a | 0.013a | 0.006b | 0.006a | ND |
| JF2 | 0.0008a | 0.018a | 0.007b | 0.004a | ND |
| ZF1 | 0.0006a | 0.014a | 0.010b | 0.011a | ND |
| ZF2 | 0.0006a | 0.016a | 0.020a | 0.009a | ND |

### 3. 柑橘园土壤环境污染

#### 1）土壤重金属积累

该柑橘试验地土壤的重金属背景值较高，而试验的两种有机肥的重金属含量较低，土壤中的 Cu、Pb、As、Hg 背景值甚至高于有机肥中的含量。施用有机肥对土壤中大部分重金属全量和有效态含量影响不明显，只有个别高用量有机肥对土壤中个别重金属积累有影响。例如，施用有机肥 2 年后，与 CF 处理相比，有机肥处理的土壤中 Cu、Cd、Pb、As 全量没有明显变化，各有机肥处理之间也没有明显差异（表 5-51）。各项指标均远低于农用地土壤环境限量标准，均在安全范围。

从表 5-52 可看出，与 CF 处理相比，施用有机肥对土壤中 Cu、Cd 的有效态含量没有影响；大部分有机肥处理对土壤中 Cr、Pb 和 As 的有效态含量没有影响或有降低作用。有机肥处理中只有施用 15t/hm² 鸡粪有机肥（JF2）显著提高土壤Zn 的有效态含量。综上，在柑橘等果园推广应用合格的商品有机肥对土壤生态环境是安全的。

表 5-51　施用有机肥对柑橘园土壤重金属全量的影响（单位：mg/kg）

| 处理 | Cu | Zn | Cr | Cd | Pb | As | Hg |
|---|---|---|---|---|---|---|---|
| CF | 135.09a | 190.29b | 53.51b | 0.252a | 34.07a | 9.63a | 0.259a |
| JF1 | 121.49a | 227.20b | 55.81ab | 0.224a | 36.09a | 12.11a | 0.286a |

续表

| 处理 | Cu | Zn | Cr | Cd | Pb | As | Hg |
|---|---|---|---|---|---|---|---|
| JF2 | 132.19a | 412.36a | 54.01b | 0.262a | 34.16a | 13.27a | 0.281a |
| ZF1 | 115.63a | 189.55b | 54.47b | 0.253a | 32.70a | 10.12a | 0.250a |
| ZF2 | 144.00a | 208.20b | 56.99a | 0.238a | 33.49a | 10.20a | 0.167b |

表 5-52　施用有机肥对柑橘园土壤有效态重金属含量的影响（单位：mg/kg）

| 处理 | 有效 Cu | 有效 Zn | 有效 Cr | 有效 Cd | 有效 Pb | 有效 As |
|---|---|---|---|---|---|---|
| CF | 59.71a | 148.74b | 0.691a | 0.201a | 7.93ab | 0.760a |
| JF1 | 48.70a | 141.75b | 0.651a | 0.181a | 7.65ab | 0.616b |
| JF2 | 53.74a | 236.56a | 0.695a | 0.223a | 6.56c | 0.639b |
| ZF1 | 44.01a | 141.53b | 0.638a | 0.207a | 8.19a | 0.581bc |
| ZF2 | 52.48a | 132.79b | 0.442b | 0.196a | 7.47b | 0.508c |

2）土壤抗生素残留

柑橘园土壤抗生素残留数据结果见表 3-27。结果显示，全化肥（CF）处理土壤没有检测出任何抗生素残留，施用 2 种有机肥的土壤中检测出氧氟沙星、恩诺沙星和氟苯尼考 3 种抗生素，抗生素残留水平都比较低。结果表明有机肥施用量越大，抗生素残留越多。

### 4. 柑橘园土壤肥力

柑橘园土壤的 pH 为 4.5，严重偏酸，施用两种有机肥均能提高柑橘园土壤的 pH，改善土壤的酸碱性（图 5-22），施用猪粪有机肥的效果明显好于鸡粪有机肥，用量 15t/hm² 猪粪有机肥处理（ZF2）比全化肥处理（CF）提高土壤 pH 0.56 个单位。与全化肥处理（CF）相比，只有施用 15t/hm² 猪粪有机肥处理（ZF2）明显提高了土壤全氮、有效磷和速效钾含量，其余有机肥处理差异不明显。施用 2 种有机肥均能提高土壤有机质含量，并且其随着有机肥用量增加而提高；同等用量条件下，猪粪有机肥对土壤有机质的提升效果要明显好于鸡粪有机肥。2 种有机肥施肥处理均能提高土壤水溶性盐含量，并且有随着有机肥用量增加而上升的趋势。

结果表明，鸡粪有机肥替代部分化肥对椪柑果园土壤的肥力没有不利影响，具有与全化肥处理（CF）相同的培肥效果；猪粪有机肥的改良土壤和培肥效果优于鸡粪有机肥和全化肥，猪粪有机肥 15t/hm² 的土壤培肥效果要好于 7.5t/hm²。但施用有机肥也能带来土壤中盐分的积累，需加强观测，控制用量。

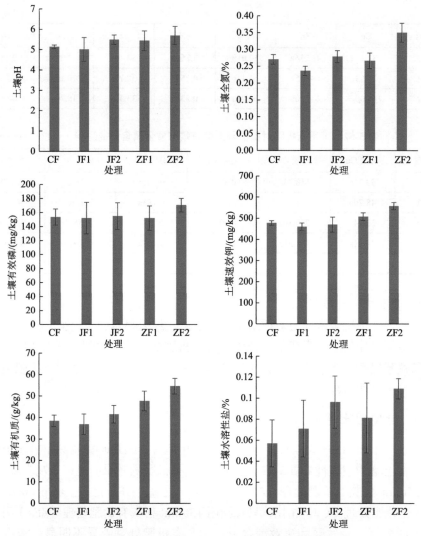

图 5-22　不同有机肥处理对柑橘园土壤理化性状的影响

## 5. 柑橘园土壤微生物

由表 5-53 可知，施用鸡粪有机肥和猪粪有机肥均具有随着用量增加而提高土壤微生物的 Shannon 指数的趋势，鸡粪有机肥处理与 CF 处理之间差异不显著，只有 ZF2 处理的 Shannon 指数显著高于 CF 处理和其他有机肥处理（$P < 0.05$）。除 JF1 处理的土壤微生物均匀度（$E$）与 CF 处理差异不显著外，JF2、ZF1、ZF2 处理的均匀度（$E$）均显著高于 CF 和 JF1 处理，三个有机肥处理之间差异不显著。结果表明，施用 15t/hm² 猪粪有机肥有利于提高柑橘园土壤微生物多样性和均匀度，效果优于鸡粪有机肥。

表5-53　施用不同有机肥对柑橘园土壤微生物群落代谢多样性的影响

| 处理 | Shannon 指数 | 均匀度（$E$） |
|---|---|---|
| CF | 8.56±0.29b | 0.88±0.01b |
| JF1 | 7.87±1.30b | 0.83±0.11b |
| JF2 | 8.65±0.72b | 0.98±0.00a |
| ZF1 | 7.92±0.57b | 0.99±0.00a |
| ZF2 | 10.74±0.89a | 0.98±0.01a |

平均 $CO_2$ 产生率作为微生物整体性的有效指标，同时也可以反映微生物群落对不同碳源的利用能力。平均 $CO_2$ 产生率越高表明土壤中微生物活性越高，底物代谢的能力越强。图 5-23 为不同试验处理柑橘土壤的平均 $CO_2$ 产生率。与 CF 处理相比，除施用 15t/hm² 的猪粪有机肥（ZF2）处理显著提高土壤平均 $CO_2$ 产生率（是 CF 处理的 1.28 倍）外，其他有机肥处理对平均 $CO_2$ 产生率均无显著提高。15t/hm² 的猪粪有机肥处理（ZF2）的平均 $CO_2$ 产生率也显著高于其他有机肥处理。结果表明，只有施用 15t/hm² 的猪粪有机肥有利于增强柑橘园土壤微生物活性，提高其代谢能力，鸡粪有机肥对土壤微生物活性没有明显影响。

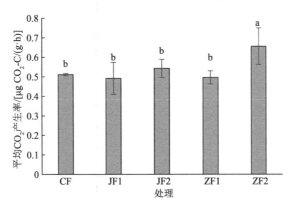

图 5-23　不同有机肥处理对柑橘园土壤的平均 $CO_2$ 产生率的影响

### 5.3.3　南方果园有机肥合理施用技术规程

南方长江流域一带果园种植品种主要有柑橘、梨、葡萄、桃等品种，其中柑橘和梨是目前南方种植面积、产量最大的品种。目前有机肥生产主要原料为现代规模化养殖业产生的畜禽粪便，部分原料携带有重金属、残留抗生素等污染物，人们对施用有机肥带来的食品安全和环境生态潜在风险认识不足。为规范有机肥在果园安全、合理施用，保障水果产业优质高产、生态绿色可持续发展，根据在浙江慈溪、安吉、龙游等地开展的柑橘、梨等果树田间试验结果及相关资料文献，特制定本技术规程。

## 1. 有机肥种类和要求

### 1）商品有机肥

商品有机肥是以畜禽粪便、农作物秸秆、动植物残体等来源于动植物的有机废弃物为原料，经无害化处理和工厂化生产的有机肥料。它包括普通有机肥和生物有机肥，其中生物有机肥是在普通有机肥的基础上添加特定功能微生物复合而成的。

### 2）绿肥

绿肥是一种养分完全的生物肥源，在果园行间种植的豆科、禾本科、十字花科等作物，采用就地翻压或地表覆盖等方式施入果园的绿色植物体。

### 3）作物秸秆

秸秆主要是成熟农作物茎叶（穗）部分，一般指小麦、水稻、玉米、薯类、油菜、棉花、甘蔗和其他农作物（通常为粗粮）在收获籽实后的剩余部分。农作物光合作用的产物有一半以上存在于秸秆中，秸秆富含氮、磷、钾、钙、镁和有机质等，是一种具有多用途的可再生的生物资源。

### 4）农家肥

有堆肥、沤肥、厩肥、饼肥、沼渣沼液等。

## 2. 有机肥施用原则

### 1）因树施用

根据品种、树龄、树势（即树体生长强弱的状态，通常以树冠外围新梢长度和数量表示）和产量确定有机肥用量。需肥量少的品种少施，树龄小、树势强、产量低的果园可少施；需肥量大的品种多施，树龄大、树势弱、产量高的果园应多施。

### 2）因土壤施用

有机质含量较低的土壤应多施用有机肥。质地黏重的土壤透气性较差，可施用 C/N 较低、矿化速度较快的有机肥；质地较轻的土壤透气性好，可施用 C/N 较高、矿化分解速度较慢的有机肥。

### 3）因气候施用

在气温低、降雨少的地区，可施用 C/N 较低、矿化分解速度较快的有机肥；在温暖湿润的地区，宜施用 C/N 较高、矿化分解速度较慢的有机肥。

### 4）有机无机相结合原则

有机肥养分含量低，释放缓慢，果园应采用有机肥和无机肥结合的原则。基肥以有机肥为主，配施化肥。追肥以化肥为主。

### 5）长期施用原则

充分挖掘有机肥料资源，遵守循环农业原则，发挥不同有机物料优势，坚持长期施用，维持和提高土壤肥力。

6）安全施用原则

监控重金属、抗生素等污染物在土壤、水体、水果中的积累和迁移，选择安全的有机肥种类，制定合理用量和施用方法，确保果园土壤环境质量、生态安全和农产品质量安全。农家肥要求充分发酵，质量指标应符合《畜禽粪便还田技术规范》（GB/T 25246）和《畜禽粪便堆肥技术规范》（NY/T 3442）的技术要求；普通有机肥应符合《有机肥料》（NY 525）的要求，生物有机肥应符合《生物有机肥》（NY 884）的要求。

## 3. 商品有机肥的施用

1）用量确定

根据果园预期产量，在明确单位产量的养分需求量的基础上，结合土壤肥力、有机肥中的养分含量、作物当季利用率，确定合理用量。对于中等肥力土壤来说，幼龄果园全年商品有机肥施用量宜为 $5\sim10t/hm^2$，成龄梨果园全年商品有机肥施用量宜为 $7.5\sim22.5t/hm^2$，南方大部分果园的有机肥安全用量以 $15t/hm^2$ 最为适宜。根据土壤类型、肥力水平调整果园有机肥施用量。

2）施用时期

宜在秋冬季与化肥结合施用，最佳施肥时期一般在 10～11 月。做追肥时宜在花前、幼果期和果实膨大期施用。有机肥施用时结合天气预报，避免在雨前施用，以减少有机肥中氮、磷养分的淋失和径流损失，避免对周围水体和环境造成污染。

3）施用方法

基肥可采用环状沟施、条沟施、放射沟施或穴施，以及地表覆盖等方式进行局部集中施用。施肥深度为 20～40cm，施后及时覆土。追肥可采用条沟施、放射沟施或管道施等方式进行。

## 4. 绿肥种植

1）品种选择

果园优先推荐种植豆科绿肥，如光叶苕子、毛叶苕子、箭筈豌豆、白三叶草等，其次推荐黑麦草、二月兰等禾本科和十字花科绿肥。品种选择应结合果园环境条件，绿肥的生长期及对土壤条件的要求，选择高度适宜、生物量大、抗性强、适应性广、覆盖时间长的绿肥品种。

当土壤 pH 小于 4.5 时，应先改土后套种绿肥；当 pH 为 4.5～5.5 时，选用黑麦草禾本科类耐酸性绿肥品种；当 pH 大于 5.5 时，常规绿肥品种都可使用。

2）播种量及播期

不同绿肥种类种植播量和播期参见表 5-54。

#### 表 5-54　适宜南方果园种植的主要绿肥种植技术和特性

| 绿肥种类 | 种植技术和特性 |
|---|---|
| 光叶苕子<br>毛叶苕子 | 播期：9 月中下旬至 10 月上旬<br>播量：2kg/667m² 左右<br>播种方法：杂草少的果园在土壤湿润时进行行间撒播，杂草茂密的果园播前采用机械或人工割草后，于土壤墒情好时进行行间撒播，不用接种根瘤菌，种植轻简<br>具有耐瘠薄、耐旱、耐寒特性；分枝能力强、地表覆盖率高、产量高、鲜草产量和养分含量高，抑制杂草能力强<br>养分含量：N（31±4.2）g/kg，P₂O₅（8.5±2.9）g/kg，K₂O（20±9.3）g/kg |
| 箭筈豌豆 | 播期：9 月中下旬至 10 月上旬播种<br>播量：3～4kg/667m²<br>播种方法：杂草少的果园在土壤湿润时进行行间撒播，杂草茂密的果园播前采用机械或人工割草后，于土壤墒情好时进行行间撒播，从而鲜草产量和养分含量高，种植轻简<br>具有耐瘠薄、耐旱、耐寒特性；分枝能力强、地表覆盖率高、产量高<br>养分含量：N（30±3.4）g/kg，P₂O₅（7.8±1.3）g/kg，K₂O（15±6.0）g/kg |
| 山鬛豆 | 播期：9 月上中旬播种<br>播量：3～4kg/667m²<br>播种方法：杂草少的果园在土壤湿润时进行行间撒播，杂草茂密的果园播前采用机械或人工割草后，于土壤墒情好时进行行间撒播，从而鲜草产量和养分含量高，种植轻简<br>具有耐瘠薄、耐旱、耐寒特性；地表覆盖率高、产量高<br>养分含量：N（33±1.9）g/kg，P₂O₅（8.3±1.1）g/kg，K₂O（34±2.0）g/kg |
| 白三叶草 | 播期：周年均可种植，最适宜播期为 9 月中下旬至 10 月上旬<br>播量：1.5kg/667m²<br>播种方法：播前需要清除杂草、旋耕平整土地。在未种植过三叶草的果园，播前需接种根瘤菌，均匀撒播于平整湿润的果园行间，在播种后的前 2 个月需要进行除草管理<br>三叶草为多年生绿肥品种，一次播种后可以覆盖生长 3～5 年，适宜种植在土层较厚的果园<br>养分含量：N（37±5.2）g/kg，P₂O₅（7.9±1.2）g/kg，K₂O（38±1.3）g/kg |
| 紫云英 | 播期：9 月上中旬<br>播量：1.5kg/667m²<br>播种方法：播前清除杂草、旋耕平整土地。适宜种植在水肥条件好的平地果园，未种植过紫云英的果园务必用紫云英专用根瘤菌进行拌种，然后均匀撒播于平整后果园行间。播后第 1 个月加强除草管理<br>具有生长快速，观赏性好，可以在观光果园作为景观绿肥种植的特点<br>养分含量：N（29±4.8）g/kg，P₂O₅（7.2±1.9）g/kg，K₂O（32±8.6）g/kg |
| 黑麦草 | 播期：可以秋播和春播，最适宜播期为 9 月中下旬至 10 月上旬<br>播量：1.5～2kg/667m²<br>播种方法：播前需要清除杂草、旋耕平整土地。均匀撒播于土壤湿润时平整的果园行间<br>具有对土壤要求比较严格，喜肥不耐瘠，略能耐酸<br>养分含量：N（28±7.0）g/kg，P₂O₅（5.5±2.4）g/kg，K₂O（20±3.4）g/kg |

续表

| 绿肥种类 | 种植技术和特性 |
| --- | --- |
| 二月兰 | 播期：9月中旬 |
| | 播量：1.5～2kg/667m² |
| | 播种方法：播前清除杂草、旋耕平整土地。均匀撒播于平整的果园行间。播后第1个月加强除草管理 |
| | 具有花期长、观赏性好，集菜用、肥用、观赏于一体，在水肥条件好的果园生长好 |
| | 养分含量：N（25±6.6）g/kg，P₂O₅（8.5±1.9）g/kg，K₂O（39±1.7）g/kg |

资料来源：《果园有机肥施用技术指南》（NY/T 3704—2020）。

3）播种及管理

光叶苕子、毛叶苕子、箭筈豌豆在杂草少的果园可以不旋耕、不除草，在降雨后土壤湿润的情况下均匀撒播于距离树干0.5m以外的行间或全园撒播，在杂草生长茂密的果园播前可采用机械或人工割草后撒播。

白三叶草、紫云英、黑麦草、二月兰等绿肥种子小，播前需清除杂草、旋耕平整土地，沙土与种子按照2∶1的比例混匀后撒播。播种后的前2个月应加强除草管理。

多年连续种植生草的果园，生草效果渐差，应及时更新。更新时可选择其他品种的绿肥种植。

4）利用方式

（1）刈割覆盖或翻压还园。在绿肥盛花期或旺长期（冬绿肥为翌年3～4月），将绿肥刈割后覆盖于果树树盘及行间，或者结合果园施肥将绿肥翻压于施肥沟或行间，翻压深度以15～30cm为宜。

（2）自然枯萎覆盖。前期让绿肥自然生长，开花结实后，自然枯死覆盖于行间，种子落地后成为下一季绿肥新的种源。

5. 秸秆覆盖

1）秸秆预处理

果园覆盖的秸秆应选用无病虫害的秸秆，覆盖前宜将秸秆粉碎截短为小于10cm大小。

2）覆盖方法

粉碎截短后的各类作物秸秆（如水稻、玉米、小麦和豆科植物秸秆等），覆盖于距树干20cm以外区域，用量为2.5～4t/hm²，覆盖厚度约为3～5cm。覆盖的时间宜在10～12月或秋冬季秸秆收获时期。

# 5.4　蔬菜地有机肥合理利用技术研究与示范

随着生态农业的大力发展及人类对绿色有机食品需求的提高，有机肥的作用重新受到人们的重视。近年来，国家实施果菜茶有机肥替代化肥示范县创建，加大有机肥推广应用力度，实践证明，禽畜粪便有机肥含有丰富的有机质及氮、磷、钾等营养物质，在改良土壤、提高土壤生产力和改善农产品品质等方面有着显著的作用。但由于畜禽业向规模化、集约化发展，饲料添加剂和抗生素的大量使用，规模化养殖与传统分散养殖的畜禽粪便在成分、性质等方面都有了较大的改变，对农产品和土壤环境质量影响也越来越受到人们的关注。除有机肥质量标准认定的 5 项重金属带来的食品安全、土壤环境风险外，一些研究表明，猪粪源有机肥携带的重金属 Cu、Zn 污染尤其严重，其对土壤中 Cu 和 Zn 的年累计贡献率分别为 37%～40% 和 8%～17%（张树清等，2005；程旭艳等，2012；王飞等，2013）。但是截至目前，我国尚没有对有机肥中重金属 Cu、Zn 提出相关的国家限量标准，这进一步加剧了我国有机肥施用中 Cu、Zn 的安全风险。大量、长期施用有机肥会造成重金属在土壤、蔬菜中的累积，影响重金属在土壤、农产品迁移转化。养殖源有机肥中还残留着大量兽用抗生素，其随着有机肥进入土壤、水体，对其带来的环境生态效应都缺乏研究。因此，研究猪粪有机肥不同施用量下重金属在土壤、蔬菜中的积累效应及其迁移转化规律，评价有机肥不同施用量下土壤和蔬菜中重金属、抗生素残留的生态风险具有极其重要的现实意义。本研究在探索猪粪有机肥培肥、增产、提升蔬菜品质的基础上，兼顾有机肥生态环境效应，提出猪粪有机肥在蔬菜上安全、科学的施用量，制定蔬菜有机肥安全使用操作规程，为蔬菜优质、绿色、可持续发展提供技术指导。

2014～2018 年，在浙江省宁波市慈溪市掌起镇某果蔬农场开展蔬菜旱作模式下，养殖源有机肥安全施用的研究（图 5-24）。试验作物有卷心菜、糯玉米、西兰花等蔬菜品种，不同蔬菜品种轮作。试验点土壤为潮土土类黄泥翘土种，土壤质地属粉砂壤土。试验地土壤 pH 为 8.04，有机质为 10.07g/kg，全氮为 1.10g/kg，有效磷为 15.61mg/kg，速效钾为 73.0mg/kg，Pb 为 5.60mg/kg，Cr 为 21.10mg/kg，Cd 为 0.12mg/kg，Cu 为 11.10mg/kg，Zn 为 47.95mg/kg，As 为 9.51mg/kg，Hg 为 0.15mg/kg。试验采用 2 种供试有机肥，一种是合格的商品有机肥，为慈溪市中慈生态肥料有限公司生产，主原料为猪粪，商品有机肥理化性质：pH 为 8.58，氮磷钾总养分 ≥5.0%，有机质 ≥45%，铜为 75.3mg/kg，锌为 421.4mg/kg，镉为 0.22mg/kg，铬为 31.80mg/kg，铅为 5.40mg/kg，砷为 2.40mg/kg，汞为 0.033mg/kg。另外一种为超标有机肥，采用与商品有机肥相同的原辅料，在发酵前添加一定量的硫酸铜、硫酸铅和有机砷，自行堆制，其发酵后成品含量为铜 201.8mg/kg，锌

368.3mg/kg，镉 0.40mg/kg，铬 14.80mg/kg，铅 118.4mg/kg，砷 6.60mg/kg，汞 0.084mg/kg，根据《有机肥料》有机肥限量指标要求，只有 Pb 超过标准 1.37 倍，其余没有超过标准。

图 5-24　蔬菜有机肥安全施用长期定位试验（浙江慈溪）

试验设 5 个处理：CF 为全化肥处理；T1、T2、T3 为商品有机肥处理，施用量水平分别为 3.75t/hm²、7.5t/hm²、15t/hm²；T4 为重金属元素超标有机肥处理，施用量为 7.5t/hm²。试验处理和有机肥施用量见表 5-55。每个小区面积为 20m²，随机区组排列，重复 3 次。一年两季蔬菜轮作，两季蔬菜的试验小区设置保持不变，各处理每季的有机肥施用量保持不变。有机肥在每季作物种植前作为基肥施用，先撒施于土表，再耙地，使有机肥均匀分布在耕作层（0～20cm）。试验期间按照当地施肥习惯和作物生长情况，追施无机肥。在每季作物收获时，分别按小区计算产量，并采集土样和蔬菜可食部分样品，用于分析测定。

表 5-55　蔬菜有机肥长期定位试验有机肥施用情况

| 处理 | 有机肥类型和每季施用量 |
| --- | --- |
| CF | 不施有机肥，仅施化肥 |
| T1 | 施用商品有机肥 3.75t/hm² |
| T2 | 施用商品有机肥 7.5t/hm² |
| T3 | 施用商品有机肥 15t/hm² |
| T4 | 施用超标有机肥 7.5t/hm² |

注：T1、T2 和 T3 施用有机肥为合格商品有机肥，T4 施用有机肥为重金属 Pb 含量超标有机肥（人工添加 Cu 和 Pb）。各处理的化肥施用量相同，按农户常规施肥量施用。

## 5.4.1　蔬菜产量和品质

与 CF 处理相比，施用有机肥可显著提高卷心菜的单球重，单球重增加 15.69%～18.63%；施用有机肥提高卷心菜产量，产量增加 9.65%～19.21%，有机肥处理（T2、T3 和 T4）均达到显著水平，施用商品有机肥 15t/hm² （T3）处理的卷心菜产量最高，达到 47.91t/hm²。第 2 季糯玉米除低用量商品有机肥处理外，其余各有机肥处理均有增产效果，施用商品有机肥 15t/hm²（T3）处理达到显著水平，增产 12.94%（表 5-56）。

表 5-56　施用有机肥对蔬菜产量的影响（宁波掌起，2016～2017 年）

| 处理 | 卷心菜 | | 糯玉米 |
|---|---|---|---|
| | 产量/（t/hm²） | 单球重/（kg/个） | 产量/（t/hm²） |
| CF | 40.19b | 1.02b | 12.60b |
| T1 | 44.07ab | 1.18a | 12.44b |
| T2 | 46.68a | 1.19a | 13.44ab |
| T3 | 47.91a | 1.21a | 14.23a |
| T4 | 46.16a | 1.19a | 13.34ab |

注：2016 年为糯玉米-卷心菜连作，2016 年 7 月收获糯玉米，2017 年 3 月收割卷心菜。

施用有机肥能提高糯玉米的可溶性糖、维生素 C 和粗蛋白的含量，降低粗纤维的含量（表 5-57）。施用有机肥可显著提高西兰花的单颗重、可溶性糖和维生素 C 的含量（表 5-58），但不同有机肥用量之间差异不明显。有机肥处理对西兰花中蛋白质含量没有明显影响。T2、T3 和 T4 处理显著降低西兰花中的硝酸盐含量。结果表明，化肥配施有机肥有助于提高蔬菜的品质和产量。

表 5-57　施用有机肥对糯玉米品质的影响（宁波掌起，2016～2017 年）

| 处理 | 可溶性糖/% | 维生素 C/（mg/100g） | 粗蛋白/% | 粗纤维/% |
|---|---|---|---|---|
| CF | 5.32b | 9.88b | 8.38b | 14.92a |
| T1 | 6.06a | 10.19b | 8.81a | 14.44ab |
| T2 | 6.21a | 9.93b | 8.93a | 13.92b |
| T3 | 6.03a | 10.90ab | 8.59ab | 13.71b |
| T4 | 6.23a | 12.11a | 8.42b | 13.37b |

表 5-58　施用有机肥对西兰花品质的影响（宁波掌起，2018 年 5 月 16 日）

| 处理 | 可溶性糖/% | 维生素 C/（mg/100g） | 硝酸盐/（mg/kg） | 蛋白质/% | 单颗重/（g/颗） |
|---|---|---|---|---|---|
| CF | 1.18b | 122.1b | 340.6a | 3.71a | 623.3b |
| T1 | 1.26a | 130.6ab | 315.1ab | 4.00a | 801.7a |
| T2 | 1.27a | 128.5ab | 302.2b | 3.88a | 815.2a |
| T3 | 1.25ab | 132.8a | 306.9b | 3.97a | 875.6a |
| T4 | 1.26a | 134.0a | 271.1c | 3.61a | 878.3a |

## 5.4.2　蔬菜重金属积累

表 5-59 和表 5-60 分别是有机肥施用 4 年（2017 年）和 5 年（2018 年）时卷心菜和西兰花的重金属含量数据。从表 5-59 可看出，施用 4 年有机肥只有商品有机肥用量 15t/hm² （T3）和超标有机肥 7.5t/hm² （T4）处理显著提高卷心菜中 Pb 含量，商品有机肥用量 15t/hm² （T3）处理显著提高卷心菜中 Zn 的含量，对其他重金属含量影响不明显。

有机肥施用 5 年后（表 5-60），长期施用超标有机肥 7.5t/hm² （T4）显著提高西兰花中 Pb、As 的含量，施用商品有机肥显著提高西兰花中 Cr 和 As 的含量，但仍在食品安全范围内。施用有机肥能降低西兰花中 Cd 的含量，有机肥用量越大，效果越明显，可能与西兰花本身对 Cd 的吸收较少，有机肥能促进西兰花生长，提高单球重，从而稀释西兰花中 Cd 含量有关。

**表 5-59　施用 4 年有机肥对卷心菜中重金属含量的影响**（宁波掌起，2017 年 3 月 25 日）

（单位：mg/kg）

| 处理 | Cu | Pb | Zn | Cr | Cd | As | Hg |
|---|---|---|---|---|---|---|---|
| CF | 0.30a | 0.014b | 2.15b | 0.039a | 0.003a | 0.006a | 未检出 |
| T1 | 0.31a | 0.015b | 2.38b | 0.027a | 0.003a | 0.007a | 未检出 |
| T2 | 0.30a | 0.015b | 2.44b | 0.036a | 0.002a | 0.004a | 未检出 |
| T3 | 0.32a | 0.028a | 3.15a | 0.029a | 0.002a | 0.005a | 未检出 |
| T4 | 0.34a | 0.038a | 2.37b | 0.037a | 0.002a | 0.006a | 未检出 |

**表 5-60　施用 5 年有机肥对西兰花中重金属含量的影响**（宁波掌起，2018 年 5 月 16 日）

（单位：mg/kg）

| 处理 | Cu | Pb | Zn | Cr | Cd | As | Hg |
|---|---|---|---|---|---|---|---|
| CF | 0.560a | 0.008b | 8.34a | 0.037b | 0.014a | 0.003b | 0.007a |
| T1 | 0.543a | 0.010ab | 8.37a | 0.105a | 0.012a | 0.007a | 0.007a |
| T2 | 0.551a | 0.010ab | 8.49a | 0.073ab | 0.010bc | 0.007a | 0.008a |
| T3 | 0.500a | 0.010ab | 8.52a | 0.100a | 0.009c | 0.007a | 0.004a |
| T4 | 0.500a | 0.014a | 8.80a | 0.039b | 0.008c | 0.006a | 0.010a |

## 5.4.3　蔬菜地土壤环境污染

### 1. 土壤重金属积累

菜田表层土壤（0~20cm）重金属全量和有效态含量数据分别见表 3-1 和表 3-2。结果表明，长期施用有机肥会导致部分重金属，特别是有效态重金属在菜田土壤中的累积。但连续施用 6 年后，土壤环境质量仍是安全的，残留的重金属在土壤中的累积增长缓慢。收获蔬菜每年能带走一定的重金属从而保持平衡。但从长期来看，重金属超标有机肥（7.5t/hm²）或合格有机肥高用量（15t/hm²）施用仍然会带来土壤环境风险和农产品安全风险。

### 2. 土壤抗生素残留

菜田表层土壤（0～20cm）抗生素残留数据见表 3-25。全化肥处理（CF）仅检测出低含量的氧氟沙星。而连续施用 3 年有机肥后，菜田表层土壤中均检出氧氟沙星、恩诺沙星。高用量（15t/hm²）商品有机肥处理土壤的氧氟沙星和恩诺沙星含量分别为 6.37μg/kg 和 5.57μg/kg，显著高于全化肥对照土壤（CF）。

## 5.4.4 蔬菜地土壤肥力

表 5-61 和表 5-62 分别是有机肥施用 3 年和 4 年时菜田土壤的理化性状。宁波市掌起镇试验田土壤源自浅海沉积物，土壤偏碱性，长期施用有机肥有助于降低菜地土壤的碱性，还能显著提高土壤有机质含量和其他各项养分的含量，培肥效果显著。商品有机肥高用量（15t/hm²）的土壤培肥效果好于中、低用量（7.5t/hm² 和 3.75t/hm²）。但同时施用有机肥带来盐分积累，提高了土壤 EC，在南方因降雨较多，对露地蔬菜危害相对较低，但对设施蔬菜生产会产生较大影响，需要关注。

表 5-61　施用 3 年有机肥糯玉米地土壤的肥力状况（宁波掌起，2016 年）

| 处理 | pH | EC / (μS/cm) | 有机质 / (g/kg) | 全氮 / (g/kg) | 碱解氮 / (mg/kg) | 有效磷 / (mg/kg) | 速效钾 / (mg/kg) |
|---|---|---|---|---|---|---|---|
| CF | 7.64a | 169b | 13.8b | 0.92a | 49.6a | 17.6b | 77c |
| T1 | 7.48a | 185ab | 15.2ab | 1.07a | 51.4a | 17.0b | 111bc |
| T2 | 7.51a | 180ab | 15.4ab | 1.08a | 51.4a | 30.6a | 140.5b |
| T3 | 7.53a | 193ab | 16.4a | 1.08a | 48.9a | 27.7a | 203.5a |
| T4 | 7.49a | 216a | 15.6ab | 1.1a | 44.9a | 28.6a | 118.5b |

表 5-62　施用 4 年有机肥卷心菜地土壤的肥力状况（宁波掌起，2017 年）

| 处理 | pH | EC / (μS/cm) | 有机质 / (g/kg) | 全氮 / (g/kg) | 碱解氮 / (mg/kg) | 有效磷 / (mg/kg) | 速效钾 / (mg/kg) |
|---|---|---|---|---|---|---|---|
| CF | 7.71a | 158.5c | 15.1b | 0.97a | 62.0b | 12.1c | 77.5d |
| T1 | 7.57ab | 182.5bc | 16.1ab | 1.03a | 65.2b | 21.4b | 126.0c |
| T2 | 7.41b | 209.5b | 16.5ab | 1.06a | 69.1b | 26.8a | 164.0b |
| T3 | 7.42b | 253.0a | 17.4a | 1.12a | 79.6a | 30.6a | 204.0a |
| T4 | 7.42b | 177.0bc | 16.8ab | 1.06a | 69.6b | 27.1a | 106.5c |

## 5.4.5　蔬菜地土壤微生物

连续施用有机肥 3 年后，分别在糯玉米和卷心菜收获后采集表层土壤，采用 MicroResp$^{TM}$ 方法分析土壤微生物代谢多样性。糯玉米季土壤的 Shannon 指数在各处理间差异不明显，但卷心菜季不同有机肥处理的土壤 Shannon 指数有所差异，商品有机肥用量 7.5t/hm$^2$（T2）处理的 Shannon 指数最高，但差异没有达到显著水平（表 5-63）。结果表明，在偏碱性的砂壤土中，施用 3 年有机肥对土壤微生物种群结构的改变不够明显，需要更长期的观测。

**表 5-63　长期施用有机肥对旱作菜田土壤微生物多样性的影响**（宁波掌起，2016 年）

| 处理 | Shannon 指数[*] | |
|:---:|:---:|:---:|
| | 糯玉米季 | 卷心菜季 |
| CF | 2.36a | 2.49a |
| T1 | 2.24a | 2.46a |
| T2 | 2.36a | 2.52a |
| T3 | 2.35a | 2.47a |
| T4 | 2.38a | 2.46a |

注：实行糯玉米-卷心菜轮作，2016 年 7 月收获糯玉米，2017 年 3 月收割卷心菜。

\* 基于 MicroResp$^{TM}$方法分析。

## 5.4.6　蔬菜地有机肥合理施用技术规程

随着生态农业的大力发展以及人类对绿色有机食品需求的提高，有机肥的作用重新受到人们的重视。近年来，国家实施果菜茶有机肥替代化肥示范县创建，加大有机肥推广应用力度，实践证明，禽畜粪便有机肥含有丰富的有机质及氮、磷、钾等营养物质，在改良土壤、提高土壤生产力和改善农产品品质等方面有着显著的作用。但由于畜禽业规模化、集约化发展，生产过程饲料添加剂和抗生素的大量使用，使畜禽粪便携带重金属、抗生素等污染物。为保障蔬菜优质高产、安全绿色可持续发展，根据田间试验结果及相关文献资料，特制定本规程，用于规范蔬菜生产中有机肥科学、合理施用。

### 1. 有机肥料种类和要求

1）商品有机肥

商品有机肥是以畜禽粪便、农作物秸秆、动植物残体等来源于动植物的有机废弃物为原料，经无害化处理和工厂化生产的有机肥料。生物有机肥是在普通有机肥的基础上添加特定功能微生物复合而成的。普通有机肥应符合《有机肥料》（NY 525）的要求，生物有机肥应符合《生物有机肥》（NY 884）的要求。

2）作物秸秆

秸秆主要是成熟农作物茎叶（穗）部分，一般指小麦、水稻、玉米、薯类、油菜、棉花、甘蔗和蔬菜（通常为粗粮）在收获可食用部分后的剩余部分。农作物光合作用的产物有一半以上存在于秸秆中，秸秆富含氮、磷、钾、钙、镁和有机质等，是一种具有多用途的可再生的生物资源。

3）农家肥

农家肥有堆肥、沤肥、厩肥、饼肥、沼渣沼液等。农家肥要求充分发酵，质量指标应符合《畜禽粪便还田技术》（GB/T 25246）和《畜禽粪便堆肥技术规范》（NY/T 3442）的技术要求。

## 2. 有机肥施用原则

1）长期施用原则

充分挖掘有机肥料资源，遵守循环农业原则，发挥不同有机物料优势，坚持长期施用，维持和提高土壤肥力。

2）有机无机相结合原则

采用有机肥和化肥配合施用，以有机肥氮素占总氮施用量的 40%～60% 为宜。商品有机肥宜作为底肥施用，生长期宜追施速效的化肥。

3）安全施用原则

长期施用养殖源有机肥，应结合农业生态土壤环境质量监测，根据土壤重金属含量的监测，在综合考虑有机肥中重金属含量及其在土壤累积规律的基础上，参照《土壤环境质量 农用地土壤污染风险管控标准》（GB 15618）中的风险筛选值和风险管控值，酌情确定单位面积的年施用量及相应施用年限。跟踪监测土壤抗生素，使其含量处于低于检出限的安全水平。

4）养分总量控制原则

施用有机肥后，应减少化肥的用量，保持总养分施用量不增加。

## 3. 商品有机肥的施用

1）用量确定

根据蔬菜地土壤的重金属背景值和有机肥原料类型来确定蔬菜有机肥的安全施用量。

（1）当蔬菜地土壤中的镉、汞、砷、铅、铬、铜、锌元素背景值均在农用地土壤风险筛选值的 50% 以下，对于每季蔬菜的有机肥安全施用量来说，猪粪或鸡（鸭）粪类型的有机肥为 7.5t/hm$^2$，最高用量不超过 15t/hm$^2$；牛粪、羊粪来源或秸秆类型的有机肥施用量可以增加 20%～40%。

（2）以蔬菜地土壤镉、汞、砷、铅、铬、铜、锌元素最接近筛选值的元素为参照，当这个元素的背景值在风险筛选值的 50%～90%区间时，对于每季蔬菜的有机肥安全施用量来说，猪粪或鸡（鸭）粪类型的有机肥为 4.5t/hm²，最高用量不超过 7.5t/hm²；牛粪、羊粪来源或秸秆类型的有机肥施用量可以增加 20%～40%。

（3）当蔬菜地土壤镉、汞、砷、铅、铬、铜、锌元素中任何一种元素的背景值在农用地土壤风险筛选值的 90%以上时，需暂停畜禽养殖源的有机肥施用，并密切监测土壤和农产品的重金属含量。

2）施用方法

一般在蔬菜播种或移栽前作为基肥施用，配施适量化肥，均匀撒施于田面，然后翻耕耙匀使其与土壤充分混合，或者开沟条施。应尽量避免直接撒于地表，不宜漫灌或在大雨前使用。适当灌水保证土壤含水量为田间持水量的 60%左右，稳定一周后播种或移栽。

# 参 考 文 献

程旭艳, 王定美, 乔玉辉, 等. 2012. 中国商品有机肥重金属分析. 环境污染与防治, 34(2): 72-76.

国家统计局. 2019.中国统计年鉴 2019. 北京: 中国统计出版社.

国家统计局. 2021.中国统计年鉴 2021. 北京: 中国统计出版社.

马立锋, 陈红金, 单英杰, 等. 2013. 浙江省绿茶主产区茶园施肥现状及建议. 茶叶科学, 33(1): 74-84.

马立锋, 石元值, 阮建云. 2000. 苏、浙、皖茶区茶园土壤 pH 状况及近十年来的变化. 土壤通报, 31(5): 205～207.

倪康, 廖万有, 伊晓云, 等. 2019. 我国茶园施肥现状与减施潜力分析. 植物营养与肥料学报, 25(3): 421-432.

王飞, 赵立欣, 沈玉君, 等. 2013. 华北地区畜禽粪便有机肥中重金属质量分数及溯源分析. 农业工程学报, 29(19): 202-208.

张树清, 张夫道, 刘秀梅, 等. 2005. 规模化养殖畜禽粪主要有害成分测定分析研究. 植物营养与肥料学报, 11(6): 822-829.

周国兰, 赵华富, 王校常, 等. 2009. 贵州茶园土壤养分调查分析. 贵州农业科学, 37(8): 116-120.

# 附录 1
## 不同物料有机质和养分含量

| 原料 | 氮/% | 磷/% | 钾/% | 碳/% | pH | 碳氮比 |
|---|---|---|---|---|---|---|
| 猪粪 | 1.83 | 4.39 | 2.72 | 30.6 | 8.1 | 16.7 |
| 猪粪（鲜） | 2.42 | 4.25 | 3.88 | 19.36 | — | 8 |
| 猪粪 | 1.842 | — | — | 26.73 | — | 14.5 |
| 猪粪 | 2.1 | — | — | 39.8 | — | 19 |
| 猪粪 | 1.84 | — | — | 28.92 | — | 15.7 |
| 猪粪 | 4.3 | — | — | 36.9 | — | 8.6 |
| 猪粪 | 2.6 | — | — | 35.2 | — | 13.5 |
| 猪粪 | 2.45 | — | — | 32.3 | 8.1 | 13.2 |
| 猪粪 | 2.9 | 1.5 | 0.8 | 42.34 | 8.3 | 14.6 |
| 猪粪 | 2.6 | — | — | 35.3 | — | 13.6 |
| 猪粪 | 2.2 | — | — | 40.7 | 7.22 | 18.5 |
| 猪粪（鲜） | 1.35 | 2 | 1.6 | 10 | 7 | 7.4 |
| 猪粪 | 2.4 | 4.5 | 3.2 | 19.3 | 7.6 | 8 |
| 猪粪 | 1.4 | — | — | 44.7 | 6.6 | 31.9 |
| 猪粪（干） | 2.42 | 2.94 | 2.7 | 20.03 | 8.9 | 8.3 |
| 猪粪 | 2.8 | — | — | 35.9 | — | 12.8 |
| 猪粪 | 2.1 | — | — | 33 | — | 15.7 |
| 猪粪 | 2.08 | — | — | 35.78 | 7.82 | 17.2 |
| 猪粪 | 2.15 | — | — | 38 | — | 17.67 |
| 猪粪 | 2.86 | 1.4 | 0.87 | 46 | 8.37 | 16.08 |
| 猪粪 | 2.6 | — | — | 41.62 | — | 16 |
| 平均值 | 2.34 | 3 | 2.25 | 32.98 | 7.8 | 14.6 |

| 原料 | 氮/% | 磷/% | 钾/% | 碳/% | pH | 碳氮比 |
|---|---|---|---|---|---|---|
| 鸡粪 | 0.93 | 3.15 | 3.06 | 24.9 | 8.68 | 26.8 |
| 鸡粪 | 1.61 | 2.38 | 1.76 | 18 | 7.2 | 11.2 |
| 鸡粪 | 2.44 | | | 16.3 | | 6.7 |
| 鸡粪 | 1.76 | 2.21 | 2.05 | 19.05 | | 10.8 |
| 鸡粪 | 1.597 | 0.642 | 1.149 | 31.74 | 8.15 | 19.9 |
| 鸡粪 | 2.44 | 1.89 | 1.02 | 16.35 | 8 | 6.7 |
| 鸡粪 | 3.23 | | | 24.35 | | 7.5 |

| 原料 | 氮/% | 磷/% | 钾/% | 碳/% | pH | 碳氮比 |
|------|------|------|------|------|------|------|
| 鸡粪 | 2 | 3.91 | 1.63 | 29.55 | 8.03 | 14.8 |
| 鸡粪 | 4.4 | | | 33.26 | 7 | 7.6 |
| 鸡粪 | 2.39 | 1.4 | 2.98 | 20.26 | 6.5 | 8.5 |
| 鸡粪 | 2.08 | | | 24.98 | 7.87 | 12.01 |
| 蛋鸡粪 | 3.55 | | | 26.84 | | 7.6 |
| 平均值 | 2.37 | 2.23 | 1.95 | 23.8 | 7.68 | 11.68 |

| 原料 | 氮/% | 磷/% | 钾/% | 碳/% | pH | 碳氮比 |
|------|------|------|------|------|------|------|
| 牛粪 | 1.66 | 0.4 | 1.92 | 27.75 | 8.49 | 16.7 |
| 牛粪 | 2.06 | | | 39 | | 18.9 |
| 牛粪 | 2.11 | | | 32.3 | | 15.3 |
| 牛粪 | 1.97 | | | 34 | | 17.2 |
| 牛粪 | 2.11 | | | 32.36 | | 15.3 |
| 牛粪 | 2.04 | | | 44.26 | | 21.7 |
| 牛粪 | 1.4 | | | 33 | | 23.6 |
| 牛粪 | 2.57 | | | 40.27 | | 15.7 |
| 平均值 | 1.99 | 0.4 | 1.92 | 35.37 | 8.49 | 18.1 |

| 原料 | 氮/% | 磷/% | 钾/% | 碳/% | pH | 碳氮比 |
|------|------|------|------|------|------|------|
| 鸭粪 | 1.5 | 1.36 | 1.07 | 19.48 | | 13.0 |
| 鸭粪 | 1.94 | | | 51.63 | | 26.6 |
| 鸭垫料 | 1.48 | | | 25.8 | | 17.4 |
| 平均值 | 1.64 | 1.36 | 1.07 | 32.30 | | 19 |

| 原料 | 氮/% | 磷/% | 钾/% | 碳/% | pH | 碳氮比 |
|------|------|------|------|------|------|------|
| 羊粪 | 1.6 | 1.32 | 2.69 | 23.9 | 9.3 | 14.9 |
| 羊粪 | 1.55 | | | 18.51 | | 11.9 |
| 羊粪 | 2.04 | | | 35.6 | | 17.5 |
| 羊粪 | 2.13 | 0.38 | 1.47 | 41.76 | | 19.6 |
| 羊粪 | 1.52 | 1.5 | 2.8 | 20 | | 13.2 |

续表

| 原料 | 氮/% | 磷/% | 钾/% | 碳/% | pH | 碳氮比 |
|------|------|------|------|------|-----|--------|
| 羊粪 | 1.78 | | | 35.3 | | 19.8 |
| 平均值 | 1.77 | 1.07 | 2.32 | 29.18 | 9.3 | 16.2 |

| 原料 | 氮/% | 磷/% | 钾/% | 碳/% | pH | 碳氮比 |
|------|------|------|------|------|-----|--------|
| 兔粪 | 1.8 | 0.59 | 0.63 | 28.34 | 8.9 | 15.7 |
| 兔粪 | 1.8 | | | 34.8 | | 19.3 |
| 平均值 | 1.8 | 0.59 | 0.63 | 31.6 | 8.9 | 17.5 |

| 原料 | 氮/% | 磷/% | 钾/% | 碳/% | pH | 碳氮比 |
|------|------|------|------|------|-----|--------|
| 鹅粪 | 3.08 | | | 65.19 | | 21.2 |

| 名称 | 氮/% | 磷/% | 钾/% | 碳/% | pH | 碳氮比 |
|------|------|------|------|------|-----|--------|
| 酒糟 | 1.78 | 1.46 | 0.90 | 15.25 | 6.90 | 8.57 |
| 酒糟 | 2.88 | 1.31 | 1.23 | 46.94 | 3.64 | 16.30 |
| 平均值 | 2.33 | 1.39 | 1.07 | 31.10 | 5.27 | 12.44 |

| 名称 | 氮/% | 磷/% | 钾/% | 碳/% | pH | 碳氮比 |
|------|------|------|------|------|-----|--------|
| 木薯渣（酒糟） | 2.36 | 2.39 | 1.17 | 25.50 | 7.40 | 10.78 |
| 木薯渣（酒糟） | 1.75 | 2.29 | 1.02 | 23.06 | 7.90 | 13.16 |
| 木薯渣（酒糟） | 1.78 | 1.46 | 0.90 | 15.25 | 6.90 | 8.56 |
| 木薯渣（酒糟） | 2.88 | 1.31 | 1.23 | 46.94 | 3.64 | 16.29 |
| 平均值 | 2.19 | 1.86 | 1.08 | 27.69 | 6.46 | 12.20 |

| 名称 | 氮/% | 磷/% | 钾/% | 碳/% | pH | 碳氮比 |
|------|------|------|------|------|-----|--------|
| 茶叶渣 | 2.86 | 0.73 | 0.97 | 29.70 | | 10.38 |
| 茶叶渣 | 4.20 | | | 28.00 | | 6.67 |
| 茶叶渣 | 3.92 | 0.69 | 1.00 | 32.96 | | 8.41 |
| 茶叶渣 | 2.10 | 0.20 | 0.80 | 65.90 | | 31.38 |
| 茶叶渣 | 3.50 | | | 47.20 | 6.88 | 13.49 |
| 平均值 | 3.32 | 0.54 | 0.92 | 40.75 | 6.88 | 14.07 |

| 名称 | 氮/% | 磷/% | 钾/% | 碳/% | pH | 碳氮比 |
|---|---|---|---|---|---|---|
| 砻糠（稻壳） | 0.44 | 0.11 | 1.36 | 32.24 | | 73.27 |
| 砻糠（稻壳） | 1.17 | | | 43.60 | | 37.26 |
| 砻糠（稻壳） | 0.57 | | | 36.90 | | 64.74 |
| 砻糠（稻壳） | 0.42 | 0.06 | 1.28 | 49.60 | 6.75 | 118.66 |
| 砻糠（稻壳） | 0.51 | 0.34 | 0.28 | 69.81 | | 136.88 |
| 砻糠（稻壳） | 0.96 | | | 53.49 | 8.22 | 55.72 |
| 砻糠（稻壳） | 0.78 | | | 37.54 | 6.47 | 48.13 |
| 平均值 | 0.69 | 0.17 | 0.97 | 46.17 | 7.15 | 76.38 |

| 名称 | 氮/% | 磷/% | 钾/% | 碳/% | pH | 碳氮比 |
|---|---|---|---|---|---|---|
| 木屑（锯末） | 0.14 | 0.05 | 0.43 | 39.35 | | 281.07 |
| 木屑（锯末） | 0.20 | | | 42.00 | | 210.00 |
| 木屑（锯末） | 0.70 | | | 40.80 | | 58.29 |
| 木屑（锯末） | 0.12 | | | 48.80 | | 406.67 |
| 木屑（锯末） | 0.50 | | | 45.00 | | 90.00 |
| 木屑（锯末） | 0.14 | | | 45.48 | | 324.86 |
| 木屑（锯末） | 0.17 | | | 25.41 | | 149.48 |
| 平均值 | 0.28 | 0.05 | 0.43 | 40.98 | | 217.20 |

| 名称 | 氮/% | 磷/% | 钾/% | 碳/% | pH | 碳氮比 |
|---|---|---|---|---|---|---|
| 玉米秸秆 | 0.92 | | | 41.18 | | 44.76 |
| 玉米秸秆 | 0.56 | | | 41.57 | | 74.23 |
| 玉米秸秆 | 1.00 | | | 49.76 | | 49.76 |
| 玉米秸秆 | 1.10 | 0.10 | 2.80 | 94.20 | | 85.64 |
| 玉米秸秆 | 0.91 | | | 39.10 | | 43.11 |
| 玉米秸秆 | 0.80 | | | 60.90 | 7.60 | 76.13 |
| 玉米秸秆 | 0.50 | | | 46.40 | | 92.80 |
| 玉米秸秆 | 0.58 | | | 55.76 | | 96.14 |
| 平均值 | 0.80 | 0.10 | 2.80 | 53.61 | 7.60 | 70.32 |

| 名称 | 氮/% | 磷/% | 钾/% | 碳/% | pH | 碳氮比 |
|---|---|---|---|---|---|---|
| 小麦秸秆 | 0.63 | 0.05 | 3.17 | 24.48 | | 38.85 |
| 小麦秸秆 | 0.68 | | | 28.80 | | 42.35 |
| 小麦秸秆 | 0.48 | | | 40.80 | | 85.53 |
| 小麦秸秆 | 0.63 | | | 24.47 | | 38.84 |
| 小麦秸秆 | 0.65 | 0.04 | 3.60 | 52.20 | | 80.31 |
| 平均值 | 0.61 | 0.05 | 3.39 | 34.15 | | 57.18 |

| 名称 | 氮/% | 磷/% | 钾/% | 碳/% | pH | 碳氮比 |
|---|---|---|---|---|---|---|
| 水稻秸秆 | 0.77 | | | 41.50 | 7.25 | 54.18 |
| 水稻秸秆 | 0.84 | | | 41.20 | | 49.05 |
| 水稻秸秆 | 0.71 | | | 41.50 | | 58.45 |
| 水稻秸秆 | 0.51 | 0.45 | 0.08 | 40.50 | | 79.41 |
| 水稻秸秆 | 0.59 | | | 42.00 | | 71.18 |
| 平均值 | 0.68 | 0.45 | 0.08 | 41.34 | 7.25 | 62.45 |

| 名称 | 氮/% | 磷/% | 钾/% | 碳/% | pH | 碳氮比 |
|---|---|---|---|---|---|---|
| 菇渣（蘑菇） | 3.08 | | | 32.10 | | 10.42 |
| 菇渣（蘑菇） | 1.57 | 1.45 | 1.13 | 59.70 | 8.03 | 38.03 |
| 菇渣（蘑菇） | 0.87 | 0.40 | 0.05 | 41.50 | 8.20 | 47.70 |
| 菇渣（金针菇） | 1.81 | 1.52 | 0.73 | 57.45 | | 31.74 |
| 菇渣（秀珍菇） | 0.90 | 0.08 | 0.65 | 46.20 | 6.42 | 51.33 |
| 菇渣（杏鲍菇） | 1.62 | | | 52.45 | 5.64 | 32.40 |
| 菇渣 | 1.25 | 2.15 | 1.52 | 33.11 | 6.59 | 26.44 |
| 菇渣（香菇） | 1.41 | 1.38 | 1.31 | 32.87 | | 23.31 |
| 平均值 | 1.56 | 1.16 | 0.90 | 44.42 | 6.98 | 32.67 |

| 名称 | 氮/% | 磷/% | 钾/% | 碳/% | pH | 碳氮比 |
|---|---|---|---|---|---|---|
| 椰糠 | 0.39 | 0.28 | 0.33 | 31.75 | 7.61 | 82.25 |
| 椰子废弃物 | 0.40 | | | 45.00 | | 112.50 |
| 平均值 | 0.40 | 0.28 | 0.33 | 38.38 | 7.61 | 97.38 |

| 名称 | 氮/% | 磷/% | 钾/% | 碳/% | pH | 碳氮比 |
|---|---|---|---|---|---|---|
| 油泥 1 | 0.27 | 0.11 | 0.55 | 8.46 | 4.20 | 31.33 |
| 油泥 2 | 0.27 | 0.22 | 0.43 | 9.95 | 4.03 | 36.85 |
| 平均值 | 0.27 | 0.17 | 0.49 | 9.21 | 4.12 | 34.09 |

| 名称 | 氮/% | 磷/% | 钾/% | 碳/% | pH | 碳氮比 |
|---|---|---|---|---|---|---|
| 花生壳粉 | 2.86 | 0.64 | 0.38 | 11.64 | 7.86 | 4.07 |

| 名称 | 氮/% | 磷/% | 钾/% | 碳/% | pH | 碳氮比 |
|---|---|---|---|---|---|---|
| 酒糟 | 1.78 | 1.46 | 0.90 | 15.25 | 6.90 | 8.57 |
| 酒糟 | 2.88 | 1.31 | 1.23 | 46.94 | 3.64 | 16.30 |
| 平均值 | 2.33 | 1.39 | 1.07 | 31.10 | 5.27 | 12.44 |

| 名称 | 氮/% | 磷/% | 钾/% | 碳/% | pH | 碳氮比 |
|---|---|---|---|---|---|---|
| 甘蔗渣 | 0.28 | | | 46.53 | | 166.18 |
| 甘蔗渣 | 0.76 | | | 60.00 | | 78.95 |
| 平均值 | 0.52 | | | 53.27 | | 122.57 |

| 名称 | 氮/% | 磷/% | 钾/% | 碳/% | pH | 碳氮比 |
|---|---|---|---|---|---|---|
| 中药渣 | 1.55 | 0.38 | 1.10 | 32.00 | | 20.65 |
| 中药渣 | 1.50 | | | 43.90 | 6.60 | 29.27 |
| 中药渣 | 2.70 | 1.50 | 8.90 | 33.24 | | 12.31 |
| 中药渣 | 2.43 | 2.20 | 3.60 | 39.80 | | 16.38 |
| 平均值 | 2.05 | 1.36 | 4.53 | 37.24 | 6.60 | 19.65 |

| 名称 | 氮/% | 磷/% | 钾/% | 碳/% | pH | 碳氮比 |
|---|---|---|---|---|---|---|
| 豆腐污泥未发酵 | 2.66 | 2.11 | 0.99 | 25.06 | 7.40 | 9.41 |
| 豆腐污泥发酵 | 2.21 | 2.34 | 1.13 | 24.57 | 7.54 | 11.13 |
| 平均值 | 2.44 | 2.23 | 1.06 | 24.82 | 7.47 | 10.27 |

| 名称 | 氮/% | 磷/% | 钾/% | 碳/% | pH | 碳氮比 |
|---|---|---|---|---|---|---|
| 蔬菜残体 | 1.80 | | | 35.00 | | 19.40 |

续表

| 名称 | 氮/% | 磷/% | 钾/% | 碳/% | pH | 碳氮比 |
|---|---|---|---|---|---|---|
| 蔬菜残体 | 2.40 | | | 41.00 | | 17.10 |
| 蔬菜残体 | 2.80 | | | 34.00 | | 12.00 |
| 黄瓜茎秆 | 2.10 | | | 55.00 | 8.60 | 26.19 |
| 番茄茎秆 | 2.30 | | | 58.90 | | 25.61 |
| 平均值 | 2.28 | | | 44.78 | 8.60 | 20.06 |

| 名称 | 氮/% | 磷/% | 钾/% | 碳/% | pH | 碳氮比 |
|---|---|---|---|---|---|---|
| 园林绿化废弃物 | 0.77 | | | 45.00 | | 58.40 |
| 园林绿化废弃物 | 0.83 | | | 39.00 | | 46.90 |
| 园林绿化废弃物 | 0.72 | | | 30.90 | 5.80 | 43.00 |
| 平均值 | 0.77 | | | 38.30 | 5.80 | 49.43 |

| 名称 | 氮/% | 磷/% | 钾/% | 碳/% | pH | 碳氮比 |
|---|---|---|---|---|---|---|
| 污泥 | 2.70 | | | 26.48 | 6.68 | 9.80 |
| 污泥 | 2.84 | | | 37.58 | 7.83 | 13.22 |
| 污泥 | 3.13 | | | 23.10 | | 7.38 |
| 污泥 | 2.50 | 1.50 | 0.80 | 37.00 | | 14.80 |
| 平均值 | 2.79 | 1.50 | 0.80 | 31.04 | 7.26 | 11.30 |

| 名称 | 氮/% | 磷/% | 钾/% | 碳/% | pH | 碳氮比 |
|---|---|---|---|---|---|---|
| 厨余（城市） | 1.18 | | | 29.60 | 6.28 | 25.11 |
| 厨余（城市） | 2.50 | | | 33.40 | | 13.36 |
| 厨余（城市） | 1.49 | | | 32.30 | | 21.68 |
| 厨余（城市） | 3.24 | | | 43.30 | 5.90 | 13.36 |
| 厨余（城市） | 1.10 | | | 26.00 | | 23.64 |
| 平均值 | 1.90 | | | 32.92 | 6.09 | 19.43 |

| 名称 | 氮/% | 磷/% | 钾/% | 碳/% | pH | 碳氮比 |
|---|---|---|---|---|---|---|
| 菜饼 | 5.86 | 1.89 | 1.33 | 41.66 | 5.56 | 7.11 |
| 蚕沙 | 1.95 | 0.45 | 2.16 | 21.06 | 9.31 | 10.80 |

| 名称 | 氮/% | 磷/% | 钾/% | 碳/% | pH | 碳氮比 |
|---|---|---|---|---|---|---|
| 油菜籽粕 | 4.90 | | | 46.40 | | 9.47 |
| 油渣饼 | 5.10 | 1.37 | 1.90 | 46.98 | | 9.21 |
| 麸皮 | 2.55 | 0.68 | 0.86 | 43.00 | | 16.86 |
| 柑橘皮渣 | 1.22 | 0.18 | 0.69 | 47.00 | | 38.52 |
| 猪场垫料-椰丝、谷壳 | 2.10 | 0.55 | 1.78 | 37.90 | 7.94 | 18.05 |
| 发酵床陈化垫料 | 1.20 | | | 47.80 | | 39.83 |
| 烟梗 | 1.41 | | | 36.00 | | 25.53 |
| 葡萄枝条 | 0.67 | 0.33 | 0.76 | 42.34 | 5.90 | 63.31 |
| 猕猴桃枝条 | 1.11 | 0.33 | 0.50 | 41.29 | 6.60 | 37.20 |
| 平均值 | 2.55 | 0.72 | 1.25 | 41.04 | 7.06 | 25.08 |

# 附录 2
# 畜禽有机肥重金属控制技术规范

ICS 65.080
CCS B13

# T/ZNZ

浙 江 省 农 产 品 质 量 安 全 学 会 团 体 标 准

T/ZNZ 067—2021

# 畜禽有机肥重金属控制技术规范

Technical specification for controlling heavy metals from
livestock and poultry organic fertilizers

2021-07-15发布 2021-08-15实施

浙江省农产品质量安全学会 发 布

# 前　　言

本文件按照 GB/T 1.1—2020《标准化工作导则 第 1 部分：标准化文件的结构和起草规则》的规定起草。

请注意本文件的某些内容可能涉及专利。本文件的发布机构不承担识别专利的责任。

本文件由浙江省农产品质量安全学会提出并归口。

本文件起草单位：浙江省农业科学院环境资源与土壤肥料研究所、浙江省耕地质量与肥料管理总站。

本文件主要起草人：俞巧钢、孙万春、马军伟、林辉、虞轶俊、王峰、王强、叶静、邹平、陈照明、马进川。

# 畜禽有机肥重金属控制技术规范

## 1　范围

本文件规定了畜禽有机肥生产重金属控制技术的术语和定义、生产过程和质量要求应遵循的技术准则。

本文件适用于以猪粪、鸡粪、牛粪等养殖废弃物为主要原料的有机肥生产。

## 2　规范性引用文件

下列文件中的内容通过文中的规范性引用而构成本文件必不可少的条款。其中，注日期的引用文件，仅该日期对应的版本适用于本文件；不注日期的引用文件，其最新版本（包括所有的修改单）适用于本文件。

GB 18382　肥料标识内容和要求　有机肥料

GB 38400　肥料中有毒有害物质的限量要求

NY/T 525　有机肥料

## 3　术语和定义

下列术语和定义适用于本文件。

### 3.1　畜禽有机肥 organic fertilizer with fermented livestock manure

以畜禽养殖废弃物为主要原料，经过加工处理，质量符合 NY/T 525 规定的有机肥料。

## 4　重金属污染控制技术

### 4.1　物料与菌剂

#### 4.1.1　原料

原料为畜禽养殖场废弃物，且不得夹杂有其他较明显的杂质。鲜粪含水约 60%～80%，在无法通过辅料添加降低水分到 65% 以下时，宜通过自然晾晒、人工加热等物理方式脱水。

#### 4.1.2　辅料

生产辅料应选用低重金属含量的材料。宜为锯末、秸秆粉、谷糠粉、菇渣等，一般要求水分低于 15%，粒径不大于 2cm。

### 4.1.3 重金属钝化剂

4.1.3.1 宜选择活性炭、凹凸棒土作为重金属钝化材料。

4.1.3.2 活性炭和凹凸棒土的颗粒大小应不小于 200 目。

4.1.3.3 活性炭的添加量不少于 1%，凹凸棒土的添加量不少于 5%。

### 4.1.4 微生物菌剂

宜加入高效的微生物发酵菌剂，添加菌剂后与原辅料充分混匀，并使堆肥的起始微生物含量达 $10^6$ CFU/g 以上。

## 4.2 生产工艺与流程

### 4.2.1 生产工艺

宜采用条垛式或槽式好氧堆肥工艺。

### 4.2.2 原料预处理流程

鲜粪→加辅料 10%～15%→调 pH 至 5.5～8.0→加重金属钝化剂→调节碳氮比至 23～28→加微生物菌剂→充分混匀。

### 4.2.3 发酵方式

宜采用高温好氧发酵，机械翻堆。频率为 3～5d 翻堆 1 次，发酵时间不少于 20 d。

### 4.2.4 后熟及成品加工处理

发酵槽出料→后熟堆置陈化 15～30d，期间翻堆 2～3 次→干燥至水分含量低于 30%后，过筛→计量包装→入库。

## 5 质量要求

### 5.1 有机肥技术指标

生产的有机肥质量指标应符合 GB 38400 和 NY/T 525 要求。

### 5.2 重金属限量指标

生产的有机肥重金属含量指标应符合 GB 38400 要求。

### 5.3 微生物指标

生产的有机肥蛔虫卵死亡率、大肠菌群数指标应符合 NY/T 525 要求。

## 6 包装、标识、运输和贮存

包装、运输和贮存按 NY/T 525 要求，标识按 GB 18382 执行。

# 附 录 A
## （资料性）
## 有机肥料技术指标

A.1 表 A.1 为有机肥料技术指标要求。

### 表 A.1　有机肥料技术指标要求

| 序号 | 项目 | 含量限值 |
|---|---|---|
| 1 | 有机质的质量分数（以烘干基计）/% | ≥30 |
| 2 | 总养分（N+P$_2$O$_5$+K$_2$O）的质量分数（以烘干基计）/% | ≥4.0 |
| 3 | 水分（鲜样）的质量分数/% | ≤30 |
| 4 | 酸碱度（pH） | 5.5～8.5 |
| 5 | 种子发芽指数（GI）/% | ≥70 |
| 6 | 机械杂质的质量分数/% | ≤0.5 |

A.2 表 A.2 为有机肥料限量指标要求。

### 表 A.2　有机肥料限量指标要求

| 序号 | 项目 | 含量限值* |
|---|---|---|
| 1 | 总砷（As）/（mg/kg） | ≤15 |
| 2 | 总汞（Hg）/（mg/kg） | ≤2 |
| 3 | 总铅（Pb）/（mg/kg） | ≤50 |
| 4 | 总镉（Cd）/（mg/kg） | ≤3 |
| 5 | 总铬（Cr）/（mg/kg） | ≤150 |
| 6 | 总铊（Tl）/（mg/kg） | ≤2.5 |
| 7 | 粪大肠菌群数/（个/g） | ≤100 |
| 8 | 蛔虫卵死亡率/% | ≥95 |

* 重金属含量限值以烘干基计。

# 附录 3
## 商品有机肥中兽用抗生素残留控制技术规范

ICS 65.080
B13

# T/ZNZ

## 浙 江 省 农 产 品 质 量 安 全 学 会 团 体 标 准

T/ZNZ 037—2020

# 商品有机肥中兽用抗生素残留
# 控制技术规范

Technical specification for the control and prevention of
veterinary antibiotics residues in commercial organic fertilizer

2020-11-05 发布　　　　　　　　　　　　　　2020-12-05 实施

浙江省农产品质量安全学会　　　发　布

# 前　言

本文件按照 GB/T 1.1—2020《标准化工作导则 第 1 部分：标准化文件的结构和起草规则》的规则起草。

本文件由浙江省农产品质量安全学会提出并归口。

本文件起草单位：浙江省农业科学院环境资源与土壤肥料研究所、浙江省耕地质量与肥料管理总站。

本文件主要起草人：林辉、马军伟、虞轶俊、孙万春、俞巧钢、王强、叶静、邹平、陈照明、马进川、王峰。

# 商品有机肥中兽用抗生素残留控制技术规范

## 1　范围

本文件规定了商品有机肥中兽用抗生素残留控制技术的相关术语和定义，抗生素去除和限量要求。

本文件适用于以畜禽养殖废弃物为主要原料的商品有机肥中兽用抗生素残留控制。

## 2　规范性引用文件

下列文件中的内容通过文中的规范性引用而构成本文件必不可少的条款。其中，注日期的引用文件，仅该日期对应的版本适用于本文件；不注日期的引用文件，其最新版本（包括所有的修改单）适用于本文件。

GB/T 32951　有机肥料中土霉素、四环素、金霉素与强力霉素的含量测定　高效液相色谱法

GB/T 36195　畜禽粪便无害化处理技术规范

GB 38400　肥料中有毒有害物质的限量要求

NY 525　有机肥料

NY/T 3167　有机肥中磺胺类药物含量的测定　液相色谱-串联质谱法

## 3　术语和定义

下列术语和定义适用于本文件。

### 3.1　商品有机肥　commercial organic fertilizer

以畜禽粪便、农作物秸秆、动植物残体等来源于动植物的有机废弃物为原料，经无害化处理和工厂化生产的有机肥料，产品技术指标符合 NY 525 有机肥料规定。

### 3.2　兽用抗生素　veterinary antibiotics

畜禽养殖过程中使用的四环素类、磺胺类、喹诺酮类和大环内酯类等抗生素。

## 4　场地要求

有机肥料生产场地选址及布局应符合 GB/T 36195 规定。禽粪便原料及有机肥产品加工车间的顶棚宜为透光棚或阳光棚。

## 5　抗生素残留控制工艺中原料处理方法

### 5.1　生产有机肥的辅料
推荐辅料为锯末、菇渣、秸秆，水分低于 15%，粒径不大于 2cm。

### 5.2　复合发酵菌剂
复合发酵菌剂，含抗生素降解真菌、抗生素降解细菌，同时有助于堆体升温。添加量为鲜粪量的 0.3%～0.5%，堆肥中微生物功能活菌数不少于 $10^6$CFU/g。

### 5.3　抗生素降解促进剂
活性炭-凹凸棒土组合（质量比为 1∶5）。按照 3%～5%的质量比向粪便堆料中添加抗生素降解促进剂。

### 5.4　堆肥工艺
采用条垛式或槽式好氧堆肥工艺。

## 6　原料预处理

目标抗生素高残留或有多种抗生素、重金属复合污染的原料，参照以下流程预处理：鲜粪→按质量比 10%～15%加辅料→按质量比 3%～5%加抗生素降解促进剂→调节碳氮比至 25∶1～40∶1，水分含量约 55%～65%，调节物料酸碱度至 5.5～8.0，最后接种复合发酵菌剂。

## 7　发酵工艺

### 7.1　发酵流程
预处理后的物料进行槽式或条垛式发酵→应用光辅助设施→定期翻堆或强制通风供氧。

### 7.2　翻堆参数
堆肥温度为 70℃～75℃时，进行翻堆；夏季 3d 左右翻堆一次，冬季 5～7d 翻一次。不翻堆时，需强制通风，每立方物料通气量 0.1～0.2m³/min。

### 7.3　高温控制
高温期 55～70℃持续不少于 15d，保证 65℃以上高温维持不少于 5d。冬季低温推荐在强制通风装置中配置加热设备，堆肥早期送热风，堆温达 45℃左右即可停止。

### 7.4　光辅助抗生素去除
光照强度 3000Lux 以上，光照总时间不少于 60h。

### 7.5　发酵时间
不少于 28d。

## 8　质量要求与抗生素限量

### 8.1　质量指标

有机肥质量指标应符合 NY 525 和 GB 38400 的规定。

### 8.2　抗生素限量

有机肥中抗生素残留指标应符合表 1 的要求。

表 1　商品有机肥抗生素残留要求

| 序号 | 检测项目 | 残留限量/（mg/kg） | 检验方法 |
|---|---|---|---|
| 1 | 四环素类 | 0.5 | GB/T 32951—2016 |
| 2 | 磺胺类 | 0.5 | NY/T 3167—2017 |

# 附录 4
# 椪柑果园有机肥料使用
# 技术规范

ICS 65.080

B13

# T/ZNZ

## 浙 江 省 农 产 品 质 量 安 全 学 会 团 体 标 准

T/ZNZ 036—2020

# 椪柑果园有机肥料使用技术规范

Technical specification for application of organic fertilizer
in ponkan orchard

2020-11-05 发布　　　　　　　　　　　　　　　　2020-12-05 实施

浙江省农产品质量安全学会　　　发　布

# 前　言

本文件按照 GB/T 1.1—2020《标准化工作导则 第 1 部分：标准化文件的结构和起草规则》的规则起草。

本文件由浙江省农产品质量安全学会提出并归口。

本文件起草单位：浙江省耕地质量与肥料管理总站、浙江省农业科学院环境资源与土壤肥料研究所、衢州市柯城区土肥与农村能源技术推广站。

本文件主要起草人：虞轶俊、俞巧钢、马军伟、孙万春、林辉、陆若辉、王强、叶静、刘国群、邹平、陈照明、马进川、王峰。

# 椪柑果园有机肥料使用技术规范

## 1　范围

本文件规定了椪柑果园商品有机肥安全施用、绿肥种植与秸秆覆盖等技术。本文件适用于椪柑果园有机肥料的合理施用及地力提升。

## 2　规范性引用文件

下列文件中的内容通过文中的规范性引用而构成本文件必不可少的条款。其中，注日期的引用文件，仅该日期对应的版本适用于本文件；不注日期的引用文件，其最新版本（包括所有的修改单）适用于本文件。

GB 15618　土壤环境质量 农用地土壤污染风险管控标准

NY 525　有机肥料

## 3　术语和定义

下列术语和定义适用于本文件

### 3.1　有机肥料 Organic fertilizer

主要来源于植物和（或）动物，经过发酵腐熟或宜直接利用的含碳有机物料，其功能是改善土壤肥力、提供植物营养、提高作物品质。

### 3.2　商品有机肥 Commercial organic fertilizer

以畜禽粪便、农作物秸秆、动植物残体等来源于动植物的有机废弃物为原料，经无害化处理和工厂化生产的有机肥料。产品技术指标符合 NY 525 的规定。

## 4　原则

### 4.1　椪柑果园施用的有机肥料应充分无害化处理

### 4.2　采用有机肥料和化学肥料配合施用

商品有机肥宜作为底肥施用，在生长旺盛的开花期、坐果期、膨大期等时期应追施速效的化学肥料。

### 4.3　长期使用要结合农业生态监测

根据土壤重金属含量的监测，在综合考虑有机肥料中重金属含量以及在土壤累积规律基础上，参照土壤环境质量标准值（GB 15618），酌情减少单位面积的年使用量及相应使用年限。跟踪监测土壤抗生素，使土壤抗生素含量低于检出限的安全水平。

## 5　有机肥的施用方法

### 5.1　用量确定

根据椪柑果园预期产量，在明确单位产量的养分需求量基础上，结合有机肥中的养分含量、作物当季利用率，计算有机肥的用量。中等肥力土壤幼龄果园全年商品有机肥一般推荐施用量为 $5\sim10t/hm^2$，成龄果园全年商品有机肥一般推荐施用量为 $10\sim15t/hm^2$。因土壤类型、肥力水平调整果园有机肥施用量。

### 5.2　施用时期

采收后至早春萌芽前结合天气情况施用。

### 5.3　施用方式

施用时开环状沟、条沟深施或穴施，深度 $20\sim30cm$ 为宜，施后及时覆土。

## 6　绿肥种植

### 6.1　品种选择

要选择高度适宜、生物量大、抗性强、适应性广、覆盖时间长的绿肥品种。适宜的绿肥主要有紫花苜蓿、白三叶、紫云英、箭舌豌豆等。选择绿肥品种时结合椪柑果园环境条件，要注意绿肥作物的生长期和抗逆能力，以及对土壤条件的要求。当土壤 pH 在 4.5 以下时，应先改土后套种绿肥。当土壤 pH 在 $4.5\sim5.5$ 时，选用禾本科类耐酸性绿肥品种。pH 大于 5.5 以上时常规绿肥品种都可使用。

### 6.2　适时播种

椪柑果园绿肥一般在秋季 9 月下旬～10 月中旬之间播种，根据不同绿肥品种确定适宜的播期。根据果园土壤状况和绿肥品种选择适宜的播种量，一般用量为 $10\sim30kg/ha$。适时播种因各地气候条件而定，播种具体日期应根据立地条件和所选绿肥作物的特性来决定。绿肥种植可采用单种或者混种的方式。

### 6.3　种植方法

土壤肥沃的果园，不影响柑橘正常生长的前提下，可以全园种植绿肥。土壤瘠薄的果园，宜行间种植。多年连续种植生草的果园，生草效果渐差，应及时更新。更新时可选择其他品种绿肥种植。柑橘园播种绿肥，一般在距离树冠滴水线 0.5m 以外种植。

### 6.4　栽培管理

豆科绿肥以过磷酸钙 $375\sim450kg/hm^2$ 作底肥，出苗后施用硫酸钾肥 $75\sim150kg/hm^2$。禾本科绿肥以钙镁磷肥 $600\sim750kg/hm^2$ 作底肥，出苗后施用尿素 $100\sim200kg/hm^2$。土壤干旱时，硫酸钾和尿素宜采用浇施的方式施用。

### 6.5　还田施用

春季绿肥在 4 月下旬至 5 月下旬深翻压绿，夏季绿肥在干旱时割绿覆盖，也可在春季与梅雨季节生草，出梅后及时刈割覆盖于树盘。

## 7　秸秆覆盖

### 7.1　秸秆预处理

果园覆盖的秸秆应选用健康无病害的秸秆，秸秆覆盖前可将秸秆粉碎截短，用药物处理杀灭病虫害，以免产生不良影响。

### 7.2　覆盖方法

各类作物秸秆（如水稻、玉米、小麦、豆秸等），经适当粉碎后，均可用于果园地面覆盖。一般覆盖于椪柑主干周围，用量 2.5～4t/hm²，覆盖厚度约 3～5cm，覆盖物与果树根颈保持 10cm 左右的距离。覆盖的时间可选择冬季或结合秸秆收获的季节确定。

# 附录 5
# 茶园有机肥料安全使用技术规范

ICS 65.080
CCS B13

# T/ZNZ

## 浙 江 省 农 产 品 质 量 安 全 学 会 团 体 标 准

T/ZNZ 070—2021

# 茶园有机肥料安全使用技术规范

Technical specification for safe application of organic fertilizer in tea garden

2021-07-15发布　　　　　　　　　　　　　　2021-08-15实施

浙江省农产品质量安全学会　　发　布

# 前　　言

本文件按照 GB/T 1.1—2020《标准化工作导则 第 1 部分：标准化文件的结构和起草规则》的规定起草。

请注意本文件的某些内容可能涉及专利。本文件的发布机构不承担识别专利的责任。

本文件由浙江省农产品质量安全学会提出并归口。

本文件起草单位：浙江省农业科学院环境资源与土壤肥料研究所、浙江省耕地质量与肥料管理总站、安吉县农业农村局。

本文件主要起草人：孙万春、俞巧钢、冷明珠、金月、林辉、虞轶俊、马军伟、王强、叶静、邹平、陈照明、马进川、王峰。

# 茶园有机肥料安全使用技术规范

## 1　范围

本文件规定了茶园施用有机肥料的相关术语和定义、有机肥料的施用原则、选用、施用方法、土壤酸碱度调节、施用模式、使用安全监测与风险预警。

本文件适用于茶园有机肥料的安全合理使用。

## 2　规范性引用文件

下列文件中的内容通过文中的规范性引用而构成本文件必不可少的条款。其中，注日期的引用文件，仅该日期对应的版本适用于本文件；不注日期的引用文件，其最新版本（包括所有的修改单）适用于本文件。

GB 15618　土壤环境质量 农用地土壤污染风险管控标准

GB 38400　肥料中有毒有害物质的限量要求

NY/T 525　有机肥料

NY/T 853　茶叶产地环境技术条件

NY 884　生物有机肥

## 3　术语和定义

下列术语和定义适用于本文件。

### 3.1　商品有机肥　commercial organic fertilizer

获得肥料使用登记证的有机肥料。

## 4　有机肥料施用原则

坚持有机无机相结合的安全环保、总量控制原则。

## 5　有机肥料选用

施用的有机肥料应符合 GB 38400 的要求，商品有机肥应符合 NY/T 525 的要求，生物有机肥应符合 NY 884 的要求。茶园应配套种植绿肥、覆盖农作物秸秆。

## 6　施用方法

### 6.1　有机肥

商品有机肥（或生物有机肥）施用时间为 10 月上旬～11 月上旬，饼肥为 9 月下旬～10 月中旬。

商品有机肥（或生物有机肥）施肥量为 500～1000kg/666.7m²，或者 250～500kg/666.7m² 加饼肥 150kg/666.7m²。只采春茶的茶园用量应减少 30%～40%。成龄茶园每年最高施肥量不宜超过 1000kg/666.7m²，新垦茶园第一年最高可用 2000kg/666.7m²。

施用时宜开条状沟，深度 15～20cm，施后及时覆土。

### 6.2　绿肥种植

适宜茶园种植的绿肥品种应长势低矮，不影响茶树生长和农事操作，如鼠茅草、白三叶等。播种时间为 9 月底～10 月上中旬，宜基肥施用覆土后于茶树行间撒播绿肥种子，播种量为 1～2kg/666.7m²。

### 6.3　秸秆覆盖

在 11 月中旬～12 月上旬，基肥施用覆土后，在茶树行间覆盖秸秆（稻草），用量为 800～1200kg/666.7m²。

## 7　土壤酸碱度调节

土壤 pH 低于 4.0 的茶园，宜施用偏碱性的有机肥或土壤调理剂调节土壤 pH 至 4.5～5.5。土壤 pH 高于 6.0 的茶园宜采用生理酸性肥料或酸性土壤调理剂调节土壤 pH 至 4.5～5.5。

## 8　施用模式

### 8.1　"有机肥+配方肥"模式

基肥施用商品有机肥或饼肥，并配施适量的茶叶专用肥。

### 8.2　"有机肥+水肥一体化"模式

基肥施用有机肥料和专用肥，追肥利用茶园水肥一体化喷灌设备，整个生长期喷施 5～6 次腐殖酸类水溶肥。

### 8.3　"有机肥+绿肥种植"模式

基肥施用有机肥料和专用肥，覆土后撒播绿肥种子（以鼠茅草、白三叶为宜）。该模式适宜幼龄茶园或行间距较宽的成龄茶园。

### 8.4　"有机肥+秸秆覆盖"模式

基肥施用有机肥料和专用肥，覆土后在茶树行间覆盖农作物秸秆，南方茶园以稻草为主。

## 9 有机肥使用安全监测和风险预警

茶园土壤重金属含量须符合 GB 15618 和 NY/T 853 规定的限量标准。茶园长期施用有机肥料，应进行土壤、水源、农产品的定期监控。若因施用有机肥造成茶园土壤重金属有显著累积趋势或接近限量标准或风险值，应酌情减少施用量或更换更安全的有机肥料种类。